竹材制浆造纸技术

刘一山　刘连丽　张俊苗　编著

西南交通大学出版社
·成　都·

图书在版编目（ＣＩＰ）数据

竹材制浆造纸技术 / 刘一山，刘连丽，张俊苗编著
. -- 成都：西南交通大学出版社，2023.10
ISBN 978-7-5643-9546-9

Ⅰ. ①竹… Ⅱ. ①刘… ②刘… ③张… Ⅲ. ①竹材 –
制浆 – 造纸 Ⅳ. ①TS75

中国国家版本馆 CIP 数据核字（2023）第 213837 号

Zhucai Zhijiang Zaozhi Jishu
竹材制浆造纸技术

刘一山　　刘连丽　　张俊苗　　**编著**

责任编辑	何明飞
封面设计	GT 工作室

出版发行	西南交通大学出版社
	（四川省成都市金牛区二环路北一段 111 号
	西南交通大学创新大厦 21 楼）
邮政编码	610031
营销部电话	028-87600564　　028-87600533
网址	http://www.xnjdcbs.com
印刷	成都蜀通印务有限责任公司

成品尺寸	185 mm×260 mm
印张	15.75
字数	390 千
版次	2023 年 10 月第 1 版
印次	2023 年 10 月第 1 次
定价	68.00 元
书号	ISBN 978-7-5643-9546-9

前　言

　　竹子是一种常见的多年生禾本科植物，在我国大部分区域都可栽种，特别在南方地区种植面积大。我国现有竹林面积 1 亿多亩（700 多万公顷），竹子储量 1 多亿吨，为第二大森林资源。竹子用途很广，以竹子为原料的产业涉及十多个领域，上千种产品，"以竹代木"在很大程度上缓解了我国木材资源的匮乏状况。我国竹产业产值已超过 4 000 亿元，成为国民经济重要的产业之一。习近平总书记在四川视察工作时指出"要因地制宜发展竹产业，让竹林成为四川美丽乡村的一道风景线"为竹产业的发展指明了方向。目前，绝大多数竹产业仍为传统产业，存在品种单一、加工技术落后、生产效益低下等问题。制浆造纸是竹资源利用数量最多，产值最大的行业，发展竹子制浆造纸有利于推动竹产业的高质量发展。

　　为了继续探索竹子制浆造纸领域新技术，促进竹浆纸产业的绿色高效发展，本课题组有幸承担了四川省科技厅 2021 年科技项目"竹子制浆造纸清洁生产技术研究"（2021YFH0105 和 2021YFN0052）、2023 年科技项目"竹子资源纤维化利用的技术研究"（2023JDGD0032），四川省宜宾市竹产业揭榜挂帅项目"竹基浆深加工技术研究与开发"（2022JB009）、"竹基半纤维素高纯低聚木糖、木糖产品研究与开发"（2022JB011），河南省郑州市第六批创新创业团队项目"竹材高得率制浆关键技术及装备研发"。本书的编写得到了这些项目的资助。书中主要介绍竹子的结构、特性和应用，竹子造纸的起源和发展，及现代竹子制浆造纸的工艺过程及生产技术，以推广竹子在造纸工业中的应用。本书主要由四川工商职业技术学院制浆造纸工程系刘一山、张俊苗、刘连丽、李桂芳、吴晶晶、张玉红和加拿大新布伦瑞克大学制浆造纸中心何志斌编写，中国林业科学研究院林产化学工业研究所吴珽，宜宾纸业股份有限公司谢章红、王科，郑州运达造纸设备有限公司许要锋、许银川，陕西科技大学段超，四川伊科技竹原纤维科技有限公司伊辉，四川金竹纸业有限公司陈云也参与编写工作。另外，本书在编写过程中还得到四川工商职业技术学院、加拿大新布伦瑞克大学制浆造纸中心的大力支持，在此表示衷心感谢。

作　者

2023 年 8 月

目 录

第一章

绪 论

　　竹子是一种单子叶禾本科多年生植物，属禾本目（Graminales）禾本科（Gramineae）竹亚科（Bambusoideae），主要分布于热带、亚热带至暖温带地区。竹子是速生型植物，其生长快、易繁殖、单产高，一次性栽培造林可年年出笋长竹，3～4 年便可成材，只要合理间伐，可永续利用。竹子形态端直挺拔，茎秆秀丽，枝叶婆娑，四季常绿，可美化环境；其地下根系发达，相互交织，在山坡、河堤、江滩、湖岸有很好的固结土壤和防止水土流失的作用。竹子作为陆地森林生态系统的重要组成部分，在保护环境、增加碳汇、改善生态和发展农村经济等方面作用十分明显，因此竹林（见图 1-1）也有"第二森林"的美称。

图 1-1　国内某地竹林景色

一、竹子在我国的分布

　　我国竹子分布的区域很广，在长江以南的许多地方都有种植，但大面积的竹林主要分布在南方省份。过去 20 多年以来，在国家及地方相关政策的支持下，我国的竹林面积增加近 2.5 倍，如图 1-2 所示。

　　竹子四季青翠、挺拔修长、傲雪凌霜；虽无牡丹之富丽、松柏之伟岸、桃李之娇艳，但虚心文雅、高风亮节的品格一直为人们所颂扬，自古以来就深受国人喜爱。中国古今文人墨客，嗜竹咏竹者有很多，如在历史上竹子是"梅兰竹菊"四君子之一，"梅松竹"岁寒三友之一，"宁可食无肉，不可居无竹"正是中国人民爱竹情怀的写照。千百年以来，中国人不仅喜爱竹子，在日常物质生活和精神生活中还广泛地应用竹子，在中华民族数千年发展历史中，竹子与人们生活息息相关，正如苏轼在《记岭南竹》中所叹："食者竹笋，庇者竹瓦，载者竹筏，爨（cuàn）者竹薪，衣者竹皮，书者竹纸，履者竹鞋，真可谓一日不可无此君也耶！"。

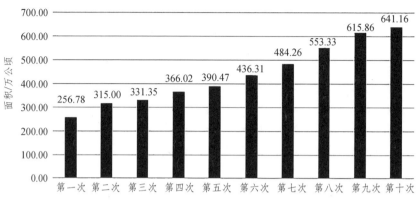

图 1-2　我国历届森林资源清查中的竹林面积变化

我国是目前世界上竹类资源最为丰富、竹类栽培和加工利用历史最为悠久的国家，因此享有"竹子王国"之称。现有竹子约 39 属 500 多个品种，竹林面积、竹材蓄积和产量均居世界第一。我国现有竹林面积已经超过 700 万公顷，占我国林地面积的 1.98%、占森林面积的 2.94%，占世界竹林面积 30% 以上，主要分布于 20 个省（区、市）、500 多个县（市），面积较大的有 15 个省（区、市）。其中，竹林面积 30 万公顷以上的有福建、四川、江西、湖南、浙江、广东、广西 7 省区，竹林面积合计占全国的 91.47%，如图 1-3 所示。

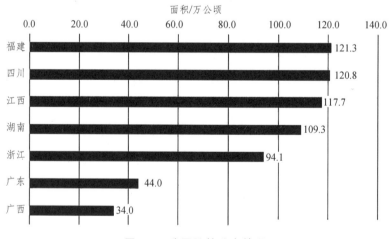

图 1-3　我国竹林分布情况

二、竹业简介

竹业是未来森林业持续发展最具潜力的产业，也是增加农民收入的有效途径，是助推乡村振兴的有力抓手，是集生态、环保、经济、社会效益于一体的重要产业。我国竹子总蓄积量已超过 1 亿吨，每年竹子的砍伐量达到 3 000 万吨，有 1 500 多万农民直接从事竹林培育、竹制品加工等生产经营。竹子用途十分广泛，除加工成食品和工艺品外，还可用于建筑、材料和化工等多个领域。在我国，竹产品可分为竹材人造板、竹地板家具、竹日用工艺品、竹建材、竹炭与竹醋、竹纤维制衣、竹材造纸、竹制药、竹笋膳食用品、竹工机械等十大类，上千种产品。如图 1-4 所示，近 10 年多来竹产业连续快速发展，2020 年起竹产业的生产增加值超过 3 000 亿元，预计 2025 年将超过 7 000 亿元，2035 年将超过 10 000 亿元。

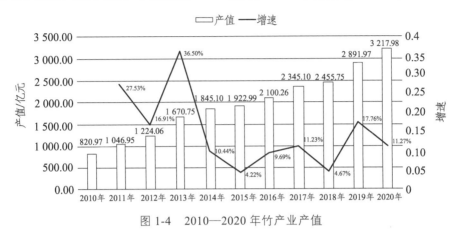

图 1-4　2010—2020 年竹产业产值

三、竹子结构

竹子的细胞种类主要有纤维细胞、薄壁细胞、石细胞、导管和表皮细胞等。纤维细胞约占细胞总面积比的 60%～70%，低于针叶木而高于一般草类。竹类纤维细长，呈纺锤状，两端尖锐，其长度为 1.5～2.1 mm、宽度为 15 μm 左右、长宽比为 110～200，这个比值比阔叶木为好。竹纤维壁厚约 5 μm，纤维内外壁均较平滑、胞壁甚厚、胞腔较小。竹子中也有部分短而宽的纤维，两端纯尖、胞腔较大，此类纤维多生长于节部。综合竹类纤维形态特征表现为纤维细长、壁厚腔小、比重大、纤维较挺硬、透明度高。

竹子中纤维素含量为 50%～60%，介于针叶材和阔叶材之间，较芦苇、芒秆、稻麦草蔗渣类原料高 10%～15%。木素的含量为 19%～25%，少数在 25% 以上，比较接近阔叶材，略低于针叶材，而高于常用的草类原料。多戊糖的含量一般为 19%～24%，少数高达 27%～28%，接近阔叶材和草类原料，比针叶材（12% 左右）高一倍左右。1% NaOH 溶液抽出物的含量为 25%～30%，少数高达 30%，较之木材，要高一倍左右，但都低于一般草类原料。灰分的含量为 1%～2%，较木材高三倍左右，但比草类原料低，仅为稻草灰分量的 10%～14%。

四、竹子用于造纸

竹子的纤维素含量较高，竹纤维属中长纤维、纤维细而柔软，具有较好的制浆造纸性能。造纸术是中国四大发明之一，纸是中国古代劳动人民长期经验的积累和智慧的结晶，也是人类文明史上的一项杰出的发明创造。在造纸术发明初期，造纸原料主要是树皮和破布。当时的破布主要是麻纤维，品种主要是苎麻和大麻。随着纸张用量增加，晋朝时期竹子原料就被古人用于造纸。竹子不仅为造纸业的发展提供了丰富而充足的原料来源，而且还进一步促进了造纸术的发展。

现在，随着技术的发展，竹子在现代制浆造纸工业中的应用越来越多。竹子已经成为我国造纸行业重要的纤维原料，竹纸已在人们的日常生活、工农业生产、科学研究中得到广泛应用。随着竹子制浆造纸生产经验的丰富和生产技术的完善，竹子制浆造纸产业得到巨大发展，多个20万吨/年的大型竹子制浆生产线已在我国建成并成功投入运行并发挥着效益。竹子生产溶解浆也取得成功，用于黏胶纤维的生产，提高了竹纤维利用价值。2022年我国竹浆产量262万吨，占非木浆产量的44.55%，用于生活纸、牛皮包装纸、文化纸等纸张的生产。

竹子的制浆造纸性能介于针叶木与阔叶木之间，优于草类原料，竹浆可以替代阔叶木浆并减少针叶木浆用量，用于生产各种纸张，包括多种中高档纸制品；利用竹子制造浆粕、溶解浆也取得成功，使竹纤维在化纤行业得到应用；另外，与其他的禾本科原料（如稻麦草、蔗渣、芦苇等）相比，竹子收集储存容易，纤维形态好，成纸的物理性能高，并且蒸煮后的废液碱回收处理更加容易。所以，在当前形势下，为减轻木材制浆的压力，适应当前生态环境建设的要求，为我国竹子制浆造纸提供广阔的发展机遇。发展竹子制浆造纸，不仅可弥补我国木材纤维的不足，缓解造纸行业纤维原料紧缺的问题；而且还可增加竹材价值、增加农民收入，提高林业产值，促进林业持续发展，具有重要的经济效益、环境效益和社会效益。

发展竹子制浆造纸，不仅能够缓解造纸原料短缺，还能促进竹林业发展、增加竹农收入、改善生态、增加碳汇，具有很好的经济、环保和社会效益。因此，竹浆纸产业已经成为带动竹产业高质量发展、助推乡村振兴的有力抓手。2018年2月，习近平总书记在四川视察时指出："要因地制宜发展竹产业，让竹林成为四川美丽乡村的一道风景线。"这是对四川的要求，也是对全国的要求。在"十四五"期间，竹浆纸产业将迎来更大的发展机遇。

五、展　望

国家林业和草原局于2021年8月19日发布的《"十四五"林业草原保护发展规划纲要》，将竹产业列为优势特色产业重点项目予以扶持，并扶持创建了一批竹子国家产业示范园区、示范基地和龙头企业。由近10个国家部委参与制定的中国竹产业发展规划，将竹产业的总产值定在了万亿级，中国将成为世界竹产业的强国。根据这一宏伟规划，中国竹产业协会正在抓紧制定《中国竹产业发展规划（2021—2030）》。2020年我国竹产业总产值已突破3 000亿元，预计2025年将达到7 000亿元，2035年将超过1万亿元。这意味着，竹产业5年内产值翻番，10年内将有近7 000亿元的市场增量。

我国竹产业的高速发展给竹浆纸行业带来新的发展机遇。随着制浆造纸技术进步，纸产品用途不断扩大，其应用已渗入国民经济的各个方面，纸和纸板已成为国民经济建设中不可或缺的材料，因此造纸已成为国民经济发展中的重要基础产业。制浆造纸工业是原料型、能源型的产业，而我国木材资源又十分缺乏，长期以来困扰着造纸工业发展。近十多年以来，随着多个日产800～1 000吨竹浆生产线的投产运营，在许多技术人员的不懈努力下，攻克了许多竹子制浆造纸技术的重大难题，竹产业的发展若能给造纸工业带来丰富的纤维原料，竹浆纸产业一定会取得更大的发展。

长期以来坚持不懈的努力，成就了我国竹浆纸产业目前的辉煌，但摆在我们面前的困难依旧不少。竹子为非木材类纤维原料，其中的杂细胞、无机杂质含量高，不仅导致纸浆收获率低，还给生产系统清洁连续运行、碱回收系统、中段水处理带来困难。竹子品种多、产地广、竹龄不同等，造成竹子制浆过程中成浆难易程度有较大差异，增加了制浆过程控制的难度。竹纤维中的木糖含量高、分子量大，脱除困难，增加了高纯度竹溶解浆的难度。因此，在今后的工作中，还需进一步开展技术攻关，不断解决生产中的问题，努力建设竹浆纸产业强国。

第二章

竹子的结构及应用

第一节　竹子简介

一、竹子的生物物种

竹子（bamboo），简称竹，是单子叶植物中的禾本科（Gramineae-Poaceae）竹亚科（Bambusoideae）植物。据统计，全球有竹子 1 200 多种，可分为 2 总族、3 族、11 亚族、70 多属。竹子是禾本科植物中唯一具有乔木形态的类群，其营养器官包括根、地下茎、竹秆、秆芽、枝条和叶箨等，生殖器官为花，果实为种子。竹子虽为多年生植物，但不具备年轮，因而与一般人所认知的不同，竹子实际上是一种巨大的"草"，大都具有地下根状茎。竹子可通过地下匍匐根茎成片生长，也可以通过开花结籽进行繁衍。通常，根据竹秆木质化的情况不同，将竹子分为木本竹和草本竹两大类；还可根据竹冠的形状不同，将竹子分为散生竹、丛生竹和混生竹，如图 2-1 所示。

（a）散生竹　　　　　　　　　　　　（b）丛生竹

（c）混生竹　　　　　　　　　　　　（d）草本竹

图 2-1　竹的分类

竹子种类繁多，高矮粗细差别也很大。大型竹种的高度可达 20～30 m、秆粗 20 cm 左右，枝叶繁茂、冠幅较大，如云南巨龙竹直径可达 30 cm。中小型竹种高度 5～8 m，呈小乔木或灌木状。竹子的秆色和叶色也多种多样，有绿、紫、黑、黄、白等；有的秆和叶具有条纹，如绿、黄、白相间，黄绿相间，紫黑相间等；斑竹还具有斑纹等花纹。竹秆的形态有方、畸、怪和龟形等不同形状，竹叶的形态有宽大、狭长和细小等类型。

竹子原产于中国，目前除了南极洲与欧洲大陆以外，其他各大洲均发现第四纪冰期以来的乡土竹种。竹子主要分布在地球北纬 46°至南纬 47°的热带、亚热带和暖温带地区，亚洲分布最为广阔，其次为非洲和拉丁美洲，北美和大洋洲很少。在环太平洋及南亚地区，南至南纬 42°的新西兰，北至北纬 51°的库页岛中部，东至太平洋诸岛，西至印度西南部，都有竹子的大面积种植，约有竹子 50 多属、900 多种。

我国除古籍中有大量关于竹子的著述外，20 世纪 30 年代起就有现代学者对竹类进行现代分类研究，现已报道的竹种有 39 属 500 多种之多，其属数和种数均占世界 1/2 以上。目前，我国竹林面积已达 1 亿多亩，占全球竹林总面积的 1/3，立竹总数量为 281 亿株，每年竹子产量 1.3 亿吨，相当于 3 600 多万立方米木材，是世界上竹类资源最丰富的国家，成为名副其实的"竹子大国"。

二、竹子的基本结构

竹子的茎称为秆（或竿），多为木质，罕有草质，具有草质秆的竹子称为草本竹［见图 2-2（a）］，具有木质化秆的竹子称为木本竹［见图 2-2（b）］。不管是木本竹还是草本竹，竹类植物一般由竹鞭、竹秆、竹枝、竹叶、竹箨、花和果等部分构成。

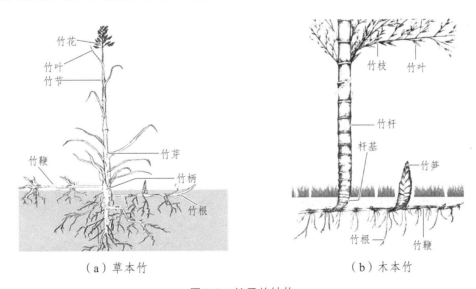

（a）草本竹　　　　　　　　　　（b）木本竹

图 2-2　竹子的结构

（一）竹　鞭

竹鞭是竹子在地下细长的茎，横走于地下，中间稍空，竹鞭上有节，在节上长着许多须根（即竹根）和芽，其形状和结构如图 2-3 所示。

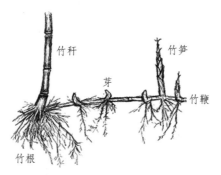

图 2-3　竹鞭的形状及结构

　　竹鞭分为单轴、合轴和复轴三种，它既能贮藏和输送养分，又有很强的繁殖能力。一片竹林地上竹株分立，地下竹鞭却连成一体，往往起源于一个或少数"竹树"。竹鞭有节，节部有退化的叶，称鞭箨。节上生根，称鞭根。竹鞭的节着生一个芽，交互排列，有的芽长成新鞭，在土壤中蔓延生长；有的芽发育成笋，出土长成竹竿，然后逐渐发展成竹林。

（二）竹　秆

　　竹秆是竹子的主体，由秆柄、秆基和秆茎三部分构成，如图 2-4 所示。

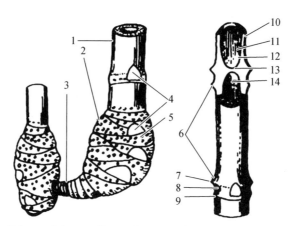

1—秆茎；2—秆基；3—秆柄；4—芽；5—根眼；6—节间；7—秆环；8—节内；9—箨环；
10—竹青；11—竹肉；12—竹黄；13—竹隔；14—竹腔。

图 2-4　竹秆的结构

1. 秆　柄

　　秆柄位于竹秆的最下部，与竹鞭相连，节间极短，由数十个节组成，全长仅 5～10 cm，不具芽，人们称之为"螺丝钉"。秆柄质地坚韧，是竹子地上和地下系统连接输导的枢纽。

2. 秆　基

　　秆基即竹秆的入土部分，由数节至十数节组成，节间短缩而粗大。丛生竹子秆基两侧，互生大型芽 4～10 枚，可萌发成竹；混生竹子秆基具大型芽 2～4 枚，既可萌发成竹，也可以抽发为鞭；散生竹子一般没有或具少数发育不完全的大型芽。秆基各节密集生根，称为竹根，形成竹株独立根系。秆基、秆柄和竹根合称为竹蔸。

3. 秆 茎

秆茎是竹秆的地上部分，一般圆形中空通直而有多数节，节上具有芽，能发枝抽叶，但下部竹节上的芽已退化或成为隐芽，在一般情况下，不萌发成枝或丧失萌发能力。每节具有二环，下环为箨环，是竹箨脱落后留下的环痕；上环为秆环，是居间分生组织停止生长后留下的环痕。两环之间称为节，两节之间称为节间，相邻二节间有一木质横隔，称为节隔，着生于节内。竹秆节间形状和长度因竹种而有变化。

（三）竹 枝

竹枝是从竹节处长出的细枝，竹枝中空，由节、枝节、箨环和枝环组成。

如图 2-5 所示，不同竹种、竹秆各节的分枝数不同，一般可分为 4 种类型：一枝型，竹秆每节单生一枝，如箬竹属的竹种。二枝型，竹秆每节生枝两根，一主一次，长短大小有差异，如刚竹属的竹种。三枝型，竹秆每节生枝三根，一中心主枝，两侧各生一次主枝，如方竹属、唐竹属的竹种；也有些竹种在竹秆中下部各节，每节三枝，在其上部各节，次主枝之侧又生 2～4 根，形成一节 5～7 根，如苦竹属、茶秆竹属的竹种。多枝型，竹秆每节多枝丛生，如单竹属、牡竹属、箭竹属、慈竹属的竹种。

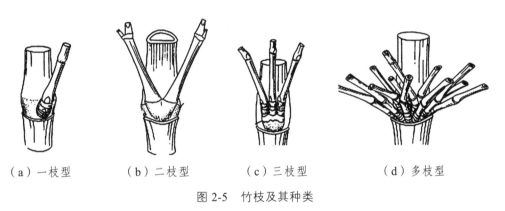

（a）一枝型　　　（b）二枝型　　　（c）三枝型　　　（d）多枝型

图 2-5　竹枝及其种类

（四）竹叶和竹箨

竹枝每节 1 叶，交错排列成两行，每叶分叶鞘和叶片两部分，如图 2-6（a）所示。叶鞘包裹小枝叶节间，叶片和叶鞘连接处的内侧，有膜质片或纤毛，称为叶舌。两侧的耳状突起，称为叶耳。叶片长椭圆形系披针形，中脉突起，两边有侧脉数条，平行排列，叶片下方通常具短柄。竹叶呈狭披针形，长 7.5～16 cm、宽 1～2 cm，先端渐尖，基部钝形，叶柄长约 5 mm，边缘之一侧较平滑，另一侧具小锯齿而粗糙；平行脉，次脉 6～8 对，小横脉甚显著；叶面深绿色，无毛，背面色较淡，基部具微毛；质薄而较脆。

竹箨又称笋壳，附着于秆环上，如图 2-6（b）所示。竹箨分箨叶、箨鞘、箨舌、箨耳等部分。当竹笋长成竹子，节间生长停止后，竹箨一般脱落，但也有些竹种的竹箨宿存于竹秆上，达数年之久。竹箨包裹竹秆各节，对节间生长有保护作用。

（a）竹叶　　　　　　　　　　　　（b）竹箨

图 2-6　竹叶和竹箨

（五）花和果

花序和果实性状是竹类分类学上最重要的依据之一。由于木本竹子开花周期长，而且自然条件下大多数竹种不结实或结实率低，使人们对木本竹子果实性状的了解受到极大的限制。不仅给竹子分类学和系统学研究带来了很大的困难，也给竹子的良种选育和遗传改良等方面的研究带来了极大的障碍。

竹花是像稻穗一样的花朵，不同种类竹子的花颜色不同，不过主色都为黄色、绿色、白色，有的配有红色、粉色等。但由于其是风媒花，不太鲜艳的。如图 2-7 所示，每朵花，一般有 3 枝雄蕊和一枝隐藏在花朵内的雌蕊，当雄蕊的花粉落到雌蕊的柱头上，就能形成种子，经繁殖，就能长出新的竹子。竹花与一般禾本科植物的花结构基本相同，具有外稃和内稃各 1 枚，外稃多脉，内稃背有两脊，等长或略短于外稃。花由鳞被、雄蕊、雌蕊 3 部分组成，鳞背 3 片，位于花之基部，雄蕊通常 3~6 枚，花丝细长，花药 2 室，雌蕊 1 枚，花柱 1~3 枚，柱头 2~3 裂。

图 2-7　竹花的形状

竹子开花，花后结实，其果实叫竹米，如图2-8所示。竹子果实为颖果，我国所产木本竹子的果实类型根据果皮性质、种皮结构及其与果皮的关系，大致可以分为三类，包括典型（基本型）颖果、浆果状颖果和坚果状颖果。

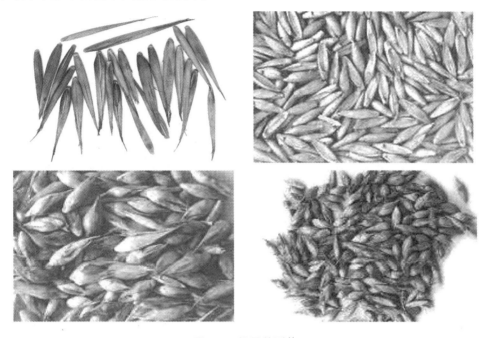

图 2-8　竹果的形状

三、竹子的特性

（一）适应性强

竹子是一种浅根系植物，喜温热多雨的气候，在肥沃、深厚、疏松和排水良好的土壤中生长良好，在贫瘠土壤上也能生长，还有的品种能耐-16 ℃ 低温及适度干旱环境中，具有较强的适应能力。在山坡、丘陵、土岗、平原、河湖岸边均能栽培，从海拔 3 500 m 以下的高山荒坡到海拔 100 m 的河谷都有竹子的生长。竹子在我国的分布范围十分广泛，从热带、亚热带、温带到寒温带，即南起海南省，北至辽宁省，东自台湾，西到西藏都有竹子的生长。

（二）生长迅速

竹子是世界上长得最快的植物之一，如谚语"三日掀石，十日齐墙，百日凌云"之述。竹笋顶端的分生组织和居间分生组织分生能力极强，生长迅速，行鞭快，笋芽破土而出，当年即可成竹，如毛竹最大日生长量可超过 1 m。竹子易繁殖、生长快、单产高，一次性栽培造林、每年出笋长竹，在环境适宜的条件下 2～3 月便能长成大竹，3～4 年便可成材使用，只要合理间伐便可永续利用，砍伐无明显季节性，可满足工业连续生产的要求。

（三）形态优美

竹子四季常青，秀丽挺拔，刚柔相济，青翠光润，修长淡雅，具节中空，朴实无华，是植物中的骄子，深受人们喜爱。当人们漫步于青青翠竹之中时，一种无限舒畅和遐想便会油然而生，给人以美的享受。竹子因拥有良好的组织集体性、观赏性和空间协调性等特点，是景观园林中的重要植物，如图 2-9 所示。

图 2-9　竹子在景观园林中的应用

（四）文化内涵丰富

竹子以其独特的生物学和生态学特性，成为中华民族人文精神和高尚品格的象征，是中华民族文化中最为璀璨的明珠。竹子无牡丹之华丽，无松柏之伟岸，无桃李之妖艳，但它根生大地，未出土时便有节，凌云处尚虚心的特征，高风亮节的品格为人们所称颂，成为各个时期文人墨客吟咏的对象。在中国历代吟咏植物的诗词书画海洋中，咏竹作品的数量和艺术水平都名列前茅，著名竹类学家周芳纯教授整理收录了中国历代咏竹诗词赋谱及画竹作品竟达 14 000 多首（幅）。可见，竹子对中华文明史发展影响之深、作用之大、历时之长，是其他多种文化所不及的。

（五）生态价值高

竹子四季常青，枝繁叶茂，叶面积指数大，光合作用强，能有效净化空气，吸附粉尘和有毒气体，还可以除噪降温，是其他植物无法相比的。竹林具有庞大的盘根错节的地下根系，可在低肥力和坡地上生长，因此其涵养水源、保持水土、防风防震的能力也很强，对于生态安全的维护起着巨大的作用。另外，由于竹子生长非常快，竹林的固碳能力远超普通林木，是杉木的 1.46 倍、热带雨林的 1.33 倍。

四、竹子的栽种

竹子的栽种方法很多，可采用分株、埋枝、移鞭和播种等方法进行繁殖栽种。用种子繁殖的竹子，很难长粗，需要几十年的时间，才能长到原来竹子的胸径，因而很少采用。一般都用竹鞭繁殖，只要 3～5 年，就能长到规定的胸径。竹子通过任何一种无性繁殖方法都是一种突变，从而导致开花，竹子开花后便会死亡。

（一）埋鞭育苗

埋鞭育苗适用于散生竹种和混生竹种。竹鞭萌芽力与丛生性都很强，早春发芽前剪断竹鞭，连同竹竿分别栽种，当年夏季就可长出新竹。具体方法如下：挖取壮鞭，保留鞭根、鞭芽，多留宿根土，将竹鞭截成 50～60 cm 的鞭段，平埋于苗床上，覆土厚 5～8 cm，保持苗床湿润。埋鞭时间宜选择在早春竹笋出土前一个月。埋鞭后注意旱天淋水，多雨排水。出苗后适时施氮肥，如尿素、硫酸铵和腐熟人粪尿等，还要及时除草。只要管理得当，一年后每条鞭可长出 2～3 条竹苗，供翌春造林用。

（二）埋竿育苗

埋竿育苗适用于丛生竹种。具体方法如下：选 2 年生健壮竹竿，连蔸挖起或不带蔸砍断，竹竿每一节上的枝条保留一个枝节，剪断并去掉竹竿梢头，每隔 1～2 节，在节中间砍或锯一缺口，将竹竿浸入净水中，竹腔内浸满水后用黏土封住切口。苗床开水平沟，将竹竿平放（切口向上），然后覆土 5～10 cm，保持苗床湿润。经 1 月左右，竹竿节的芽会陆续萌发出苗。经半年至一年，即可挖竹竿截成单株竹苗，用于造林。埋竿育苗最佳时期是竹子发芽前 1 月左右。

（三）埋节育苗

埋节育苗适用于丛生竹种，尤其是侧枝基部具有潜伏芽的丛生竹，如撑篙竹、青皮竹、大头典竹和吊丝竹等。具体方法如下：将竹竿逐节或每两节锯成一段，再将其移埋于苗床中并覆土、保湿，其管理要求与埋竿育苗相同。

（四）侧枝育苗

侧枝育苗用于丛生竹种。具体方法如下：从 2 年生以上的竹竿节上取下侧枝（次生枝），剪掉过多的枝梢与竹叶，保留 5～8 节，保护好基部的芽。将侧枝插入苗床中并露出上半部枝叶，苗床架设荫棚，并经常喷水保湿。1～2 周后次生枝基部长根，枝节上长新芽，逐渐发育成独立竹株。一般在竹子生长最旺盛时期进行侧枝扦插效果最佳，侧枝苗经一年培育，分蘖成竹丛，即可进行造林。

（五）播　种

竹子开花后的果实也可以播种。利用种子进行播种种植，一般在春秋两季进行，在气温为 5～10 ℃ 的环境下播种，能保证较高的出芽率、成活率，也有利于后期竹苗的生长、发育。大多数竹子的种子生命期很短，应挑选成熟、新鲜的种子。播种之前，先将竹种浸泡在温水中，连续浸泡两天，每天换一次清水，种子充分吸水润胀后即可捞出。然后将种子在 25 ℃ 左右的环境中催芽，等种子胚根露出后，就可以播种了。播种方法有点播、条播和散播，一般选用点播的方法。选择播种区域，播种穴的株行距为 20 cm × 20 cm、穴深 1 cm 即可，每穴播种 15 粒种子，播种后覆盖 0.5 cm 左右薄土，再覆盖一层稻草。当有 50% 以上竹苗出土后，及时搭起荫棚注意遮光，清理杂草，及时培土。出苗率达 80% 后，每隔 10 天喷一次波尔多液，防治虫害。生长初期，每隔 10 天喷一次 0.5% 的磷酸二氢钾，能起到叶面肥的作用，促进幼苗生长。

第二节　竹秆的结构

草本竹的大规模应用较少，本节主要介绍木本竹秆的结构。

一、竹秆的粗视结构

竹子是一种多年生禾本科植物，是典型的空心结构，人肉眼就可观察到竹子的粗视结构。

如图 2-10 所示，在竹子横截面上可以看到，竹壁由竹青、竹肉和竹黄三部分构成。竹青是竹壁的外侧部分，表面光滑、组织紧密、覆有蜡质、质地坚韧，为绿色或黄色。竹黄在竹壁内侧，质地脆弱，组织疏松、呈黄色。竹青与竹黄之间的部分为竹肉，由维管束组织和基本组织构成，维管束组织色深、基本组织色浅，维管束散生在基本组织中。竹壁外侧维管束细而密，基本组织数量少；内侧维管束粗而稀，基本组织数量多。在横切面上观察维管束为麻点状，在纵切面上观察则呈丝状或线状，维管束平行排列。

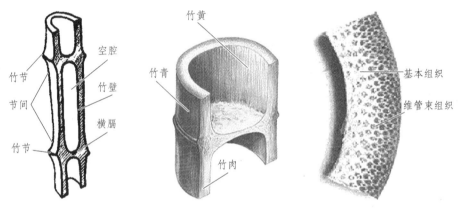

图 2-10　竹子的粗视结构

二、竹秆的微观结构

借助显微镜可以看到竹子更细致的微观结构，如图 2-11 所示。竹壁的构造自外向内可细分为表皮层、皮下层、皮层、基本组织、维管束、髓环和髓，其中基本组织和维管束所占比例最大。

表皮层是竹子的最外一层，由长形细胞、栓质细胞、硅质细胞及气孔器构成。长形细胞的数量最多，其形状为长方柱形，沿纵行整齐排列。栓质细胞和硅质细胞的形状短小，常成对结合，散生于长形细胞行列之中。每平方毫米表皮上有数个至十几个气孔。皮下层由 1～2 层小形柱状细胞构成，胞壁较厚。皮层由数层至十几层细胞构成，比皮下层细胞稍大。皮层的厚度因竹种及竹子部位不同而有差异，大径竹种皮层细胞列数多于小径竹种；同一根竹子，下部皮层细胞列数多于梢部。表皮层、皮下层和皮层构成竹子的竹青部分。

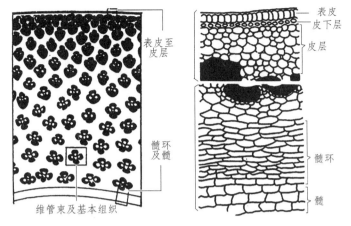

（a）竹壁的结构

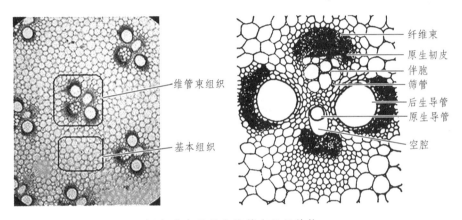

（b）基本组织和维管束组织结构

图 2-11　竹子的微观结构

　　竹肉是竹壁最厚的部分，由基本组织和维管束组织构成。基本组织是一些多角形薄壁细胞，细胞壁随竹龄增大而逐渐加厚。维管束散生在基本组织中，竹子的维管束为外韧型结构，外围是纤维细胞，围绕在维管束的四周形成维管束鞘产生较高的机械强度；纤维束鞘内为导筛管和伴胞，其间隙被木质化薄壁细胞所填充；维管束的空腔为原生的、木质化的环纹、螺纹、网纹或梯纹导管，起到输送营养物质和水分的作用。

　　竹黄由髓环和髓两部分构成。髓环是竹黄的主要部分，为几层至十几层横向整齐排列的砖形细胞。其细胞壁木质化但细胞壁较薄，与髓细胞无明显区别。竹髓为一些较大的薄壁细胞，一般成膜状，有的成片状或海绵状，竹髓破裂后留下的空隙即竹子中空部分称为髓腔。

三、竹秆细胞种类及其形态

　　从细胞形态区分，竹秆中的细胞主要包括纤维细胞、导管、薄壁细胞、筛管、伴胞、表皮细胞和石细胞，如图 2-12 所示。不同种类的细胞存在于竹子的不同部位，在竹子生长过程中起不同生理作用。

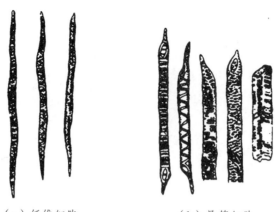

（a）纤维细胞　　　　　　　　　（b）导管细胞

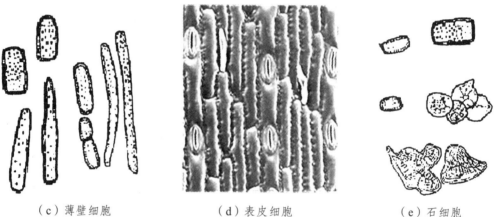

（c）薄壁细胞　　　　　　　（d）表皮细胞　　　　　　　（e）石细胞

图 2-12　竹子的细胞种类

纤维细胞是形状细长、两头尖锐的梭状细胞。纤维细胞存在于竹子的维管束鞘中，其细胞壁主要由纤维素组成。纤维素分子为链状高分子，纤维细胞因此而有较高的机械强度。纤维细胞是竹子中最主要的细胞，占细胞总量的 60%～70%（面积比）。竹子中的纤维细胞长度为 0.5～2.7 mm、宽为 14～19 μm、长宽比为 119～172、壁厚约 5 μm。纤维细胞的大小与竹种、竹龄和部位有很大关系。我们常说的竹纤维也就是竹子中的纤维细胞，是竹资源纤维化利用的主要细胞，因此通常以纤维细胞含量及细胞形态来评价竹子的利用价值。

导管细胞也叫导管分子，其形状呈管状，有环纹、螺纹、网纹、梯纹和孔纹 5 种。导管细胞存在于维管束组织中，相邻导管细胞的端壁有穿孔而相互衔接贯通形成导管，在竹子生长过程中起输送水分和无机盐的作用。与纤维细胞相比，导管细胞外形粗短、细胞壁较薄，其长度为 0.3～1.2 mm、直径为 15～200 μm。导管细胞的成纸、可纺性能不如纤维细胞，但在造纸用浆的生产过程中也常常被保留下来，这样可以提高纸浆得率和竹子资源利用率。导管细胞壁的化学组成虽以纤维素为主，但纤维素分子的聚合度较低，并混有较多的半纤维素，因此在生产竹浆粕的时候，需要将其去除才能提高浆粕的纤维素含量。

薄壁细胞腔大、壁薄，形状短小，有方形、圆形、枕形和棒形等形状，大部分为非木质化细胞。薄壁细胞是竹子基本组织中的主要细胞，围绕在维管束周围，在竹子生长过程中可储存营养物质。薄壁细胞的纤维素含量较少，半纤维素、灰分等的含量较高；其存在会还对生产过程产生不利影响，如在洗涤过程中造成滤水困难，因此在生产过程中往往被去除。

表皮细胞存在于竹青中，其组织排列致密，对竹子起到保护作用。表皮细胞有长细胞和短细胞两种，长细胞断面呈锯齿形可提高细胞间的结合强度；短细胞为硅细胞和栓质细胞。石细胞呈球状、椭圆形和多角形等，细胞壁极度增厚、细胞腔极小，通常木质化、栓质化或角质化，质地坚硬，因此而获得此名。

石细胞存在于竹子的皮层和髓部，其中含有较多的木素和无机盐，因而也没有什么利用价值。

图 2-13 所示为通过扫描电镜观察到的纤维细胞与非纤维细胞的形态。通常所说的纤维是纤维细胞。从竹子纤维化利用的角度来看，只有纤维细胞才具有利用价值，所以将导管细胞、薄壁细胞、筛管、伴胞、表皮细胞、石细胞称之为非纤维细胞或杂细胞。

（a）纤维细胞与非纤维细胞的混合物

（b）纤维细胞　　　（c）非纤维细胞

图 2-13　竹浆纤维细胞与非纤维细胞电镜扫描图

四、竹子的化学组成

竹子中的主要化学组分包括纤维素 40%～60%、半纤维素 14%～25% 和木质素 16%～34%，这三种主要组分占 92% 左右；此外，还有蛋白质 1.5%～6%、脂肪 2%～4%、淀粉 2%～6%、还原糖 2% 和灰分 1%～3.5% 等少量组分。通常，竹子中的少量组分用抽出物多少来反映，如竹子中的冷水抽出物 2.5%～5%、热水抽出物 5%～12.5%、醇乙醚抽出物 3.5%～5.5%、醇苯抽出物 2%～9%、1% 氢氧化钠溶液抽出物 21%～31%。抽出物的组成比较复杂，是多种化学组分的混合物，不同抽提剂的抽出物差异很大。竹子的化学组成与竹种、竹龄和生长环境等有较大的关系，表 2-1 是几种竹子的化学组成。

竹子中的化学成分，除了纤维素、半纤维素和木素这三种主要成分外，还有天然的氨基酸、竹醌、黄酮等营养、医药、保健成分。因此，除了食用外，还可提取这些成分制备医药和保健产品。

表 2-1　竹子的主要化学组成

品名	产地	灰分/%	冷水抽出物/%	热水抽出物/%	1%NaOH 溶液抽出物/%	苯醇抽出物/%	聚戊糖/%	木素/%	综纤维素/%
大龙竹	云南	2.60	5.50	6.96	21.90	8.12	15.61	24.57	70.12
毛　竹	湖南	1.29	8.56	10.80	27.91	3.08	14.52	23.91	48.96
西凤竹	四川	1.74	3.44	4.52	22.65	1.80	19.60	25.12	69.13
撑绿竹	贵州	2.61	4.26	5.43	22.73	1.73	20.08	23.75	65.93
绵　竹	贵州	2.54	3.22	4.81	24.72	1.82	19.56	25.23	72.68
钓鱼竹	贵州	2.38	5.92	8.08	25.32	2.05	18.12	24.19	62.63
枝天慈	贵州	1.95	4.66	5.92	22.71	1.92	18.87	26.06	64.69
黄　竹	四川	2.82	3.12	4.97	26.75	3.12	18.66	21.85	70.68

第三节　竹子的应用

中国是世界上认识和利用竹子最早的国家，也是与竹子有着最密切关系的国家。正如英国学者李约瑟在《中国科学技术史》中指出，东亚文明的过去被称为竹子文明。从竹子与中国历史文化发展的源远流长的关系、竹子在中华民族精神文明发展中所产生的巨大作用、竹子与中华民族物质文明进化的息息相关中都可以得到广泛的印证，中国不愧被誉为"竹子文明的国度"。

1954 年，在西安半坡村发掘了距今约 6000 多年的仰韶文化遗址，其中出土的陶器上有竹字符号；在距今 7000 多年的余姚河姆渡原始社会遗址内也发现了竹子实物。古人把"不刚不柔，非草非木，小异空实，大同节目"的植物称之为竹。从竹子形态上的认识开始，进而进行加工，制成不同用品，又以竹字衍生出竹部汉字。我国辞海（1979 年版）中收录的竹部文字多达 209 个，现代各类字典收录的就更为可观，涉及社会和生活的各个领域。竹部文字的丰富，反映了竹子在中国几千年历史长河中在生产生活多方面所起的重要作用。

商代时期人们就已知道竹子的多种用途，其中之一就是用作竹简，把文字写在竹片上，再把它们用绳子串在一起就成了书，汉字的"册"字即由此而来。竹简为我们保存了东汉以前的大批珍贵文献，如《尚书》《礼记》《论语》和《孙子兵法》等最初都是写在竹简上的。另外，竹笔的发明在我国文化史上也是开拓性的，在殷代文化遗迹出土的甲骨、玉片和陶器上都可以看出毛笔书写的朱墨字迹。公元 5 世纪我国已开始用竹造纸，比欧洲约早千年。实际上在竹纸出现以前，制纸的工具也离不开竹子。

竹子的用途极其广泛，自古以来就是人类生产和生活伴侣、食用和保健佳品、建筑和家具良材、编织和工艺原料、生态和观赏树种，广泛用于工农业生产、交通运输、渔猎蚕桑、园林建设及衣食住行用等各个领域。现代科技发展更有力地拓宽了竹子的利用领域，竹子正在变成"富人的木材"。20 世纪初，竹子就用于纸张的工业化生产中。20 世纪 80 年代中后期，张齐生院士率先提出了以"以竹代木"和"以竹胜木"为核心的竹材工业化利用方式，发明了竹材胶合板生产技术。随后各地开发出了竹质地板、竹家具板及各种工程结构用竹材人造板，生产规模快速壮大，加工技术走向成熟。进入21世纪后，成功开发竹质缠绕压力管，发挥竹子拉伸强度高和柔韧性好的材性特点，在水利输送、农业灌溉和城镇管网中已得到实际应用；利用竹子成功生产出溶解浆，发挥竹纤维良好的透气和抑菌等性能，在纺织行业中得到应用。目前，我国竹产品已形成百个系列、近万种产品，应用于建筑、装饰、家具、造纸、包装、运输、医药、食品、纺织、化工等十多个领域，已经成为国民经济发展中的重要产业。

在当今关注全球气候变化、木材短缺和低碳经济的背景下，竹子作为一种非木质资源，日益彰显出其资源价值。竹子成为我国政府高度重视并在战略层面上积极推进的重要林业产业领域，在生态环境建设和山区经济发展中发挥着越来越重要的作用。我国竹产业已居于世界领先地位，在竹类研究成果、竹林培育技术和笋材产品开发等方面，都堪称"中国制造"的典范，引领着世界竹产业的创新发展。随着"国际竹藤组织"（International Bamboo and Rattan Organization，INBAR）在全球影响日益扩大，随着"一带一路"倡议和"乡村振兴"规划的实施，深度影响中国的竹子，必将越来越深刻地影响世界。

一、食 用

竹笋是我国传统的素食品种之一，肉质松脆，味美可口。悠久的食用历史，积累了极为丰富的竹笋烹调经验，使其成为烹饪美味佳肴的重要食材。竹笋食品享有"素食第一品"的美誉，富含植物蛋白、膳食纤维和微量元素。营养学家认为竹笋是天然的保健食品，纤维含量高、脂肪含量低，能促进肠胃消化和排泄，常食竹笋可减少有害物质在体内的滞留和吸收，具有防癌和减肥的功效。竹笋外被坚实的笋壳包裹，不洁物质难与可食部分直接接触；另外，竹子多生长在远离污染源的山区，多数情况下不施化肥和农药，不存在食物农药残留问题，没有发现竹笋中含有任何有毒元素和有毒有机物质，因此竹笋是清洁的新鲜蔬菜和有机食材。竹笋经过加工，可开发出玉兰片、竹笋罐头、保鲜笋、笋干、调味笋、盐渍笋、和竹汁饮料等。

二、药 用

竹，不仅全身是宝，且全身是药，竹叶、竹茹、竹笋、竹根、竹实、竹菌等均可药用。李时珍在《本草纲目》中，对竹的不同部分的药用功能、方剂以及气味、主治、附录、释名等都做了较为详尽的叙述。竹子除含有大量的维生素、氨基酸和叶绿素之外，还含有丰富的具有活化功能的锗、硅等微量元素，以及糖类、黄酮类等许多生物活性物质，具有一定的药用功能。

竹沥是将竹竿劈开，经火炙后收集两端滴出的竹汁。《本草纲目》记载："竹沥气味甘、大寒、无毒，主治暴中风风痹，胸中大热，止烦闷，消渴，劳复。"现代药物化学分析证明竹沥含有十多种氨基酸、葡萄糖、果糖、蔗糖以及愈伤木酚、甲酚、甲酸、乙酸、苯甲酸等多种化学成分，药理试验证明其确实具有镇咳祛痰功效。从竹秆、竹叶和竹笋中提取的新鲜竹汁，通过适当的酿造和调制可生产竹汁酒、竹汁饮料，如鲜竹沥、竹汁饮料、竹汁酒、竹叶黄酮等医药和保健产品。目前生产厂家众多，遍布全国各地。

竹笋是竹子的幼芽，不仅组织细嫩，清脆爽口、滋味鲜美，而且营养丰富，作为药膳资源在我国有悠久的历史，《本草纲目》《本草经》《食疗本草》《食经》《齐民要术》《唐本草》等古典名著均有记载。《本草纲目》中记载"笋味甘、无毒、主消渴、利水益气、可久食"。另外，竹笋还具有调气的功效，可缓解因中气不足、妇女分娩用力耗气、气血亏损以及气虚下陷引起的脱肛。竹笋中含有纤维素能促进肠道蠕动，有利于消胀及排泄。

竹叶在我国拥有悠久的药用历史，为国家认可并批准的药用天然植物材料，具有清热除烦、生津利尿的功效，可用于治疗治热病烦渴、小儿惊痫、咳逆吐衄、面赤、小便短赤和口舌疮等症。《本草纲目》记载"淡竹叶气味辛平，大寒，无毒；主治心烦、尿赤、小便不利等。苦竹叶气味苦冷、无毒；主治口疮、目痛、失眠、中风等。药用竹叶以夏秋两季采摘嫩叶，晒干、煎水饮；用量2到4钱"。现代药理研究发现竹叶煎剂中含有黄酮类、茶多酚和多糖等物质，具有抗炎的作用，对金黄色葡萄球菌、绿脓杆菌有明显抑制作用。从竹叶中提取的竹叶黄酮作为药物中间体生产的医药保健品具有降血脂、抗衰老、增加免疫力的作用。

竹根也有药用功效，《本草纲目》记载"淡竹根煮汁服，除烦热、解丹石发热渴。苦竹根主治心肺五脏热毒气。甘竹根，安胎，止产后烦热"。

竹开花后结实如谷粒，皮青色，内含竹米，味甜。《广志》记载"竹实可服食"。《本草纲目》记载"竹实通神明，轻身益气"。《本草纲目拾遗》记载"下积如神"（治消化不良）。近代研究证明，竹实的营养成分与水稻、麦、玉米相似，除富含淀粉、蛋白质、脂肪之外，还含有18种氨基酸，是一种可开发的药膳资源。

竹茹是竹茎刮去绿色皮层后，再刮取第二层之物，亦称"竹二青"。《本草纲目》记载"淡竹茹，气味甘、微寒、无毒。主治呕吐、温气寒热、吐血、崩中、止肺痿、治五痔、妇女胎动，苦竹茹主治热壅、尿血"。

竹菌是指生于竹林中的菌类，如竹荪是生于竹林地上的一种真菌。有关竹菌的药膳作用在《食疗本草》《本草拾遗》《本草纲目》等医著中均有记载。竹荪作食用菌已有悠久的历史，过去只能从野外采集，数量极有限，通常只作帝王贡品，现已进行人工栽培，其产量和质量均有显著的提高。

三、日用品及工艺品

竹子为空心结构，形状大小多样，具有很高的柔韧性，通过不同的加工工艺，可生产各种各样的竹制品，用于人类的生活和生产的方方面面。

利用其割裂性，将竹子破篾编织许多用具，如竹帘、竹席、竹篱、扇骨、伞骨、灯笼等。利用其高负荷力，竹子可用作桁椽、晒秆、担架、脚手架、竹床、竹筷、矿柱、梁柱、门窗、地板、竹桥、竹筏及其他家具、用具，在民间建筑上有广泛的应用。利用其弹力和抵抗力，竹子可用作弓、弩、钓竿、竹梢、扫把、扁担、床柱、机脚、手杖、伞柄、撑竿、竹钉、竹箍等。利用其中空特征，竹子可用来制作水桶、水管、引水槽、烟筒、吹火筒、竹瓶及竹笙、竹笛等各种乐器，以及日常生活中的各种贮具和量具等。利用其外观特性及韧性，竹子可用来做竹索、背带、竹笼、篾缆、工艺品、玩具、文具等。

四、建筑及家具

竹材质硬度高、韧性强、抗弯拉、耐腐蚀，是理想的天然建筑材料和取代实木的家具用材。

竹亭、竹楼、竹屋古已有之。竹材在建筑工程中用途多样，如建筑推架、脚手架、地板、竹瓦、竹板墙、篱笆墙、竹水管和竹筋混凝土等。竹建筑成本低廉、技术要求低，质量可靠、经久耐用、容易维护、节省空间。2001年以来，国际竹藤组织相继在亚洲、非洲实施了一系列竹建筑实地开发和推广项目。"竹子是很好的建筑材料"这一观点已经得到越来越多国际建筑师的赞同。建造相同面积的建筑，竹子的能耗是混凝土的1/8，是木材的1/3，是钢铁的1/50。竹建筑不仅节能，而且成本低廉，建筑质量可靠。正是由于竹子有很强的硬度，竹房屋抗震性能好。四川大地震之后，国际竹藤组织与花旗银行合作，在都江堰的"幸福祥和小区"建起了竹房屋，实用又别致，成为当地一处亮丽的风景。上海世博会，9个国家以及国际组织的场馆不约而同地选用"竹元素"来体现"低碳建筑"。这些设计独特的竹建筑，展现了竹产品广阔的应用前景。在休闲区，有以竹命名的餐厅，有完全用竹子建造的花店，世博园黄浦江边长达3.6 km的栈道，完全用竹子铺设，引领着"低碳潮流"。

竹材制作家具，富有独特的美感，而且竹材易弯曲定型，是制作各种优美家具的理想材料。目前，竹制家具主要有圆竹家具类、全竹胶合折叠家具、竹框嵌板家具、竹薄板贴面组合家具及多层胶合弯曲家具等类型，竹家具系列主要产品有竹椅、竹凳、竹茶几、竹床、藤沙发、餐厅家具和衣柜等。

五、竹质人造板

竹质人造板是以竹材为原料的各种人造板的总称，主要用来代替木质板材节约木材资源。按生产工艺不同可分为竹材胶合板、竹材瓦楞板、竹材集成材、竹编胶合板、竹帘胶合板、竹篾层压板、竹材胶合模板、竹材刨花板、竹木复合胶合板、竹木复合层积材、竹木复合地板、竹材旋切板、贴面装饰板、竹材纤维板、竹大片刨花板、竹材碎料板、强化竹材刨花板等。竹材人造板材质细密，不易开裂、变形，具有抗压、抗拉、抗弯等优点，其物理力学性质及装饰效果均优于常用木材。竹胶板是理想的工程结构材料，刚度和强度可与硬阔叶材木质胶合板相媲，主要用于建筑外墙、室内墙面、室内地面、室外铺地、建筑模板等方面。竹材人造板具有质地坚硬、不易开裂、稳定性好等优点，是一种力学性能与生态效益十分优异的可持续建筑材料。我国于2017年发布的《绿色产品评价体系人造板和木质地板》（GB/T 35601—2017）将符合标准的竹材人造板归入绿色产品行列，为竹材人造板产品在中国现代化建设进程中的推广起到了很好的作用。

六、工业材料

近年来，我国竹材工业化利用取得了很大发展，成长起一批具有现代化规模和水平的竹材加工企业，在"以竹代木""以竹胜木""以竹代塑""以竹代棉""以竹代钢"等方面取得了突出成就，显示出竹产品的优越性。

用竹材加工生产内河航运用的船体、体育比赛用的冲浪舢板以及轿车外壳等。竹材的特性完全可以达到其物理力学性能要求，加工工艺也可以达到工业生产需要。进入 21 世纪后，成功开发竹质缠绕压力管，最大限度发挥竹子拉伸强度高和柔韧性好的材性特点，在水利输送、农业灌溉和城镇管网中已得到实际应用。竹缠绕复合材料是指以竹子为基材，以树脂为胶黏剂，采用缠绕工艺加工成型的新型生物基材料。竹缠绕复合材料质量轻、拉伸强度高、韧性好，具有资源可再生及综合利用、生产过程节能环保、产品可固碳储碳、耐腐蚀、保温隔音性能好、阻燃、抗风抗震、使用寿命长、成本低等优势。通过突破传统竹质平面层积结构加工方式，可加工制作成竹缠绕复合管、竹缠绕管廊、竹缠绕整体组合式房屋、竹缠绕军工产品、竹缠绕高铁车厢等产品，在市政、水利、建筑、交通、石油化工、海洋、航天、国防建设等领域具有广阔的应用前景。据介绍，如果用竹缠绕复合材料代替水泥、钢铁和塑料等高耗能高污染材料，减碳效果十分明显，以年产 1 000 万吨的竹缠绕复合管代替螺旋焊管，可以减少二氧化碳排放 5 223 万吨。竹缠绕复合材料的应用对于维护国家能源与资源安全、推动绿色发展、兑现节能减排国际承诺、全面贯彻国家"双碳"战略部署、兴林富民和贫困人口脱贫等具有重要意义。

竹炭是以竹材为原料经过高温炭化获得的固体产物。按原料来源可分为原竹炭和竹屑棒炭；按形状可分为筒炭、片炭、碎炭和工艺炭等。竹炭细密多孔，表面积是木炭的 2.5～3 倍，吸附能力是木炭的 10 倍以上，矿物质含量是木炭的 5 倍，具有吸附、除臭、除湿、杀菌、漂白、阻隔电磁波辐射等功能，在制药、食品、化学、冶金、环保等领域有广泛用途，并可开发出多种系列环保产品，如竹炭床垫、竹炭枕、除臭用炭、工艺炭等。竹炭具有逆转吸附能力，当竹炭达到饱和状态后，可以通过加热、降压等抽真空的办法为其脱附，这样可以多次重复利用。中国是世界最大的竹炭生产国、消费国和出口国。竹醋液是竹材炭化时所得到的价值可观的竹醋液液体产物，主要用于净化污水等化学净化。竹醋液可用作土壤杀菌剂、植物根生长促进剂，可消除异味、美容美肤等。

七、纤维化利用

竹子富含纤维素纤维，竹纤维是以竹子为最初原料加工而成的，加工方法不同，因此纤维的形貌特征、化学组成和理化性质不同。竹纤维不是最终产品，是多种工业生产的原料，不同种类的竹纤维，由于特性不同而用在不同领域。竹纤维属于高科技绿色生态环保材料，具有广泛的应用前景。

如图 2-14 所示为竹纤维产品的形态。目前，常见的竹纤维品种主要有竹原纤维、竹纸浆和竹浆粕三种，它们是利用化学方法、机械方法或化学机械相结合的方法，将竹子中的纤维分离制备而成，这三种竹纤维都属于天然纤维。随着化工技术的发展，近年来出现了新的竹纤维产品，如竹黏胶纤维和竹炭纤维等，它们则属于化学纤维。如竹黏胶纤维是以纤维素含量非常高（90%以上）的竹浆粕为原料，经过化学处理再重新成形为纤维，其主要化学组成是纤维素衍生物。

（a）竹原纤维　　　　　　　　（b）竹纸浆　　　　　　　　（c）竹浆粕

（d）竹黏胶纤维　　　　　　　　　　　（e）竹炭纤维

图 2-14　不同竹纤维的形态

（一）竹原纤维

竹原纤维的生产方法为，先用温和的化学处理软化竹子，再通过机械作用进行纤维分离，其生产过程主要包括竹子软化、开松分丝、纤维疏解和烘干除尘 4 个工序，根据不同的使用要求，竹原纤维可以加工成不同形态，如图 2-15 所示。

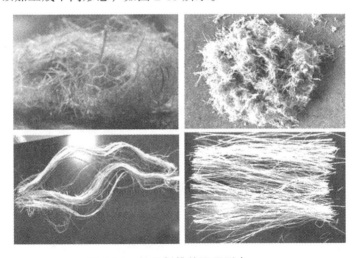

图 2-15　竹原纤维的不同形态

竹原纤维长度可达数十毫米（12.35～84.23 mm）、直径可达 75.5 μm，其尺寸远远大于竹子中的纤维细胞。竹原纤维实际上是从竹子中分离出来的纤维束，它是纤维细胞的聚集体，由多个纤维细胞相互搭接聚集而成，因而比较粗长。由于制备过程的化学作用比较温和，较大程度地保留了竹子中的天然成分，所以竹原纤维的化学组成除了纤维素、半纤维素和木素主要组分外，还有蛋白质、脂肪、单宁、色素等天然组分。

竹原纤维保留了竹子中原有的竹醌、叶绿素等天然功能组分，使其具有一些特殊的性质。竹原纤维具有抗菌性，它对大肠杆菌、金黄色葡萄球菌和白色链球菌等有抑制作用，这与竹醌的存在有关。叶绿素对酸臭、氨臭有较好的除臭效果，还是一种优良的紫外线吸收剂。

竹原纤维由长短不一的纤维细胞组成，纤维细胞间存在较多的缝隙，每根纤维都有一个中空的细胞腔，因此竹原纤维中含有非常多的孔隙。制备过程中的化学侵蚀在纤维细胞壁上还产生了许多孔隙，使纤维细胞腔之间相互贯通形成较长通道，因而竹原纤维具有很强的"呼吸作用"，能进行水分的吸湿、导湿。这些空腔和孔隙大大增加了竹原纤维的比表面积，使竹原纤维具有较大的表面能，从而对水蒸气有很强的吸附作用；另外，空腔和孔隙还能产生一定的毛细管作用，对水蒸气产生较强的传导作用，使竹纤维的吸湿导湿性能，其性能甚至高于棉纤维和麻纤维。

竹原纤维最接近原始的天然竹纤维，可再生、易降解，是一种真正意义上的绿色环保材料，具有优良的吸湿导湿、抗菌抑菌、吸收紫外线、吸收噪声和机械强度高等性能，可通过织造、复合技术方法制成多种产品，用于人们的生活和生产许多领域。

（二）竹纸浆纤维

竹纸浆，是以竹子为原料，经过制浆工艺制得的纤维状物质，是纸、纸板和纸浆模塑制品生产的主要原料，称之为竹浆，也称竹浆纤维。造纸所用的纤维比较细小，通常需要将纤维完全分散，粗大的纤维束会产生尘埃而影响纸张使用，生产较薄的纸张时还需进一步纤维细化，使纤维细胞成为更小的细丝或碎片。由于纸浆纤维细小，通常情况下肉眼难以清晰看到纸浆中的完整纤维，需要借助显微镜才能看清，图 2-16 所示为硫酸盐竹浆的显微镜观察图。

图 2-16　竹纸浆的显微镜观察（×100）

造纸所用的纤维短小，化学竹浆纤维长度一般为 0.5 ~ 2.2 mm，化学机械竹浆的纤维平均长度不足 1 mm，纸浆生产过程的化学和机械作用都比较强烈，竹子中的各种细胞都被完全分离，所以竹纸浆实际上是各种竹细胞的混合物，其中除了长短不一的纤维细胞外，还有较多的球状、管状和棒状等非纤维细胞。竹子是禾本科植物，纤维细胞存在于维管束组织中，基本组织、表皮组织和髓部的组成主要是非纤维细胞，因此竹浆中的非纤维细胞含量比木材高。与木浆相比，竹浆的滤水性差，成纸强度低；但和稻草、麦草、蔗渣、芦苇等浆料相比，竹浆含有较多的长纤维，成纸的强度要好很多。化学竹浆纤维素含量的化学组成大致为，纤维素 80%、半纤维素 15%、木素 3%，这是因为在化学制浆过程中，竹子中的大量木素和半纤维素等非纤维素组分被溶出。

竹纸浆是生产纸和纸板的原料，目前主要用来生产生活用纸、文化纸、牛皮包装纸和食品原纸等产品；另外，还可用来生产纸浆模塑制品，用作餐盒及其他包装材料。竹子纤维素含量高，纤维细长结实，可塑性好，纤维长度介于阔叶木和针叶木之间，是除木材外最好的造纸原料，适宜于制造中高档纸，可以替代部分木材原料。我国竹材制浆造纸对于木材制浆造纸原料资源具有重要替代作用。

我国造纸木材纤维原料在较长时间内将仍然很缺乏，非木材纤维原料仍是造纸的重要原料。虽然竹子的纤维性能受品种、地域、季节等因素的影响，不同的竹子在制浆性能、成纸特性等方面差异较大，但总的说来，竹材中纤维素含量为50%~60%，介于针叶材和阔叶材之间，高于草类原料；竹子纤维属中长纤维，纤维平均长度为1.5~2.1 mm，其长度介于针叶木和草类之间，比阔叶木长，纤维细长交织力好。从纤维素含量和纤维形态来看，竹子是较优良的造纸原料。竹子的造纸性能仅次于针叶木，接近于阔叶木。多年的生产实践表明，竹浆可替代相当部分木浆，生产各种中高档的纸制品。

根据竹子纤维特性和生产实践，可用100%的竹浆生产出具有良好挺度的打印纸，但由于竹浆生产的纸较脆，故竹浆多与木浆、草浆合理配比生产文化用纸、生活用纸、包装用纸等多种纸制品。目前，用竹浆配抄或单独使用的纸品种有包装纸、卫生纸、打印纸、铜版原纸、牛皮箱板纸、复印纸、无碳复写纸、装饰原纸、卷烟纸、描图纸等50多种。

发展竹浆不仅是解决我国纸业供需矛盾的有效途径，也是调整我国纸业原料结构的现实方法，可以弥补我国目前中高档纸浆的缺口。竹浆的性能介于针叶林和阔叶林木浆之间，明显优于草类浆，可以替代阔叶木浆，并减少针叶木浆用量，用于生产大多数纸种。竹浆的生产工艺、污染治理工艺成熟可靠，且大部分设备可以选用国内产品，竹浆的生产成本比松木浆与桉木浆低30%左右，其质量与木浆相当，具有较强的市场竞争力。

（三）竹浆粕

浆粕，也叫溶解浆（Dissolving Pulp），是指纤维素含量很高（90%~98%），木素、半纤维素、抽出物、矿物质及其他成分含量非常低的精制化学浆，具有白度很高、纤维素分子量分布均匀、反应性能好等特点。浆粕实际上是天然纤维素，生产浆粕最早的原料是棉短绒，随着浆粕用量迅速增加，棉短绒供应受限且价格攀升，已开发出用木材、竹子和蔗渣等原料生产的浆粕。

浆粕要具有很高的纤维素含量和均匀的、良好的化学反应性能，所以在生产竹浆粕的过程中要尽量去除半纤维素和木素等非纤维素组分，同时还应去除细小纤维和非纤维细胞。因此竹浆粕的纤维组成均匀，不含非纤维细胞，如图2-17所示。

（a）光学显微镜观察　　　　　　　　（b）电子扫描镜观察

图2-17　竹浆粕的显微镜观察

浆粕是用来生产再生纤维素纤维（如黏胶纤维、Lyocell 纤维）、再生纤维素膜（如赛璐菲）及纤维素衍生物（如醋酸纤维素、硝酸纤维素、羧甲基纤维素）产品的原料。目前，竹浆粕的纤维素含量为 91%～93%，主要用作生产黏胶纤维的原料，要扩大竹浆粕的用途，还要进一步提高纤维素的含量和分子量，还需要在原料选用、蒸煮工艺及提纯技术等方面进行优化。

（四）竹黏胶纤维

竹黏胶纤维是以竹浆粕为原料，采用黏胶纤维工艺生产的一种再生纤维素纤维。黏胶纤维（Viscose Fiber），简称黏纤，又名黏胶丝。黏胶纤维吸湿性好、易染色、不易起静电，有较好的可纺性，广泛用于纺织、服装等领域，是我国产量第二大的化纤品种。纺织行业所用的黏胶纤维一般为短纤，其中黏胶棉型短纤长度为 35～40 mm、纤度为 1.1～2.8 dtex；黏胶毛型短纤长度为 51～76 mm，纤度为 3.3～6.6 dtex。黏胶还可制成更长、更粗的黏胶长丝，用作工业帘子线和工业布匹的纺织原料。

与用棉浆粕和木浆粕等原料生产黏胶纤维的工艺过程相同，生产竹黏胶纤维时，先用浓度 18% 的碱液对竹浆粕进行润胀，再用二硫化碳进行黄化得到橙黄色纤维素黄原酸钠，然后再用浓度为 8% 的稀碱液进行溶解，制成黏稠的纺丝原液，称为黏胶。黏胶经过滤、熟成、脱泡处理，然后进行湿法酸浴纺丝，纤维素黄原酸钠与凝固浴中的硫酸作用，使纤维素再生而析出成丝，再经水洗、脱硫、漂白、干燥后成为黏胶纤维。

如图 2-18 所示，竹黏胶纤维表面光滑、均匀，纵向有多条较浅沟槽，横截面边缘呈不规则锯齿形。这种表面结构使纤维表面具有较高的摩擦系数，可产生较好的抱和力，有利于纤维成纱。竹黏胶纤维的回潮率为 20%，与其他浆粕所生产的黏胶纤维相比有很好的吸湿、快干性能。研究发现，竹黏胶纤维织物还有很好的紫外线屏蔽作用，200～400 nm 紫外线对竹纤维织物透过率几乎为零，而其他黏胶纤维织物没有这样性能。

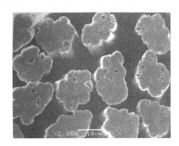
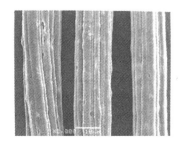

（a）黏胶纤维横截面　　　　　　　　（b）黏胶纤维纵向表面

图 2-18　竹黏胶纤维形态结构

竹黏胶纤维的结晶度较低、非结晶区多，纤维湿态下容易膨胀，染料液在纤维内部扩散所需的孔道体积增大，从而提高了染料在纤维内的扩散速度，在规定染色时间内有利于染料上染，因而具有良好的染色性。

竹黏胶纤维可进行纯纺，也可与棉纤维、天丝（Lyocell）、莫代尔（Modle）、氨纶等纤维混纺，可机织或针织制造各种服装面料，用来加工衬衫、西服各类服装，以及毛巾被、床单和被单等床上用品；还可通过针织技术生产的面料加工内衣、T 恤衫、线衣裤、短衣裤、浴衣和睡衣等；通过非织造技术生产的面料，可加工护士服、口罩、手术布、纱布和卫生巾等。

（五）竹炭纤维

竹炭纤维是将纳米竹炭颗粒与其他原料进行共混，然后通过纺丝技术制成的一种人造纤维。竹炭纤维的制备过程包括竹炭制备和纤维纺丝两个主要工序。竹炭制备选用 5 年以上的竹子为原料，采用 800 ℃ 纯氧高温及氮气阻隔延时煅烧工艺形成纳米微粒，其粒径通常为 500 nm 左右；然后与其他原料进行共混，再通过不同的纺丝技术将混料制成纤维状物质，竹炭纤维的微观结构如图 2-19 所示。纤维的长度和细度可根据其用途不同，通过纺丝过程中的工艺参数进行调整。

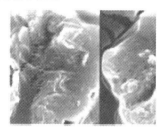 

（a）竹炭纤维横向截面电镜照片（×5 000）　　（b）竹炭纤维纵向电镜照片（×4 000）

图 2-19　竹碳纤维的微观结构

如图 2-20 所示，竹炭颗粒质地坚硬、细密多孔，内部为蜂窝状微孔结构；主要由 C、O 和 H 等元素组成，再加上丰富的钾、镁、钙、铝、锰等金属元素及其碳化物，因此竹炭具有很强的吸附能力，其吸附能力是木炭的十多倍。竹炭具有良好的除臭、防腐、吸收异味功能和抑菌、杀菌功效；还是很好的远红外和负离子发射材料，具有发射远红外线、负离子，以及蓄热保暖等多种功能。

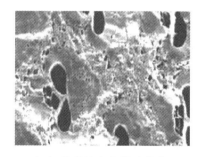 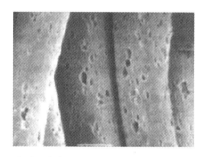

（a）竹炭的内部微孔结构　　　　　　　　（b）竹炭纤维的蜂窝状微孔结构

图 2-20　竹炭的微观结构

竹碳纤维的种类主要有黏胶基竹炭纤维、Lyocell 基竹炭纤维、涤纶基竹炭纤维、锦纶基竹炭纤维和腈纶基竹炭纤维等，不同种类的竹炭纤维所用母料和纺丝方式不同。黏胶基竹炭纤维和 Lyocell 基竹炭纤维是再生纤维素纤维，涤纶基竹炭纤维、锦纶基竹炭纤维和腈纶基竹炭纤维为合成纤维。

在竹炭纤维中，竹炭一般作为辅料使用，其添加量为 3% ~ 7%，所用主料为天然纤维素浆粕或涤纶、锦纶、腈纶等化学合成的高分子材料。由于纳米竹炭的添加，制成的纤维具有很强的吸附、调湿、抑菌、除臭、远红外发射、负离子穿透、防静电和蓄热保暖等性能，经过纺织制成的竹炭纤维面料，可广泛用于各类服装、家纺产品、医用品、垫类饰品和其他工业用品的加工。

（六）竹材纳米纤维素

纳米纤维素是具有优良的物理和化学性能的纤维素类新材料，不仅具有纳米粒子颗粒的小尺寸效应，还具有密度低、抗张强度高、弹性模量高、比表面积大等特性。纳米纤维素具有非常好的柔软性和力学性能。由于纳米纤维素具有纤维素独特的生物特性以及纳米尺寸效应，具备许多特殊的物理力学性能，在先进材料、光电子器件、包装、医药等许多重要领域应用前景广阔。纳米纤维素制备方法主要有化学法、生物法、机械法。利用竹材进行生物精炼，制备新型生物质材料（如纳米纤维素），对于提高竹材综合利用具有重要现实意义。

八、园林绿化

中华民族对竹子的栽培利用和审美活动历史悠久，由于竹子具有较高的文化审美价值、重要的生态和观赏价值，在我国源远流长的文化史上，竹子和松、梅被并誉为"岁寒三友"，和梅、兰、菊一样有"君子"之称。竹林景观是难得的旅游资源，竹子是园林绿化的优良观赏植物。竹子是不可缺少的点缀假山水榭的植物，如桂林漓江旁广植凤尾竹，安吉大竹海、蜀南竹海与赣南竹海是中国有名的竹海景观。近年来，随着竹林面积的不断扩大，其也成为我国许多地方农村的一道亮丽风景。

九、环境保护

发展竹林不仅有利于节约木材保护森林资源，还能绿化荒山改善生态环境。竹子适应性广，可在田边地角、房前屋后和堤岸箐边广泛种植，也可集中成片发展竹林基地，不与农争地，既增加收入又美化环境。竹子盘根错节，具有庞大的地下系统，在保持水土、涵养水源及保护农业生态环境方面有着无法比拟的作用。特别是在生态恶化、水土流失严重，不宜种植农作物的偏僻山沟、流石滩等地区发展竹子，更能充分发挥其生态功能。

竹子生长周期短，母竹种植到成林一般只需要 6~8 年即可进行批量采伐并循环经营，因此竹林是重要的碳汇。研究竹子与其他树种的固碳能力发现，若以 60 年为生长周期，竹林生态系统的碳储能力为 104.83 t/hm^{2*}，高于杉木（95.66 t/hm^2）和马尾松（96.49 t/hm^2）；竹林的碳汇量[8.13 t/（hm^2·a）]是杉木[3.35 t/（hm^2·a）]的 2.43 倍和马尾松[4.98 t/（hm^2·a）]的 1.63 倍。竹子的固碳能力明显更强，是碳汇林经营的优选树种。所以，工业企业开展"竹林+产品"的一体化发展，如造纸企业开展"竹浆纸一体化"的发展模式，不仅解决企业原料问题，还可帮助企业增加碳汇，赢得更大的发展空间。

竹制品的碳储水平高，使用竹制品不仅可以减缓竹子碳排放，还可以对非竹类产品产生替代减排效应。对竹板材和木板材的碳储水平研究发现竹板材的碳储水平更高，从全生命周期的角度来看，1 kg 竹板材和木板材所封存的碳分别为 0.68 kg 和 0.19 kg，前者明显高于后者。

---

* hm^2（公顷）——非国际标准单位；1 hm^2=10^4 m^2=0.01 km^2

就性能而言，建筑中使用竹材比同质量的木材和混凝土强度和刚性更大。这意味着自身生命周期较短的竹子，在被采伐加工和循环利用后，能将储碳固碳这一"职业生命"的周期延长。相较于碳捕集等技术的成本，竹子显然给出了一份亮眼的"基于自然的解决方案"。

竹制品在整个生命周期都保持低碳水平甚至负碳足迹，从碳汇过程来看，竹产品与塑料产品相比，碳足迹为负值。竹制品用后可完全自然降解，更有利于保护环境，保护人类健康。2022年6月24日，由国际竹藤组织提出的"以竹代塑"倡议被列入全球发展高层对话会成果清单，并将由中国和国际竹藤组织共同发起，着力减少塑料污染，应对气候变化，助力全球绿色发展。根据联合国环境规划署发布的评估报告，在全世界总计生产出的92亿吨塑料制品中，约有70亿吨成了塑料垃圾，而这些塑料垃圾的回收率不足10%。因此，寻找塑料替代品是减少塑料使用、减轻塑料污染，从源头解决这一问题的有效途径。

2022年5月12日，国际竹藤组织在联合国森林论坛第17届会议期间举办了"竹子有效助力生态系统恢复"主题会上，副总干事陆文明指出"竹子是重要的可再生森林资源，可以极大地促进森林和景观恢复"。国际竹藤组织致力于推广将竹子作为恢复退化土地的有效工具，通过开展竹林可持续经营、竹业提质增效等实地项目，示范推广竹子作为基于自然的解决方案独特潜力和价值，鼓励各方将竹子纳入国家和区域社会经济增长及环境保护战略。国际竹藤组织及其成员国正在为实现联合国可持续发展目标在做积极努力，成员国已承诺到2030年种植 $6 \times 10^6 \, \text{hm}^2$ 竹林，以恢复退化土地，应对《波恩挑战》。17个联合国可持续发展目标中有 7 个与竹子密切相关，包括消除贫困、廉价和清洁能源、可持续城市和社区、负责任的消费和生产、气候行动、陆地生物、全球伙伴关系等。

纸是中国古代劳动人民长期生产经验的积累和智慧的结晶，也是人类文明史上的一项杰出的发明创造。造纸术是中国四大发明之一，在其发明的初期，造纸原料主要是树皮和破布。当时的破布主要是麻纤维，品种主要包括苎麻和大麻。随着纸张用量的增加，资源丰富的竹子原料也被古人用于造纸。竹子造纸的起源可追溯到晋朝（266—420年），在唐宋时期竹子造纸技艺得到较快发展，明清为竹纸手工制造发展的鼎盛时期，竹纸也为我国近代社会发展做出了较大贡献。在我国近代社会之前的1600年时间里，竹子制纸为手工技术。虽然其制作效率低，但所生产的纸张却具有独特的书画性能。

新中国成立后，随着技术进步和市场需求增加，竹子造纸也实现了工业化生产。目前，竹子已成为我国造纸工业重要的纤维原料，竹浆纸在工业、农业、科研、生活等领域得到广泛应用。最近20多年的快速发展，竹子已成为我国造纸工业的特色原料，中国的竹浆纸也成为全球造纸产品中的特色产品。我国竹子制浆造纸得到较快发展，生产规模扩大、清洁生产水平提高、行业效益增加。

我国木材资源严重短缺，而禾本科及农业剩余物由于当前农业发展的需求不能用来造纸，因此将竹子用作制浆造纸的纤维原料，能有效缓解造纸工业纤维原料紧缺的困境，促进造纸工业持续发展。竹浆纸产业的发展，可提高竹资源的利用价值，提高竹农种竹栽竹的积极性，从而促进竹林业的发展，进一步增加竹林面积，为竹浆纸产业提供更丰富的纤维原料。因此，"竹纸结合、协同发展"，将成为实现两大产业绿色高质量发展的主要途径，也是深入践行"绿水青山就是金山银山"发展理念的重要举措。

第一节　竹纸的古法制造

古法造纸，即手工造纸，也叫土法造纸，是指造纸术经历代流传的，不用机械或仅用非常简单工具的手工造纸方法，是沿用古代技艺方法和设备设施生产纸张的一种传统方式（见图 3-1）。古法造纸在原料选用、生产工艺等方面更多地利用自然作用，使纤维更好地保留了其天然性能，所抄造的纸张具有独特的吸墨性能，是工业生产方式难以取代的。

一、竹子造纸的起源

竹子造纸以其茎秆为原料，经过一系列复杂工序处理才能成纸，古人常以竹龄为 1 年左右的嫩竹为原料进行制作。关于竹子造纸的起源，学术界有"东晋"和"唐代"两种说法。

竹纸起源东晋主要是基于南宋文学家赵希鹄（1170—1242 年）所编撰的《洞天清录集》中有如下记载："若二王真迹，多是会稽竖纹竹纸。盖东晋南渡后，难得北纸。又右军父子多在会稽故也。其纸止高一尺许，而长尺有半。盖晋人所用。""二王"是指东晋书法家王羲之（303—361 年）和王献之（344—386 年）父子。王羲之曾任会稽内史，迁右军将军，因此又被称为王右军。萧子良（460—494 年，南朝齐梁时文学家）在一封书信中谈到："张茂做箔纸，王右军用张永义纸，取其流利，便于行笔。"箔纸即用嫩竹做的纸张。另外，在葛洪（283—363 年，东晋道教理论家与炼丹家）的《抱朴子》中记有"逍遥竹素，寄情玄毫，守常待终，斯亦足矣。"此处"竹素"为"竹纸"的别称。

图 3-1　古法造纸基本过程

竹纸起源唐代主要是基于张子高（1886—1976 年）先生在其所著的《中国化学史稿》中认为，"相比于藤纸、麻纸、楮皮纸，制造竹纸在技术上更为复杂，因而它出现得较晚。先是麻纸、楮皮纸出现于汉代，后来藤纸出现于晋代，到竹纸出现时，已是中唐。"另外，唐宪宗元和年（806—820 年）间文学家李肇（生卒年不详）的《唐国史补》中，说到"纸则有越之剡藤苔笺，蜀之麻面、屑末、滑石、金花、长麻、鱼子、十色笺，扬之六合笺，韶之竹笺蒲之白蒲，重抄，临川之滑薄。"韶是韶州，今广东韶关地区。另外，唐代学者段公路（生卒年不详）在《北户录》中说到"睦州出竹膜纸"，睦州是现在浙江建德。这说明在唐代除了广东外，浙江等地也制作竹纸。

晋代时期出现竹纸，具备如下条件：从东汉造纸术发明（105 年）到东晋（317—420 年）经历了 200 多年时间，造纸技艺有了一定发展，已出现了藤纸，嫩竹纤维与藤皮纤维相比，木质化程度无太大差异；另外，南方地区竹子资源丰富，嫩竹比藤皮容易获取，人们已经用嫩竹子制作衣、冠，借鉴制布技术制作竹纸成为可能。到了唐代，随着经济和文化发展，纸张用途扩大、用量增加，竹纸有了一定的发展，除了浙江、广东，在福建也出现竹纸。尽管竹纸的出现很早，但是关于记载唐代之前竹纸的文献、资料中，目前还没有发现关于竹子造纸技艺方面的详细记载，只是记载了不同时期竹纸的使用情况。

二、竹子古法造纸的发展

（一）宋　代

在宋代，数学、医学、农学、天文学和生物学等取得诸多成就，科举考试制度比唐代更加完备，各地兴办书院，教育进一步普及。科技进步促进了文化繁荣，印刷术的应用带动纸张需求量增大，成为造纸发展的主要动力。在这样的社会环境下，造纸技艺得到较大发展，如用水碓（duì）取代人力捣浆，使打浆效果改善、效率提高；滑水（也叫"纸药"，从杨桃藤等植物提取的汁液）用于抄纸，提高成纸匀度和强度；天然漂白技术提高了纸浆白度，扩大纸张用途；多种纤维配抄，改善纸张吸墨性能和书画性能。在宋代，已有相关文献介绍制纸技术，如北宋诗人梅尧臣（1002—1060 年）在《答宋学士次道寄澄心堂纸百幅》中"寒溪浸楮春夜月，敲冰举帘匀割脂。焙干坚滑若铺玉，一幅百钱曾不疑。"的语句，道出了当时造纸技艺中的沤料、舂捣、抄纸、烘焙等关键工序。

这一时期，竹纸也得到了一定发展。北宋初期苏易简（958—997 年）的《文房四谱·纸谱》中"蜀人以麻，闽人以嫩竹，北人以桑皮，剡溪以藤，海人以苔，浙人以麦面稻秆，吴人以茧，楚人以楮为纸。"并述竹纸开始用于书写，"如作密书，无人敢拆发之，盖随手便裂，不复粘也"。说明北宋初期福建已经出现竹纸，但书写质量并不好。之后经过 100 多年的发展，竹纸制造技术不断完善，竹纸成为可与稻草纸、楮皮纸相媲美的纸种。如北宋书画家米芾（1051—1107 年）在其《评纸帖》写到，"越筠万杵，在油拳上，紧薄可爱。余年五十，始作此纸，谓之金版也。"不仅质地好而且品种多样，当时上品竹纸有"姚黄""学士"和"邵公"3 种，为"工书者喜之"。

宋代竹纸制造主要在浙、闽、赣、川和苏州。陈槱（生卒年不详）在《负暄野录》中这样评价浙江所产竹纸："今越之竹纸，甲于他处"；其中还提到苏州的"春膏纸"，其制法考究，遂与蜀产抗衡。《三山记》（三山为地名，指现在福州）中记载宋代福建出产竹纸的地方，"竹纸出古田、宁德、罗源村落间。"仅古田县青田乡安乐里便有西寮、盖竹、杉洋、徐畈、皮寮等 7 个村庄产竹纸。江西鄱阳有人取竹"作纸入城贩鬻"，说明江西竹纸制造业已有专门的作坊。还有，南宋文学家洪迈（1123—1202 年）在《夷坚志》中记载"环而居者千室，寻常于竹取给焉，或捣以为纸，或售其骨，……其品不一，不留意耕稼。"说的是湖南湘潭昌山制作竹纸的情况。

《负暄野录》中"吴人取越竹，以梅天水淋，晾令干，反复捶之，使浮茸去尽，筋骨莹澈，是谓春膏，其色如蜡，若以佳墨作字，其光可鉴。"这段话并非制造竹纸的全过程，但已涉及物料、天气、步骤、操作等工序以及最终呈现的结果，可见竹纸在宋代得到较大发展。但毕竟受制于一些客观条件，竹纸质量尚未臻上乘之品，质量问题主要表现在 3 个方面：一是用本色纸料，色较深；二是韧性较差，不耐折；三是纤维束多，质地较粗糙。

（二）明　代

明朝时期造纸业发展比较迅速，是因为明朝推行振兴农、工、商的政策，促进了诸业发展；印刷技术的普遍推行，纸张消费日益增多；另外，朝廷还设立宫廷官纸局，纸业管理规范化。尤其在宣德皇帝朱瞻基在位时期，非常重视纸张生产，精心制造各种名贵宫笺，统称

"宣德宫笺"，如"宣德细密洒金笺""宣德羊脑笺""宣德素馨笺"等，为后世留下了诸多名贵纸品，如图 3-2 所示。

图 3-2　宣德皇帝用宣德宫笺所绘《嘉禾图》

这个时期关于竹纸制作技艺也有更详细的记载，在《天工开物·杀青》中记载了竹纸制作流程包括"斩竹漂塘→煮楻足火→荡料入帘→覆帘压纸→透火焙干"（见图 3-3），具体操作为"先斩下嫩竹放入池中浸泡百日以上；将泡好的竹子放入桶内与石灰一道蒸煮八日八夜，再放入水碓中受舂；将打烂的竹料倒入水槽内，并以竹帘在水中荡料，使纸浆成为薄层附于竹帘上面；将竹帘翻过去，使湿纸落于板上，即成一张纸。"竹纸制作技术得到了较大发展，主要体现在 3 个方面：纸料由生料改为熟料，提高了纤维纯度；吸收皮纸漂白工艺，采用天然漂白，将熟料制成漂白竹浆；加强浆料舂捣，提高纤维打浆度。生产技艺经过改良后的竹纸颜色淡白而质细、韧性很好，书画性能得到很大提升。

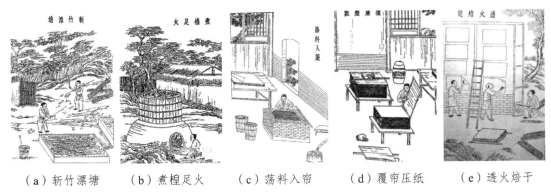

（a）斩竹漂塘　　　（b）煮楻足火　　　（c）荡料入帘　　　（d）覆帘压纸　　　（e）透火焙干

图 3-3　《天工开物·杀青》中竹子造纸过程

明代竹纸制造主要集中在福建、浙江、江西、广东和四川等地。生产技术的突破首先出现在福建，生产出接近皮纸的"竹料连七""竹料连四"等高级纸张，超过早期浙江竹纸。浙江仍是竹纸的重要产地，富阳、江山、常山、开化、乐清、绍兴、温州等地也都有竹纸生产。江西广信府是明代著名的竹纸产区，永丰、铅山、上饶 3 县在嘉靖万历年间出现的"槽房"式手工作坊，雇佣了大批工人。广东竹纸主要有 3 个产区，分别是粤北韶关一带、粤东梅州一带和粤西阳江、茂名一带。随着朝廷用纸量增加，司礼监专设造纸坊于南方山区生产竹纸，还搜派地方纸张入贡。明《会典》记载，洪武二十六年，"朝廷因印造茶盐引由、契本和户籍等项用纸，分派各产纸地如数解送至京，陕西 15 万张、湖广 17 万张、福建 4 万张、浙江 25 万张、江西 20 万张"，这些纸张除陕西外，其他地方主要是竹纸，可见在明朝竹纸的应用已经非常普遍。

明代竹纸分有 5 类，连四纸为熟料竹纸的上品，纸质细腻、色泽洁白、吸墨匀润。贡川纸质量次于连四纸，虽经日光漂白，但纸质不及连四纸。毛边纸未经日光漂白，纸色为浅淡黄色，纸面平滑、纸质坚挺、吸墨适宜，曾是中国竹纸的代表，被称为"唐纸"，其品种有毛边、重边、扣纸等，重边是其佳品，在明代供奏本使用。元书纸属熟料竹纸，以浙江富阳元书纸为标准。表芯纸多供用于日常包装，纸白度较低，纸质较差。

（三）清　代

清代，竹子制浆造纸技术进一步完善，1775 年法国耶稣会士蒋友仁（Michel Benoist）根据他在中国记录资料编辑了《中华造纸艺术画谱》（*Art de faire le papier à la Chine*）（见图 3-4），通过 27 幅水粉画描绘了清代竹纸的制造工艺，其流程为：砍竹→泡竹→洗竹→削竹皮→碎竹→磨竹→蒸竹→沤竹→搅拌→竹浆→抄纸→晾干。此时竹子制纸的生产技术，在蒸竹之前增加了多个备料环节，去除了竹青、竹黄杂细胞含量多的部分，并且还将竹子破碎使其尺寸减小、质地疏松。通过改进蒸料、洗料工艺，特别是通过延长日光曝晒时间、增加翻堆次数，使竹料在日晒雨淋中充分漂白，进一步提高了竹纸的白度。

（a）封面

（b）蒸竹

（c）抄纸

图 3-4　《中华造纸艺术画谱》的部分画谱

清朝时期，福建、浙江、江西、四川、广东是竹纸的主要产区，另外安徽、广西、陕西、贵州和云南等区域，也开始生产竹纸。福建多数州县都有竹纸的生产作坊。福建竹纸又称"扣纸"，将乐县所造青丝扣，永安县所造西庄扣，皆光润幻结，这些竹纸都是当时广泛使用的印书、抄书用纸。四川夹江竹纸制作技艺，在清代达到相当高的水平，精湛技艺、质量好和产量高，除供宫廷使用外，还在科场考试中使用。康熙二十四年（1685 年）《夹江县志》中记载："竹纸粗精大小皆备……皆售之下南川东等地，精者用作书签，粗者用作神楮"，夹江竹纸中上等品被钦定为科举考场上专用试卷纸即"文闱卷纸"和"宫廷用纸"。乾隆年间又被钦定为皇帝专用"贡纸"，每年上贡十余万张，占全国的1/3。

经过清朝进一步发展，竹纸的生产和使用达到鼎盛时期，连四纸成为竹纸中的精品。连四纸产地为江西铅山，其制作工艺程序十分考究。原料选用毛竹的嫩竹竿，在立夏前后嫩竹将要长出两对芽叶时砍伐取用；纸料需经几个月的日晒雨淋，使之自然漂白，生产周期长达一年。制造过程的技术关键：一是水质，凡冲、浸、漂、洗所接触的水均不能有任何污染，须采用当地泉水；二是配药，药系采用水卵虫树制成。连四纸纤维细腻、厚薄均匀、纸面洁白、吸墨性能优良特性，堪与纯白皮纸媲美，深受书画界喜爱，有"寿纸千年"之称。

（四）近 代

鸦片战争后，西方机制纸及其生产技术开始传入中国，再加上印刷机的应用，对纸张的印刷性要求提高，此时我国也开始兴建机制造纸厂。1884年，中国最早的机制纸厂华章造纸厂在上海建成投产，但当时受多种条件限制机制纸发展比较缓慢，手工制纸仍占绝对地位。竹子制纸的作坊普遍处于相对偏僻的山区，受其冲击不大反而不断发展。

民国时期，竹纸在南方省份占主导地位，福建、浙江、江西、四川、安徽、湖南、湖北、广东、广西、云南以及贵州等省竹纸生产作坊很多，有专业造纸槽户和兼业造纸槽户，竹子造纸技艺不断完善、产品质量进一步提高。浙江富阳竹纸享有盛名，富阳的昌山纸、京放纸在国内外竞赛中屡获大奖。1929年，在西湖博览会上，富阳元书纸曾获特等奖。至1932年，全国手工造纸产量达36.3万吨，其中竹纸产量约占总产量的六成。

抗日战争期间，由于进口物资被封锁，机制纸进口也受到影响，手工纸需求逐渐增加。南京沦陷后，安徽一些宣纸作坊被迫歇业，国民政府迁都重庆，地处后方四川夹江的竹纸迎来了繁荣与变革的机遇，生产出优良的竹浆书画用纸。1939—1940年，张大千先生亲临四川夹江，与槽户们一起研究造纸技艺并亲自设计纸帘，在连四纸制作技艺的基础上加以改进，大大提高了纸张质量，使夹江成为抗日战争期间纸张生产的重要基地，年产量近万吨。其产量之多，种类之繁，技术之精，品质之佳，为当时全国手工造纸之冠，享有"蜀纸之乡"美称。为纪念张大千先生对此做出的贡献，1983年11月，夹江县人民政府把夹江所产书画纸命名为"大千书画纸"（见图3-5），夹江也因此获得"大千纸乡"之美誉。2012年12月，夹江书画纸成功获批国家地理标志保护产品。

图3-5　20世纪80年代大千书画纸产品标签

（五）古法竹纸的现状

造纸术是中国古代"四大发明"之一，虽然如今的造纸术已有了突飞猛进的发展，古法造纸术依然在民间流传着。随着我国传统文化产业的不断发展，历史上比较有名的竹纸技艺也得到传承，不仅弘扬了我国传统文化，还促进了地方经济的发展。目前，比较著名的竹纸产品有福建玉扣纸、四川大千纸和浙江富春纸等。

玉扣纸产于福建省宁化县，素有"九竹一田"之称。竹林资源丰富，竹麻肉厚、柔韧、滑泽；山高林密，有充沛的山泉水源，清澈洁净的山泉，是造纸的理想用水，自然优势和精湛的造纸技艺造就了玉扣纸。玉扣纸用嫩竹制造，质地良好，具有纤维细长，光滑柔韧，拉力强，摩擦不起毛茸，张片均匀，色泽洁白，莹润如玉，卫生无毒，清晰透度，书写易干，墨迹不褪，经久不被蛀蚀等特色，是绝佳的书画用纸。因纸质细嫩柔软，色泽洁白如玉而得其名。玉扣纸在国内手工纸行列中占重要一席，远销东北、鲁、豫、苏、浙、皖、粤、赣各省及台湾、香港等地。玉扣纸进入国际市场，畅销新加坡、马来西亚、印度尼西亚、泰国、菲律宾、日本等国家和地区。港澳同胞、南洋华侨多采用玉扣纸印制账簿，用毛笔记账不能涂改，能保持商界信誉。广州、兴宁、梅州等地用玉扣纸包鸡制作"盐焗鸡"上等名菜，脍炙人口。上海人称玉扣为山贝，意即山上的"珍珠宝贝"。

大千纸产于四川省夹江县，夹江气候温和，属亚热带湿润气候，雨量充沛，适宜夹江书画纸制作材料竹子、蓑草的生长。大千纸质地绵韧、手感润柔，纸面平整，有隐约竹帘纹，切边整齐洁净，纸面没有折子、裂口、洞眼、沙粒和附着物等影响使用的瑕疵。截至 2017 年年底，夹江县经营纸及纸制品产业登记在册的市场主体共有 355 家，其中生产企业 43 家，纸及纸制品销售企业 57 家，纸及纸制品生产加工个体户 63 户，纸及纸制品销售个体户 192 户，另有手工书画纸槽户 125 户。产品品种主要涉及书画纸、文化用纸、生活用纸和纸箱四类，年产量达 12 万余吨，其中书画纸年产量约 3.8 万吨。纸产业年销售收入约 15 亿元，其中书画纸年产值 4 亿元。

富春纸产于浙江富阳，富阳素有"土纸之乡"的称号，其竹纸制造技艺始于南宋，世代相传，迄今已有一千多年。现在富春竹纸主要产于富春江南岸山区及青云、龙羊、新登等地。富春竹纸具有纸质柔软的特点，即使卷舒过久也不会出现墨渝的现象，同时也不易为蠹虫蛀蚀。历史上，富春竹纸名品竞出，行销国内并出口日、韩、新加坡、菲律宾等国。其中，昌山纸获 1915 年民国政府农商部最高特货称号和巴拿马万国商品博览会二等奖、1926 年北京国货展览会三等奖；京放纸获 1915 年巴拿马万国商品博览会二等奖、1926 年北京国货展览会三等奖；元书纸和乌金纸获 1929 年杭州西湖博览会特等奖；刷黄纸和五千元书纸获 1929 年西湖博览会一等奖。富春竹纸在继承我国传统造纸技艺的基础上形成了一整套独具特色的制作技艺，如制浆技艺中的"人尿发酵法"，抄制技艺中的"荡帘打浪法"等。这些均是富阳竹纸生产的绝艺，为其他竹纸产区所无。富春竹纸制作技艺是富阳造纸工匠在长期生产实践中形成的智慧结晶，也是继承和发扬我国古代伟大发明造纸术的重要个案。伴随着富春造纸技艺的传承，富阳地区还派生出一年一度祭祀蔡伦、纸工谚语、山歌和长篇民间叙事歌谣《朱三与刘二姐》等民俗文化内容。目前，虽仍有人沿袭传统造纸技艺生产竹纸，但由于多种原因的影响，生产陷于窘境，加上造纸匠人大都年事已高，富春竹纸传统制作技艺后继乏人，濒临消亡，亟待抢救、保护。

竹纸的工业生产

工业造纸，即机器造纸，是指采用现代工艺技术生产纸和纸板的方法。随着纸和纸板用途的扩大，其消费量不断增加，传统的手工造纸无法满足人类社会发展的需要。目前，绝大多数纸和纸板的生产，都是采用工业化技术生产的。随着技术的进步，纸张品种不断增加、应用领域不断扩宽，生产效率不断提高、增加了企业效益。

在我国，造纸的工业化生产起步较晚，竹子用于机制纸生产始于 20 世纪 40 年代。当时，浙江龙泉纸业采用半机械竹浆生产代用新闻纸，配用木浆制造牛皮纸。四川宜宾中元造纸厂（现宜宾纸业公司前身）用漂白竹浆生产机制打字纸、道林纸、书写纸、新闻纸等。江西最早的竹浆机制纸生产厂家是 1947 年投产的东南造纸厂，为赣南造纸厂的前身。该厂于 1949 年根据赣西南地区盛产竹子的资源条件，兴建一台 1 575 mm 圆网造纸机，于 1951 年 9 月投产，开始使用竹类生产道林纸。

新中国成立后，竹浆纸产业也得到一定发展，由于手工制纸效率低、污染严重而逐渐减少，以竹子为原料的工业化生产得到较快发展。在改革开放初期到 20 世纪末的 20 多年里，南方省份因地制宜建成了不少以竹子为原料的造纸企业。但这一时期企业多为乡镇企业，其生产规模普遍偏小，年产量上万吨的企业很少，生产技术相对落后、消耗偏高、环境污染严重。

进入 21 世纪，随着产业结构调整和环保要求提升，竹浆纸产业取得了翻天覆地的变化。竹浆单条生产线产能已超过 20 万吨/年，竹浆纸产品的质量明显提高，生产过程消耗大幅降低，实现了清洁生产。2013—2022 年，我国竹浆产量情况如图 3-6 所示，10 年间我国竹浆产量由 137 万吨增加至 262 万吨，年平均增幅 9.12%。在包括芦苇浆、蔗渣浆和稻麦草浆等非木材纸浆中，竹浆所占比例最高，2022 年的占比达 48.79%。与其他非木材制浆相比，竹子制浆的清洁生产技术水平较高，目前大部分化学竹浆生产线都采用了置换蒸煮技术，比传统蒸煮能耗下降 70%，吨浆蒸汽消耗降至 0.75 吨左右。碱回收系统采用了降膜蒸发、结晶蒸发、黑液裂解处理，成功解决了蒸发及燃烧中的许多问题，使黑液的碱回收效率显著提升，不仅减少了污染物的排放，同时降低了回收碱的成本。

据不完全统计，目前全国利用竹浆生产的纸张（板）近百个品种，竹子已成为重要的造纸原料。竹子化机浆（如竹浆 APMP）用来生产新闻纸和轻型纸等，本色硫酸盐竹浆可用来生产生活用纸、牛皮纸及牛皮箱纸板等产品。搓丝浆（一种简易的竹片化机浆）用于制作祭祀用纸、毛边纸和牛皮纸等。漂白硫酸盐竹浆具有更广泛的用途，可单独使用或与木浆、草浆等按不同的配比，生产多种纸张，常见的有竹浆文化用纸，如静电复印纸、胶版印刷纸、书写纸、无碳复写原纸等；薄页纸，如打字纸、拷贝纸、水松纸、邮封纸等；白牛皮纸、纸杯（碗）原纸、糖果包装纸、纸袋纸，以及茶叶包装纸、条纹柏油原纸等一些特殊用纸；漂白竹浆还可以生产高档生活用系列产品。

生产溶解浆的传统原料为针叶木和棉短绒，但由于国内木材资源供应不足，而棉短绒又有更重要的用途，所以长期以来，国内溶解浆供应主要依赖进口。溶解浆最大的用量在于制备胶黏纤维以生产人造丝，用作纺织材料。中国经济的快速增长和人民生活水平的提高，再加近年来棉花价格猛涨，国内对黏胶纤维的需求量快速增长，致使溶解浆的价格甚至出现翻番的情况。这样极大地增加了溶解浆使用企业的生产成本，并限制了企业发展的主动性。研究资料表明，除了传统的针叶木、棉短绒外，其他一些纤维原料，如竹子、蔗渣等也可用于溶解浆的生产。四川省造纸工业研究所早在 20 世纪 60 年代就成功地以竹子为原料生产溶解浆。近年来，由于国内溶解浆用量的大幅度上升，一些传统的制浆企业也因地制宜，开始利用非木材原料生产溶解浆，在四川省已有多家造纸企业生产竹子溶解浆。

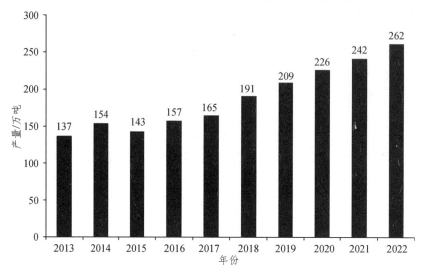

图 3-6　2013—2022 年我国竹浆生产变化

当前，党和国家非常重视竹产业发展。2018 年，习近平总书记来川视察时指出"四川是产竹大省，要因地制宜发展竹产业，发挥好蜀南竹海的优势，让竹林成为四川美丽乡村的一道亮丽风景线"，这进一步激发了四川及南方其他省份发展竹产业的积极性。2020 年，全国竹材产量 31.5 亿根，竹产业总产值 480 亿美元，出口 177 个国家。产品涉及传统竹制品（日用品、工艺品）、竹材人造板、竹浆造纸、竹纤维制品、竹炭和竹醋液、竹笋加工品、竹叶提取物等 10 大类、数千个品种，其应用领域已发展到建筑、造纸、新材料、家具、包装、运输、医药、食品、纺织、旅游等。制浆造纸工业是竹产业中竹资源利用最多的行业，因此发展竹浆纸产业，能提高竹产业的效益，促进竹产业持续发展。

第四章

竹子制浆

纸和纸板是一种由植物纤维相互搭接交织而成的薄层状材料（见图4-1）。植物纤维是从植物中分离出来的纤维状细胞（见图4-2）。与纺织纤维相比造纸纤维更加细小，纤维之间无法相互缠绕，纸张结构中纤维的相互交织实际上是相互搭接，所以纸和纸板的强度比纺织品低很多。

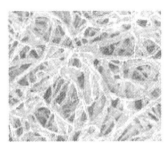 

（a）平面结构　　　　　（b）截面结构

图 4-1　纸张的微观构造

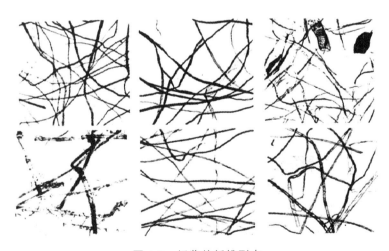

图 4-2　纸浆的纤维形态

植物纤维间的物理交织和氢键结合赋予纸张一定的机械强度，从而满足书写、绘画、印刷和包装等方面的性能要求。植物纤维的主要化学组成为纤维素，具有天然的吸水、吸湿性能，可满足卫生用品的性能要求；植物纤维具有良好的电绝缘性能，可满足绝缘材料的性能要求，如电缆纸、电池隔膜、电容器纸等；植物纤维经过特殊的处理，纸张还可获得其他特殊的功能，如高强、抗菌、抗水等。因此，纸和纸板的用途越来越广。

与其他纤维原料制浆造纸的过程相同，用竹子造纸的基本生产过程包括两大步骤，一是制浆，二是抄纸。通过制浆将竹子加工成细小的纸浆纤维，再通过抄纸将竹纤维加工成纸和纸板。

制浆是利用化学方法、机械方法，或两者结合的方法处理竹子，使其中的植物纤维离解、相互分离，成为纸浆纤维。抄纸是将纸浆纤维加工成纸和纸板的过程，通常采用湿法成形工艺，在成套的造纸机上进行。抄纸以水为介质分散纤维，然后经过滤水成形、压榨脱水、烘缸干燥等工序，将竹纤维制成不同定量的纸张。竹子制浆造纸的基本过程如图4-3所示。

图 4-3　竹子造纸的基本过程

竹子含有丰富的纤维素纤维，且纤维尺寸较大，优于稻麦草、蔗渣和芦苇等草类纤维，与阔叶木纤维相当，是一种良好的造纸原料，适合于生产多种纸张，如生活用纸、食品包装纸、文化用纸和牛皮纸等。另外，竹浆除了用来生产纸张外，还可以用来生产纸浆模塑制品，如蛋托、餐具等产品，如图4-4所示。

图 4-4　纸浆模塑制品

除了采用化学法生产竹浆外，还可以利用机械法、化学机械法生产高得率竹浆。直接生产出来的纸浆呈米黄色到牛皮色等深浅不同色泽，称为本色浆或未漂浆。经过漂白处理，可制成洁白的纸浆，称为漂白浆，纸浆白度提高后其应用更加广泛。现在，随着生产技术的进步，竹纤维除了用来生产纸和纸板外，还可生产纤维素含量极高（91%以上）的竹浆粕（即溶解浆），用作生产黏胶纤维及纤维素衍生物的原料。竹浆粕的生产不仅要将竹子中的纤维相互分离，还要尽量去除纤维中的木素、半纤维素和灰分等非纤维素组分。

竹子制浆造纸是一个以竹子为原料的化工过程，其生产过程工序繁杂，影响因素较多，生产设备繁多，生产过程中水、电、汽、化学品等的消耗也较多，除了主要的生产系统外，还需较多的配套系统。因此，大、中型竹浆项目建设，除了制浆、抄纸的生产主系统外，还需要供水、供热、供电、漂液制备、碱回收和污水处理等多个配套设施。

在国家大力发展竹产业政策和市场需求增加的推动下，虽然竹浆纸产业迅速增加，但竹浆纸企业生产的效率依然较低，行业发展相对缓慢，同时也暴露出一些问题，主要表现在以下几个方面。

（1）竹子原料供应不足。随着竹浆纸产量的不断增加，对竹子原料需求量持续增加，但竹子原料的供应却满足不了生产需要。不仅影响企业生产的正常进行，还造成生产成本的攀升，降低了企业效益，阻碍了产业发展。其主要原因，一是竹浆项目建设一哄而上，缺乏较科学合理的产业规划和布局；二是竹原料供应链不畅，利益分配不够合理而影响农民种竹的积极性；三是竹子原料地的基础设施不完善、交通不便，缺乏高效、专业的收割设备，影响了竹子原料的高效砍伐和运输，增加了竹子砍伐和运输的难度和费用。

（2）竹浆纸企业规模偏小产品结构单一。2022 年全国竹浆产量为 262 万吨，主要分布在四川、重庆、贵州、广东、江西、福建和广西等地，竹浆生产企业有 20 多家。全国竹浆生产线 20 多条，平均单线年产量还不到 10 万吨，有 1/3 生产线的产能仅为 5 万吨左右。目前竹浆除了少量来生产牛皮纸、食品包装纸和双胶纸外，绝大部分用于生产生活用纸。这种产业结构缺乏规模效益和市场竞争力。

（3）总体技术装备水平落后。除近 10 年新建的生产线外，大部分竹浆纸企业的装备水平相对落后。落后的生产装备不仅增加了生产过程中的消耗、降低生产效益，而且还增加了环保压力和污染物处理成本。特别是在全国正全力实现"双碳"目标的背景下，落后装备使生产的电能和蒸汽消耗增多，还增加了碳排放，影响行业今后的发展。

（4）竹浆纸产业发展缺乏强有力的技术支撑。虽然竹子造纸的历史久远，但现代竹子制浆造纸的技术研究相对滞后。竹子为多年生禾本科植物，其组织结构、制浆造纸性能与木材、草类原料相比都有较大不同，由于缺乏专门的技术支撑，新项目的建设只能更多地参考木材制浆造纸的技术和经验。目前，在生产上还有较多的难题需要解决，如竹子中硅含量高所带来的硅干扰和白泥回收问题，竹子质地致密而造成高得率制浆困难的问题，进一步提高竹溶解浆纯度的问题等。

第一节　竹子收集

一、竹子的特点

竹子一次栽种后可连年发笋，与其他非木材原料相比，竹子没有明显砍伐季节性，所以竹子一年四季都可以砍伐（见图 4-5），这为竹子作为造纸工业原料提供了基本保证。但是，通常在竹子发笋期，为了防止损伤竹笋，竹农可能会减少竹子砍伐；另外，在炎热夏季、连续雨季、农忙季节，也会暂停竹子砍伐。所以竹浆企业应在这段时间之前备足竹料，以免给生产带来影响。

图 4-5　竹子砍伐现场

我国耕地面积比较紧张，因此绝大多数的竹子都种植在比较陡峭的丘陵及山区，这给竹子的砍伐、收集和运输带来较大的困难，同时也增加了各个环节的生产成本，所以开发竹子的砍伐、收集成套设备迫在眉睫。竹壁的结构致密、坚硬，密度可达 1.4 g/cm³，但通常为空心结构，造成原竹的密度大大减小（一般仅为 0.6 g/cm³ 左右），增加了原竹贮存、运输的成本。因此，竹子砍伐后尽快切成竹片，再通过汽车运输至竹浆厂的原料场进行贮存的方法。

二、竹子砍伐

大小年比较明显的竹子，一般在春笋大年新竹抽枝展叶后的初夏少量砍伐，可在 11 月至次年 4 月集中砍伐；对于花年（竹子开花）的竹林，选择冬季或夏季砍伐。考虑到竹材加工对竹材新鲜程度的要求，可适当延长砍伐季节，除孕笋和竹笋出土生长两个季节外，可将年砍伐的总数分摊在其他几个月砍伐。砍竹季节要避过鞭梢生长活动旺盛的 6—8 月，尽量减轻砍伐时对嫩竹产生的伤害。砍伐对象根据竹林定向培育的经营目标，确定砍伐竹子的年龄。笋用林一般采伐 4 年以上的老竹，以保持林分合理的年龄组成结构。在有较大林窗的位置，可适当保留 4 年以上的老竹，使竹林分布相对均匀。砍伐强度根据竹林生长状况，在保证竹林有一定立竹度的前提下，确定采伐数量，不可过度采伐。一般砍伐强度应控制在采伐量不超过新竹的留养量。

由于竹子主要生长在丘陵山区，大部分竹子为丛生竹，受到地形和竹林限制，目前竹子的砍伐主要依赖人工（见图 4-6）。以前，主要用普通的砍刀和手锯进行竹子砍伐，其劳动强度大、生产效率低，也造成生产成本升高。现在，已开发出电动机或燃油机驱动的手持切割锯、切割刀进行砍伐，使劳动强度降低，生产效率大幅提高。图 4-7 所示为目前常用的竹子砍伐工具。

（a）器具砍伐

（b）手工砍伐

图 4-6　人工竹子砍伐现场

（a）砍刀

（b）手锯

（c）链锯

（d）剪刀

图 4-7　竹子砍伐工具

三、竹子收集

不同品种的竹子，其生长高度不同，造纸用竹子高度往往在 20 m 以上，有的甚至达到
45 m。为了便于搬动、运输和贮存等作业，砍伐下来的竹子一般就地剔除枝丫，然后砍（锯）
短以减小其长度，再用竹篾条打成竹捆（见图 4-8）。竹捆的搬动、装车通常都是靠人力进行

作业，其具体尺寸没有严格的要求，但受工人体力、运输车辆和道路通过条件等因素的影响。竹捆的直径一般为 30～40 cm、长度为 1.5～5.0 m，捆重为 25～30 kg。在搬运方便、交通便利，且采用原竹贮存的情况下，竹捆可以长些、每捆重量可重些。竹子打捆不要用铁丝，否则不仅解捆困难，还容易对备料设备产生损伤，也会增加成本。

图 4-8　竹捆搬运及装车

如果竹林基地距离竹浆厂较近时，竹捆可通过运输车辆直接运往浆厂。在距离较远（超过 40～50 km）的情况下，最好在林场附近直接切片再用运输车辆运往浆厂（见图 4-9），这样可大幅度降低竹料的运输费用。但如果作业人员不够专业，再加上设备精度较低，会造成竹片合格率低下。制浆企业应加强收料质量检测，同时应加强与竹片供应商的技术沟通和管理，以解决竹料收购环节出现的问题。

图 4-9　竹子就地切片现场

第二节　竹子备料

备料是竹子制浆生产的第一步，主要包括竹子原料的贮存和预处理，预处理过程主要包括竹子切片、竹片筛选和竹片洗涤，如图4-10所示。

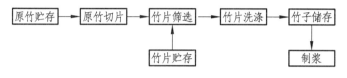

图 4-10　竹子备料过程

制浆之前先将原竹切成一定长度的竹片，使其尺寸变小、大小均匀，便于后续各工序处理和制浆过程的化学反应。竹片通过筛选、洗涤去除竹片中的竹屑、泥沙、铁器等杂质，提高了竹片的清洁度，还可以避免砂石、铁器等坚硬杂质对制浆设备的损伤。通过洗涤去除竹片表面的灰尘等污染物，可减少化学制浆中化学品消耗，并提高纸浆的清洁度。

一、竹子贮存

（一）贮存目的

竹子贮存的主要目的有两个方面，一是改善竹子质量，二是保障连续生产。

1. 改善竹子质量

竹子在自然环境中堆放，会发生自然风干、自然发酵等作用，使竹子中的水分降低、有害物质减少。刚砍伐的新鲜竹子，其水分含量通常不低于50%，贮存过程中水分在自然作用下会蒸发进入大气。水分含量减少后可防止竹子贮存产生霉变，并使竹纤维的韧性增强，减少制浆过程中的损失。另外，竹子中的淀粉、果胶、脂肪、蛋白质、低分子糖等组分会自然降解，可减少制浆过程蒸煮试剂的消耗，减少树脂所引起的障碍，还可使竹子的结构变得疏松，利于蒸煮药液的渗透。为了能有效降低竹子中对制浆生产有负面影响的组分含量，竹子的贮存时间应在3个月以上。

在竹子贮存期间，如果管理不当，不仅不会改善质量，反而可能会造成质量下降。特别是雨季，竹子长期含有较多的水分，容易造成发霉现象；在特别干燥的环境下，还有可能自燃，造成更大的危害。

2. 保障生产连续进行

制浆生产过程连续进行，不仅能稳定纸浆质量，还能有效降低生产上水、电、汽和辅料等的消耗，降低生产成本，提高生产效率。因此必须贮存足够数量的竹子原料，才能保证生产不会因为缺乏竹子原料而停止。竹子的贮存数量应根据纸浆品种、制浆方法、企业规模、原料供应等实际情况综合考虑。另外，还应根据季节、气温等的气候变化及时进行调整，如在发笋、节日、雨季、高温、农忙到来之前，应尽量多存储一些竹料。但从成本管理来说，竹料的存储量增加，会增加资金投入并带来成本的升高。

（二）贮料场的要求

竹子在专门的贮料场堆放（见图4-11），由于纤维原料密度较轻，所以贮料场在制浆企业生产用地面积中所占比例比最大，甚至达到50%以上。为了减小企业生产区域贮料场的面积，大型制浆企业应考虑建设厂内料场和厂外料场，厂外的料场可根据情况设置多个，但与生产厂区的距离不能太远。为了确保竹子贮存期间的安全生产、改善竹子质量，贮料场应该按照相关的要求进行建设和管理。

图4-11　竹子贮存场

1. 防火要求

竹子为纤维素材料，属易燃物料。在贮存过程中，随着水分含量的减少，更容易燃烧；竹子含水率过高，特别是竹片贮存期间，若通风、排水不良，其中的有机物自然发酵产生的热量不能及时散失，可能造成局部温度过高，也会引起自燃；自然界的雷电，也会造成竹子自燃；另外，贮料场各种车辆、电气设备、人为吸烟等，也会引起火灾。火灾发生后不仅造成贮存原料的损失，火势蔓延还会对其他生产系统，甚至生活区域或城镇造成更严重的危害。因此，要对竹料场进行严格的消防管理，并配备完善的消防设施及人员。

为了防止竹料发生火灾，或出现火情后将损失降至最低：①加强原料管理，时刻检测原料水分和温度变化，防止竹料发生自燃。②竹料堆垛要保持正确方向，使其长度方向与常年风保持45°夹角，可保持良好的通风，利于贮料水分、热量扩散，防止温度上升。③原料场建设按照要求设置避雷针，防止雷电引起的火灾。④建设原料场时，应按照要求配备各种消防设备、设施和器材。⑤料场内各种电线应采用埋地式铺设，并做到安全用电。⑥进入原料场的所有车辆，应安装防火罩，并按照规定的路线运行。⑦原料场的位置应处于生产区域、城镇的下风向，并与生产区域保持足够的安全距离，并设置防火带。

2. 照明要求

原料场应设有良好的照明系统，以保证夜间正常生产和安全保卫工作开展。原料场照明线路不宜空中架设，以免引起火灾。最好采用照明塔，埋设电缆。若条件不具备，要采用移动线路或架空明线时，一定要采取安全保护措施。

3. 排水畅通

为了避免竹料贮存期间出现水淹，或出现积水影响垛基稳定和生产进行，料场排水必须畅通，雨后原料场不允许有积水。因此，原料场内的垛基应高于周围地面300～500 mm，垛基面层应有 0.3%～0.5%的坡度，便于雨水排出，垛基周围与周围地面保持 1∶1.5 的坡度。

4. 运输方便

生产 1 t 绝干纸浆，要消耗竹子 4.0～4.5 t（干度 50%计），因此竹料的运输量占全厂货物运输量的 50%以上。为了确保安全生产和竹料畅通运输，原料场应设置在交通方便的位置，原料场内的运输路线必须畅通、方便，不要交叉；同时，运输工具应注意先进化和现代化，如尽量使用电动车辆代替燃油车辆。

（三）竹子贮存

竹子贮存有原竹贮存和竹片贮存两种方式（见图 4-12），为了便于竹料运输、贮存作业，并降低其过程的成本，目前竹料的贮存主要采用竹片贮存的方式。

（a）原竹贮存　　　　　　　　　　　　　　　（b）竹片贮存

图 4-12　竹料的贮存方式

1. 原竹贮存

1）贮存方法

原竹可以在陆上贮存，也可在水上贮存。竹子主要生长在南方，气候温暖、环境潮湿，容易造成竹子腐烂变质。但南方的江河、湖泊水域较多，可以采用水上贮存的方法解决这一问题。

砍伐收集的竹子，打成竹捆后可在水中贮存。水上贮存所需面积可按虚积密度 0.2～0.3 t/m³ 进行计算，堆积系数按 0.6 设计，每公顷面积的原竹贮存量一般为 4 000～6 000 t。水上贮存可以充分利用水的浮力，能省去繁重的搬运操作，提高劳动生产效率，并降低能耗。同时，水中贮存可使竹子中的水分更加均匀分布，还能避免菌类和虫类的滋生繁衍，有效防止竹子贮存过程中发生腐烂变质。但是，在贮存过程中，竹子中的部分有机物溶解进入水体，造成 COD（化学需氧量）升高影响水体的水质，所以目前一般都采用陆上贮存。

原竹陆上贮存一般在厂内外专门修建的料场进行，暂时贮存的竹子可以散堆，较长时间的贮存应进行严格的堆垛贮存，不仅能保证贮存期间竹子的安全，还能增加单位面积的贮存量，提高土地利用率。堆垛前先将原竹打捆，竹捆可采用层叠法和平列法两种。

散堆法又称山堆法，将竹子自然堆放成堆，竹子凌乱堆放，适合于长度比较短的竹子堆放，如图 4-13（a）所示。这种方法堆放比较省力，用吊装设备将竹子（捆）自由堆积即可，但堆积密度系数较小，一般为仅为 0.4～0.5，场地利用效率低，造成场地浪费；垛堆内部通风困难，竹子干燥不均匀，两端容易带进泥沙、灰尘等杂质。另外，凌乱堆放的竹子，会增加后续搬运、切片生产中的作业难度、不易设备操作。

层叠法是将竹捆纵横交错堆成垛，适合于长度较大的竹捆堆垛，如图 4-13（b）所示。这种垛堆方式通风比较顺畅，不管由哪个方向的来风，均有利于竹子的均匀干燥，能显著提高竹子质量。但这种垛堆的堆积系数较小，一般为 0.46～0.52。另外，由于竹捆纵横交错堆放，因此堆垛作业比较复杂，增加作业难度，降低堆垛效率。

平列法是将竹捆顺堆成垛，整垛中的竹子都是平行的，对竹捆的长度没有太多要求，如图 4-13（c）所示。这种垛堆方式通风不如层叠法，但堆垛容易、操作方便，堆积密度系数较大，可达 0.6～0.7。为了防止堆垛两端垮塌，可在竹垛的两端采取层叠堆垛，或用桩基进行加固。

（a）散堆法　　　　　　　　（b）层叠法　　　　　　　　（c）平列法

图 4-13　原竹的堆放方式

2）堆垛要求

长竹捆垛堆规格主要由贮存场起重运输机械化程度及贮存场的地形和可利用的面积来确定。垛堆的长度一般为 100～300 m，机械堆垛时可长些，人工堆垛时适当短些，以减少堆垛难度。垛宽取决于竹捆的长度，竹捆两端间距不得低于 1 m。使用机械堆垛时，一般垛高为 8 m；人工堆垛时，一般垛高为 4 m。竹垛之间要保持合理的间距（一般保持 25 m），以满足通风和防火的间距要求。

长度 3 m 以下的短竹捆，一般以垛组、垛区进行平面布置。垛堆的长度一般不大于 30 m，宽度即为竹捆的长度，垛堆高度不应大于 4 m。在垛组内，垛与垛之间的距离不小于 0.5 m。几个垛堆形成一个垛组，垛组与垛组之间的防火间距不小于 10 m；6～10 个垛组形成一个垛区，垛区之间的距离，纵向不小于 15 m，横向不小于 25 m。

层叠法堆放的竹垛，垛长一般为 20～30 m，垛宽为 6～8 m，人工堆垛的垛高为 4～5 m。垛顶一般采用斜坡封顶，使雨水顺利流向竹垛四周，防止垛内进水。

3）垛堆拆垛设备

原竹贮存生产中，堆垛拆垛主要机械有桥式吊车、龙门吊、缆索式起重机和抱车等，如图 4-14 所示。可根据实际情况选用合适的设备。

2. 竹片贮存

为了减少竹料的运输成本，距离竹浆企业 50 km 之外的竹子，一般都是在产地收集后即可切成竹片，然后通过汽车运输到竹浆企业。到厂的竹片称重、取样后，可利用装载机等设备进行卸料，然后进行堆垛。

（a）桥式吊车

（b）龙门吊

（c）缆索式起重机

（d）抱车

图 4-14　原竹堆垛拆垛机械设备

　　卸料后的竹片一般立即堆垛贮存，竹片堆存的方式有多种，如图 4-15 所示。堆垛的设备一般有两种：一是采用风送输送竹片堆垛，用真空吸片装置，将运输车辆内或地面上的竹片吸入，然后送入旋风分离器，再用鼓风机将竹片送到指定的竹片堆场成垛。这种堆垛速度很快，可以达到 330 m³/h 以上，能架设软质风管灵活调整出口位置，将竹片堆至不同位置。二是采用皮带运输机进行竹片堆垛，直接使用活动式皮带运输机转运从汽车卸下来竹片，堆放至堆放位置成垛。另外，有些企业用装载机进行卸料和堆存作业，但这种方式效率低，会对竹片产生一定的损伤和污染。

图 4-15　竹片堆放方式

竹片堆垛应尽量压实，一方面可增加单位面积的贮存量，减少原料贮存占地面积；另一方面可以防止竹片堆表面的碎屑被风吹散，影响环境卫生，或产生安全隐患。竹片堆的大小范围很广，生产规模较大的企业一个竹片堆的占地面积可达 1 hm²；竹片堆的高度可达 20～30 m，甚至 50 m 左右。

贮存竹片与贮存原竹相比，有许多优点：① 节约场地。由于竹片堆的高度比原竹垛高，且不需设置起重机械活动的区域，进一步提高料场的利用率。② 降低成本。竹片贮存作业过程中，容易实现设备机械化，减少人工消耗，提高生产效率，降低人力成本。

二、竹子备料

竹子是一种特殊的造纸纤维原料，其组织结构比木材还坚硬，但为空心结构；与其他禾本科原料相比，其尺寸非常大。为满足制浆的生产要求，目前竹子的备料方式有削片备料和撕丝备料两种方式，两种方法备料后的竹料状态如图 4-16 所示，但常用的方式为削片备料。

（a）削片备料　　　　　　　　　　　　（b）撕丝备料

图 4-16　竹子备料方式

（一）削片备料

削片备料是比较传统的备料方法，主要包括削片、筛选和洗涤等工序。这种方式备料作业简单易行，但所切竹片的长、宽、厚三维尺寸的差异很大，造成制浆过程中传热、传质的不均匀，严重影响纸浆质量；另外，竹片质地坚硬，蒸煮时药液渗透较慢，增加了蒸煮过程中的升温时间。

（二）撕丝备料

撕丝备料最早由美国 Peadco 公司研发并在许多国家的造纸企业使用。该备料方式的关键设备是撕碎机，其设计原理类似采矿行业所用的飞锤式粉碎机，如图 4-17 所示。

采用撕竹备料，竹子中的纤维束可以在几乎不受损伤的情况下沿纵向开裂，同时竹节也会破碎。撕碎的竹料经过洗涤和湿法除髓之后，均匀纤细、结构疏松，因而可以加快竹料后续制浆时蒸煮液的渗透和热量传递，所得浆料均匀、浆渣量少，纸浆质量得以提高。撕丝备料方式，除了把整根竹子直接加工成竹丝，还可以先削片或削段再撕丝的方式，一般对小径竹可先削片后再撕丝；而对于大径竹一般采用强制喂料，先压溃而后撕丝。

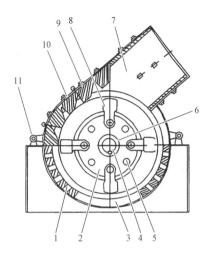

1—筛板；2—转子盘；3—出料口；4—中心轴；5—支撑杆；6—支撑环；7—进料口；
8—飞锤；9—反击板；10—弧形内衬板；11—固定装置。

图 4-17　竹子撕丝备料设备

三、竹子削片备料过程

竹子削片备料过程主要包括切片、筛选和洗涤三个工序。

（一）竹子切片

生产化学竹浆和化学机械浆，都需要将竹子切成一定大小的竹片。竹片的规格：小径竹材切片长度 20～30 mm，不要超过 40 mm；大径竹材切片长度 15～25 mm；竹片的合格率要求在 90% 以上。常用的切片设备主要有刀辊式切片机和圆盘式切片机两种，小径竹一般采用刀辊式切片机切片，大径竹最好采用刀盘式切片机切片。

1．刀辊式切片机

刀辊式切片机的结构如图 4-18 所示，主要由压料辊、喂料辊、刀辊和底刀组成。在切片机的喂料口，有多组上下设置的对辊，辊的表面沿轴向加工有沟槽以增加辊面的摩擦力，上排辊一般通过轴端的弹簧紧压在下排辊上，使原竹紧压在上下压辊之间。对辊间的挤压力将原竹压溃便于切片，还可匀速将竹子送入切片机内。刀辊上一般有 3 个用来安装飞刀的平台，其方向与刀辊圆柱母线成 4°～7°夹角，使飞刀和底刀接触为渐进的，降低了飞刀、底刀间的冲击力，有效避免出现瞬间负荷高峰，延长了削片机和电机的寿命。喂料辊有专门的传动装置，其转速可根据需要进行调节，以控制喂料速度。为了方便生产，在削片机的喂料口设置喂料皮带，在出料口设置竹片运输皮带。

图 4-19 所示为刀辊式切片机的工作原理示意，在多组压料辊的机械挤压力的作用下，使原竹沿纵向破裂成竹条，然后以一定速度送入刀辊和底刀之间，在飞刀和底刀产生的剪切力作用下，被切成竹片，落入下面的出料皮带，由出料皮带送出。

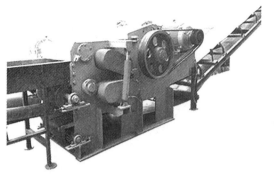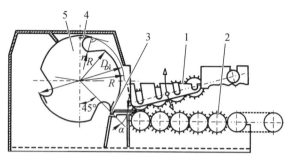

1—上压辊；2—下压辊；3—底刀；4—飞刀；5—刀辊。

图 4-18　刀辊式切片机结构简图

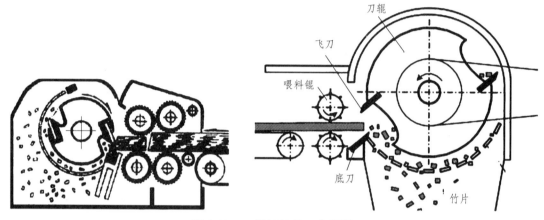

图 4-19　刀辊切竹机工作原理

刀辊式切片机所切竹片的长度，与喂料辊的线速度、飞刀数量和飞刀辊转速有关，可通过式（4-1）进行计算和调整。

$$L = \frac{v}{n \times r} \times 1\,000 \qquad\qquad (4\text{-}1)$$

式中　L —— 竹片长度，mm；

　　　v ——喂料辊线速，m/min；

　　　n ——飞刀数量，个；

　　　r ——飞刀辊转速，r/min。

切片过程中，在压破辊的作用下，原竹沿其纵向破裂，但破裂的位置和程度难以精准控制，主要的剪切作用垂直于原竹的纵向，所以只能控制竹片的长度，厚度一般不会发生改变。

竹子切片生产的质量控制：①飞刀与底刀应保持 0.3 ~ 0.5 mm 的间隙，并且在刀辊的整个宽度上这一间隙都要相同，每次开机前必须仔细检查并进行调整，否则将对竹片的均匀性产生很大的影响。②飞刀和底刀的刀刃必须保持锋利，要经常进行检查，刀刃钝化、损坏后要及时进行磨刀修复，否则会影响竹片长度，并增加切料损失。③喂料应头尾搭接、均匀送料，避免发生空刀；喂料不宜太厚，不应超过 400 mm；遇到直径 150 mm 以上的大原竹时，不应同时进料两根以上。④ 竹子切料作业时，要注意原竹的水分，不超过 15%为宜，但也不要太低，否则会产生较多的碎屑。⑤ 仔细检查及时清除竹捆中的铁器、石子等杂质，以防止对切片机产生损坏。

2. 圆盘式切片机

圆盘式切片机如图 4-20 所示，主要由刀盘、飞刀、底刀和喂料装置构成。刀盘上安装有飞刀，设备型号不同飞刀的数量不同，一般为 4～8 把，产量较高的切片机，刀盘直径大、飞刀数量多。飞刀呈弧形，刀厚 6～10 mm、刀刃角一般为 20°～22°。切料时，飞刀先与近刀盘中心的原竹接触、切断，然后沿刀盘径向连续切料。这样由于瞬间切料面积小，剪切力作用大，切料效果好，动力消耗比全面切料时小。喂料装置由喂料带、喂料辊构成，喂料带可采用胶带，也可以采用链条。喂料装置的后面，设有压料辊，在弹簧产生的压力作用下，将原竹挤压破裂，便于切片。圆盘式切片机，竹片的长度计算及调整，与刀辊式削片机相同。

图 4-20　圆盘式切片机

圆盘式切片机的工作原理如图 4-21 所示。喂料装置上下压辊产生的垂直于竹子长度方向的压力，使原竹沿其纵向破裂形成竹条，压辊匀速转动产生的"输送作用"将竹子、竹条送到底刀位置，旋转刀盘使飞刀和底刀间产生巨大的剪切作用，将竹条切断。所切竹片的长度与刀盘转速、飞刀数量和喂料速度有关，其计算公式与刀辊式切片机相似。

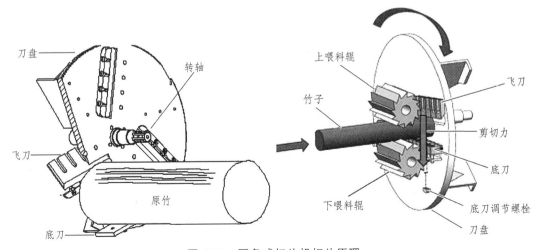

图 4-21　圆盘式切片机切片原理

刀盘机切片生产的质量控制：①飞刀和底刀要保持锋利，才能有效切断原料并减少动力消耗。②喂料速度（压料辊的线速度）要与刀盘转速相配合，否则会造成竹片长度发生变化，其关系为：喂料速度=刀盘转速×飞刀数量×料片长度。③链带速度应与喂料速度相配合，一般上链速度比下链速度稍快，这样可使上层原竹前进速度较快，竹条容易进入上下压料辊之间；下压料辊的速度应比上压料辊快些，这样可抵消上下喂料链的速度差；上下压料辊的速度应比上下链带的速度快些，可以消除原竹在链带和压辊之间的堵塞现象。④胶带运输机的速度不宜超过上链带的速度，但可略超过下链带的速度（1.0～1.5 m/min），否则原料会被顶料，而影响合格率。⑤皮带运输机上的原竹薄厚一致、顺直、头尾相接、不间断，不仅保证料片大小均匀，还可防止设备动力产生波动。

（二）竹片筛选

经削片机切后的竹片，其合格率一般在80%以下，如果收购的是竹片其合格率更低，其中含有一些大片、长条、竹屑和泥沙等杂质。制浆系统所要求的竹片合格率要求大于90%，需进行筛选将竹片中过大、过小的部分，以及竹片中的一些杂质进行分离（见图4-22），过大的竹片进行再碎或再切，才能满足生产要求。

图 4-22　竹片筛选现场

竹片筛通过不同大小筛孔的筛板，将粗大竹片、合格竹片和竹屑分开。竹片筛通常为两段或两层，其筛孔大小不同，可分别筛除粗大竹片和竹屑。目前，常用的竹片筛有圆筛和平筛两种，如图4-23所示。

（a）平筛　　　　　　　　　　　　　　（b）圆筛

图 4-23　竹片筛的种类

筛选出来的粗大竹片，需要进行再碎处理加以利用，以减少原料的浪费，提高竹资源利用率。再碎设备有锤击式和切刀式两种。锤击式再碎机利用转动的飞锤产生的机械撞击作用将粗竹片击碎（见图4-24），其工作中的能耗高，产生较多的碎屑，且设备磨碎严重，因而较少使用。粗竹片再碎处理一般采用切刀式，可采用刀辊式再碎机、刀盘式再碎机，与前面介绍的切片机相同，只不过处理量较小而已。

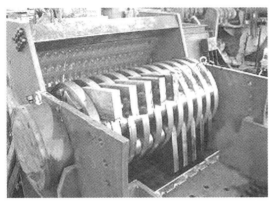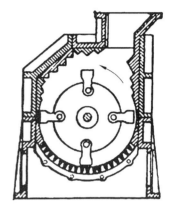

图 4-24　飞锤式再碎机简图

（三）竹片洗涤

筛选后的竹片，其表面还黏附了一些竹屑、泥沙和灰尘等杂质，夹杂在竹片中会增加制浆过程中的药液消耗，并增加纸浆中的尘埃，所以在制浆之前需对竹片进行洗涤以去除这些杂质。另外，通过洗涤，竹片的含水量一般会增加，且水分分布均匀、竹片质地变软，有利于蒸煮时药液的均匀渗透及机械制浆时纤维分离、磨解；通过洗涤，还可以溶出竹片中的低分子有机物，如多糖、淀粉、脂类等物质，有利于减少蒸煮时化学试剂的消耗。

1. 竹片洗涤流程

竹片洗涤在洗片系统中进行，如图4-25所示为两种竹片洗涤系统。

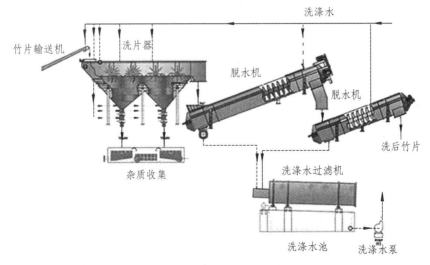

（a）无竹片泵的洗涤系统

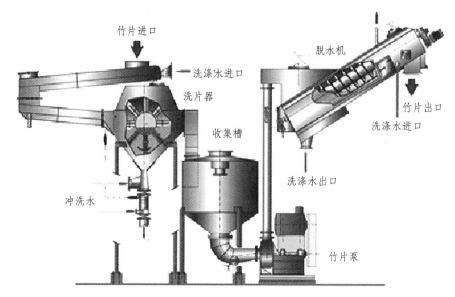

（b）有竹片泵的洗涤系统

图 4-25　竹片洗涤系统流程

通过皮带运输机或其他运输设备将竹片均匀送入洗片器入口，同时用水泵将大量的洗涤水送入，在洗涤器转子的搅拌作用下，竹片与洗涤水通过洗片器，水力产生的"淘洗作用"使竹片夹杂的泥沙沉积在沉渣器中，竹片和洗涤水从洗片器出口排出，可直接进入脱水机，也可通过竹片泵送至脱水机。脱水机中的滤板将洗涤水与竹片分离，竹片通过螺旋提升从出口排出，洗涤水携带细小的竹屑、泥沙等杂质透过滤孔后从低端的排水口排出。洗涤水可以循环使用，但在回用之前，要用较细的滤网进行过滤，以去除其中悬浮的竹屑等杂质；再经过除渣器处理，去除水中的泥沙等重杂质。洗涤过程中竹片会吸收带走一部分水，洗涤水的数量将减少，因而要持续补充洗涤水。洗涤水长时间循环使用后，由于溶出物含量增加、水质变差，会影响洗涤效果，应根据实际情况及时更换。

洗涤系统运行时要控制好竹片的通过量和洗涤水的流量。竹片通过量过低，会降低产量影响生产效率；通过量太大，会造成洗片器堵塞而影响生产正常进行。洗涤水流量过小，不仅降低洗涤效果，还会造成洗片器堵塞；洗涤水流量过大，可能会造成洗片器溢水影响生产正常进行。洗涤过程中较重的杂质主要在洗片器底部的沉渣器（罐）沉积，应定时对其进行清理去除，否则会降低沉渣器的集渣效果。

2. 主要设备

竹片洗涤系统主要由洗片器、脱水机和辅助装置构成。

洗片器为竹片洗涤系统的关键设备，有螺旋式、锥形转子式和转鼓式 3 种类型，目前最常用的为转鼓式，如图 4-26 所示。其主要由槽体、洗鼓、沉渣罐、机架和传动装置等构成，可除去木片中的砂石、金属等重杂物，并洗出木片中部分可溶性物质。

脱水机为螺旋式结构，通常倾斜安装以便进行洗涤水的分离，如图 4-27 所示。其主要结构包括螺旋轴、螺旋叶片、滤鼓、外壳和传动装置。

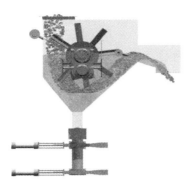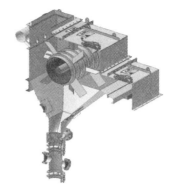

图 4-26　鼓式竹片洗涤器

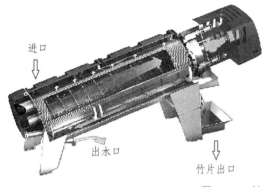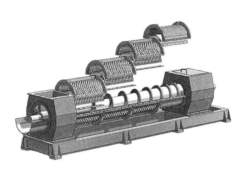

进口

出水口

竹片出口

图 4-27　竹片脱水机

竹片泵为离心式结构，如图 4-28 所示，是一种大流量离心泵，主要由泵体、转子和传动装置构成。用竹片泵输送时，在泵前应设置竹片槽，以稳定进泵的竹片及水的流量和压力。

图 4-28　竹片泵

（四）竹片运输及储存

1. 竹片运输

制浆的工序繁多，各工序之间竹片的输送通常要用输送机连接，将竹片从上一个工序送入下一个工序。竹片的输送设备主要有带式运输机、斗式提升机和螺旋输送机 3 类，不同种类的运输机在工作时的提升角度、对竹片含水量等的要求不同，可根据具体情况选择使用。

1）带式运输机

带式运输机有皮带运输机和刮板运输机两种。

皮带运输机也叫胶带运输机，主要由橡胶输送带、支架、托辊和传动装置构成，如图4-29所示。胶带既具有传动功能，又具有输送功能，竹片在胶带上面，胶带在驱动辊筒的作用下回转，将竹片送入后续设备。平整的胶带表面摩擦力小，在倾斜输送的时候容易造成竹片打滑，可在其表面加工出齿状沟槽增加摩擦。胶带输送机倾斜输送时，输送倾角应低于25°，否则会造成输送困难。胶带运输机为敞开式运输设备，不适合过湿、过热环境中竹片的输送，不然不仅会出现输送困难，还会造成环境污染。

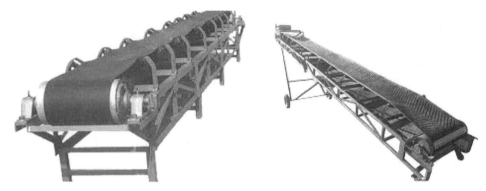

图4-29　胶带运输机简图

用刮板链牵引，在槽内运送散料的输送机叫作刮板输送机，主要由料槽、刮板、牵引链和传动装置构成，如图4-30所示。刮板固定在牵引链上，传动装置带动驱动链轮，使刮板在料槽中移动，从而带动料槽中的竹片移动。由于料片是在料槽中被刮板拖动，因而可用于倾角较大（接近90°角）情况下的输送；但因此产生的较大摩擦力，造成输送料片时能耗较高。

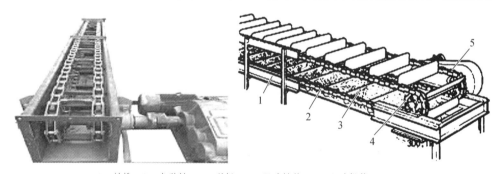

1—料槽；2—牵引链；3—刮板；4—驱动链轮；5—驱动机构。

图4-30　刮板运输机简图

2）斗式提升机

斗式提升机利用一系列固接在牵引链或胶带上的料斗在竖直或接近竖直方向内向上运送散料。其主要由料斗、驱动装置、顶部和底部滚筒（或链轮）、胶带（或牵引链条）、张紧装置和机壳等组成，如图4-31所示。料斗把物料从下面的储舱中舀起，随着输送带或链提升到顶部，绕过顶轮后向下翻转，斗式提升机将物料倾入接受槽内。带传动的斗式提升机的传动带一般采用橡胶带，装在下或上面的传动滚筒和上下面的改向滚筒上。链传动的斗式提升机一般装有两条平行的传动链，上或下面有一对传动链轮，下或上面是一对改向链轮。斗式提升机一般都装有机壳，以防止工作过程中粉尘飞扬。

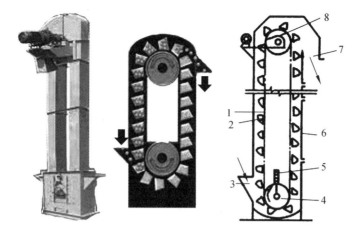

1—链条；2—料斗；3—进料口；4，8—链条；5—张紧装置；6—机壳；7—卸料口。

图 4-31　斗式提升机

3）螺旋输送机

螺旋输送机是一种利用电机带动螺旋回转，推移物料以实现输送目的的机械，其基本结构主要有螺旋轴、螺旋片、料槽（外壳）和传动装置，如图 4-32 所示。螺旋输送机的形式很多，螺旋叶片的面型根据输送物料的不同有实体面型、带式面型、叶片面型等；料槽有 U 形和管状两种；在输送形式上有轴螺旋输送机和无轴螺旋输送机两种。

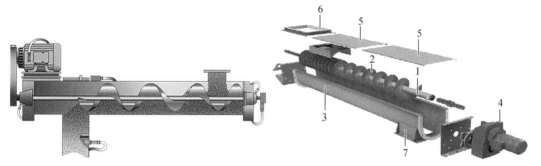

1—螺旋轴；2—螺旋叶片；3—料槽；4—传动装置；5—盖板；6—进料口；7—出料口。

图 4-32　螺旋运输机

螺旋输送机旋转的螺旋叶片将物料推移而进行螺旋输送机输送，使物料不与螺旋输送机叶片一起旋转的是物料自身重力和螺旋输送机机壳对物料的摩擦阻力。螺旋输送机能进行水平、倾斜或垂直方向上的输送，具有结构简单、横截面积小、密封性好、操作方便、维修容易、便于封闭运输等优点；但是，运输距离不宜过长，否则螺旋容易发生变形。

2. 竹片贮存

为了保证后续制浆生产工序的连续进行，备料工序结束后应储备一定数量的合格竹片，竹片贮存在竹片仓中进行。贮存竹片的数量根据蒸煮方式和生产规模而定，连续制浆的生产系统贮存量可小些，按照单位时间的需求量乘以系数而定；间歇制浆储存量大些，一般为制浆设备总容量的 1.5～2.0 倍。竹片仓的位置，可设置在制浆设备的顶上，也可以设置在地面上。竹片仓安装在制浆设备顶上可节约土地，但建造投资较大。目前，产能较大的项目一般将竹片仓设置在靠近制浆系统的地面上。

竹片仓主要由仓体和出料装置两部分构成，仓体用来贮存竹片，出料装置将仓内竹片输出送入后续设备，如图4-33所示。

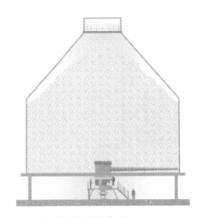 

（a）圆形料片仓　　　　　　　　　　　　　（b）方形料片仓

图 4-33　竹片仓外形

从外形上区分，仓体有圆形仓和方形仓两种。仓体可用金属材料加工制作，也可以用钢筋混凝土建造；仓体在形状和结构上考虑防止竹片"搭桥"，否则会造成出料困难而影响生产。

出料装置在仓体的底部，将竹片推出仓外。圆形料仓的出料装置如图4-34所示，有拨盘出料器、斜螺旋出料器和水平螺旋出料器 3 种类型。通过出料器的运转，将竹片推至仓底中心出口，在重力作用下竹片出口掉入后续设备而离开竹片仓。仓底的竹片通过出料器送出后，上部的竹片在重力的作用下下降，继续进行处理。

  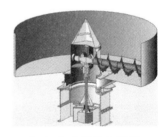

（a）拨盘出料器　　　　　　（b）斜螺旋出料器　　　　　　（c）水平螺旋出料器

图 4-34　圆形料仓出料装置的种类

方形料仓的出料装置如图4-35所示，有活底出料器、固定螺旋出料器和活动螺旋出料器 3 种。活底出料器是可以整体回转运动的仓底，一般为链板结构，在驱动装置的作用下缓慢回转，将料仓底部一定高度内的料片带出。固定螺旋出料器由多根平行排列的螺旋组成，多根螺旋同时运转，将底部料片推向出料口。活动螺旋出料器为一根可以在仓底在水平方向往复运动的螺旋，工作时螺旋一方面沿其轴线自转，另一方面在仓底进行往复水平运动，可连续地将仓底不同部位的料片推向出口。

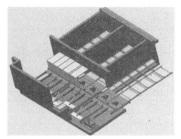 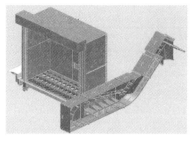 

| （a）活底出料器 | （b）固定螺旋出料器 | （c）活动螺旋出料器 |

图 4-35　方形料仓出料装置的种类

第三节　竹子化学法制浆

一、化学法制浆的概念

化学法制浆是指利用化学试剂在高温、高压条件下处理竹子原料，将其中的绝大部分木素溶出，使竹纤维彼此分离形成纸浆的过程。化学法制浆在高温、高压的密闭条件下，用化学药液处理竹片，因此这一过程通常叫作蒸煮，所用的化学药剂叫作蒸煮试剂，蒸煮试剂在应用时先将其溶解制成溶液，称为蒸煮液。为了提高蒸煮效果，常常还会添加少量（<0.1%）的化学助剂，如蒽醌、表面活性剂等，这些助剂称作蒸煮助剂。

化学法制浆要尽可能地脱除竹片中使纤维黏结在一起的胞间层木素，才能使纤维细胞分离或易于分离；还应根据纸浆的用途和性能使纤维细胞壁中的木素含量适当脱除。普通纸浆在蒸煮时应尽量保留纤维素和半纤维素，可减少蒸煮试剂和热能消耗，提高纸浆得率和生产效率。溶解浆（竹浆粕）也是用化学法生产的，但在生产过程中要尽量地减少半纤维素、木素等非纤维素组分，才能使浆粕具有很高的纤维素含量。

二、化学法制浆分类

化学法制浆的分类主要根据所用蒸煮试剂的类别和性质，有很多种化学试剂可用于化学制浆。目前，可用的方法主要有碱法制浆、亚硫酸盐法制浆和溶剂法制浆三大类，根据所用蒸煮试剂的不同，又分为不同的蒸煮方法，见表 4-1。

表 4-1　化学法制浆分类

类别	方法	蒸煮试剂
碱法制浆	烧碱法	NaOH
	硫酸盐法	NaOH、Na$_2$S
	预水解硫酸盐法	H$_2$SO$_4$，NaOH、Na$_2$S
	石灰法	Ca(OH)$_2$
	多硫化钠法	Na$_x$S、NaOH

类别	方法	蒸煮试剂
碱法制浆	氧碱法	NaOH、O_2
	纯碱法	Na_2CO_3
亚硫酸盐法制浆	酸性亚硫酸盐法	$H_2SO_3 + HSO_3^-$，可用 Ca^{2+}、Mg^{2+}、Na^+、NH_4^+ 作为阳离子
	弱酸性亚硫酸盐法	$SO_3^{2-} + HSO_3^-$，可用 Mg^{2+}、Na^+、NH_4^+ 作为阳离子
	亚硫酸氢盐法	HSO_3^{2-}，可用 Mg^{2+}、Na^+、NH_4^+ 作为阳离子
	中性亚硫酸盐法	SO_3^{2-}，可用 Na^+、NH_4^+ 作为阳离子
	碱性亚硫酸盐法	$SO_3^{2-} + OH^-$，可用 Na^+、NH_4^+ 作为阳离子
溶剂法制浆	乙醇法制浆	C_2H_5OH 为主，添加 NaOH，或 AcOH，O_2，Ca^{2+}、Mg^{2+} 等
	乙酸法	AcOH 为主，添加少量 HCl
	甲醇法	MeOH 为主，添加 NaOH 或 Na_2SO_3
	离子液体法	[C_4Min]Cl，[BMin]Cl 等

（一）碱法制浆

碱法制浆是用碱性化学药剂的水溶液，在一定的温度、压力下处理竹片，将其中的绝大部分木素溶出，使竹片中的纤维彼此分离成纸浆的过程。许多碱性化学试剂都可以与木素发生作用，所以碱法制浆的种类很多。目前，最常用的化学试剂有烧碱、硫化钠、碳酸钠和石灰等，这些试剂可以单独使用，也可两种混合使用，根据蒸煮所用的试剂不同，常用的碱法制浆有烧碱法、硫酸盐法、预水解硫酸盐法、石灰法、多硫化钠法、氧碱法和纯碱法等。

碱法蒸煮产生的废液呈褐黑色，因此称为黑液。黑液中含有蒸煮过程中从原料中溶解出来的多种有机物和剩余的蒸煮试剂，外排将产生严重的环境污染，目前主要采用碱回收的技术进行处理。将浓缩后的黑液（固含量 60% 以上）在专门的炉子中进行燃烧，黑液中的有机物燃烧放出生物质能加以利用，还可使蒸煮试剂得以回收利用，称之为碱回收。

碱法制浆对原料的适应范围较广，特别是烧碱法、硫酸盐法适用所有纤维原料的制浆。竹子结构致密、质地坚硬，木素含量比其他禾本科原料都高，与阔叶木的木素含量相近，因此成浆难度较大。竹子的蒸煮目前以烧碱法和硫酸盐法为主，硫酸盐法制浆选用烧碱和硫化钠为蒸煮剂，脱木素的能力很强，是竹子化学制浆最常用的方法。但由于硫化钠的使用，纸浆的颜色较深，所以生产本色生活用纸的浆料时，可采用烧碱法。在相同的用碱量条件下蒸煮，烧碱法的碱性更强，对纤维素的损伤相对严重，因而纸浆的强度没有硫酸盐纸浆那么高。预水解硫酸盐法制浆，在硫酸盐法蒸煮之前，先对原料进行预水解然后再进行硫酸盐蒸煮，其主要目的是在蒸煮之前去除原料中的半纤维素，主要用于溶解浆的生产。石灰具有很好的脱色、脱青作用，在传统的竹子手工造纸中普遍采用，但由于制浆废液无法进行碱回收，所以在当前工业化生产中没有采用。

（二）亚硫酸盐法

用亚硫酸盐药液蒸煮竹片，使其中的木素发生磺化反应而溶出，将竹片中的纤维进行分离的蒸煮过程称为亚硫酸盐法制浆。亚硫酸盐与木素的反应原理与碱法制浆不同，为酸性反应机理，因此为了与碱法制浆区分，亚硫酸盐法制浆也被称为酸法制浆。

亚硫酸盐法制浆可在不同的 pH 条件下蒸煮，根据蒸煮时 pH 的不同将其分为酸性亚硫酸盐法、亚硫酸氢盐法、弱酸性亚硫酸盐法、中性亚硫酸盐法和碱性亚硫酸盐法。亚硫酸盐蒸煮过程的 pH 越低，脱木素能力越强。亚硫酸蒸煮可采用多种盐基，过渡金属离子，如钙（Ca^{2+}）、镁（Mg^{2+}），只能在酸性较强（pH 不高于 4）的条件下溶解；在弱酸性或碱性条件下蒸煮，只能选用 Na^+ 或 NH_4^+ 作为阳离子。随着酸性下降，蒸煮液脱木素的能力下降，不适合于木素含量较高的原料制浆。

亚硫酸盐蒸煮后的废液为红棕色，因此称为红液。红液也可以通过燃烧法进行回收，其中的有机物燃烧利用生物质能，也可使亚硫酸盐得到回收利用。由于酸性蒸煮液的制备及蒸煮废液回收比较麻烦，所以亚硫酸盐法制浆中使用较多的是中性和碱性亚硫酸盐法，红液没有进行燃烧回收，而是加工成木素磺酸盐制品。

（三）溶剂法制浆

溶剂法制浆是以特殊的溶剂作为蒸煮剂，在一定的温度和压力下处理植物纤维原料，将其中的木素溶出，使纤维分离成纸浆。

用于制浆的有机溶剂种类很多，可用来蒸煮的有机溶剂主要有醇类有机溶剂、酸类有机溶剂、脂类有机溶剂、酚类有机溶剂、活性有机溶剂和离子液体等，这些有机溶剂可以单独使用，也可以配合使用。目前，常用的有醇类和酸类，如乙醇法、甲醇法和乙酸。除了有机溶剂外，还应使用催化剂，催化剂有无机酸、无机碱和无机盐，蒽醌也可以用作催化剂。

目前，溶剂法制浆主要用在实验室研究中，工业生产还存在一些缺点：① 纸浆洗涤不能直接用水，造成洗涤工序复杂化。② 有机溶剂挥发容易，会发生燃烧、爆炸，使生产设备结构和操作变得更加复杂。③ 对纤维原料的要求较高。因此，溶剂法制浆要实现产业化，还需要更多的研究工作要做。

三、蒸煮液的组成及性质

不同的蒸煮方法，蒸煮试剂的组成不同，蒸煮过程的化学反应不同，纸浆的性质也有较大的差异。

（一）碱法蒸煮

1. 石灰法

石灰法蒸煮液的组成主要是 $Ca(OH)_2$，是石灰（CaO）与水发生硝化反应生成的碱性物质。$Ca(OH)_2$ 在水中的溶解度较低，且随着温度升高，溶解度还将下降。另外，$Ca(OH)_2$ 的碱性相对较弱，因此石灰法脱木素的能力较弱，主要用于嫩竹的蒸煮，用来生产书画纸用浆。

2. 烧碱法

烧碱法（Soda）蒸煮液的组成主要是 NaOH，此外还存在一些 Na_2CO_3。Na_2CO_3 来自碱回收系统未苛化的部分，NaOH 与空气长时间接触也会产生 Na_2CO_3。

烧碱法蒸煮液的性质，就是 NaOH 的性质，在蒸煮时主要是以强碱的性质起作用；另外，Na_2CO_3 的碱性比 NaOH 低，但其存在也有一定的脱木素作用。

3．硫酸盐法

硫酸盐蒸煮液的主要组成为烧碱（NaOH）和硫化钠（Na_2S）；此外，还有碱回收系统产生的碳酸钠（Na_2CO_3）、硫酸钠（Na_2SO_4）、亚硫酸钠（Na_2SO_3）、硫代硫酸钠（$Na_2S_2O_3$），以及微量的多硫化钠（Na_2S_n）等。硫酸盐法蒸煮废液采用碱回收系统处理，使烧碱得以回收进行利用，流失的少量硫化钠通过添加芒硝（Na_2SO_4）进行补充，黑液燃烧过程中芒硝被还原转化为硫化钠。这样，硫酸盐法蒸煮生产运行中，只需补充少量的硫酸钠就可以维持蒸煮试剂的平衡，因此这种蒸煮方法被称为硫酸盐（Sulfate）法。硫酸盐兼有 NaOH 和 Na_2S 脱木素，木素脱除充分、碳水化合物降解少，成浆得率高、强度高，因此硫酸盐纸浆也称为牛皮纸浆（Kraft Pulp，KP）。

硫酸盐法蒸煮液的组成比较复杂，各种组分都能发挥一定的作用。烧碱是蒸煮液的主要成分，占总碱量的 70%～75%，在蒸煮时主要是以强碱的性质起作用，碳酸钠水解产生的氢氧根（OH^-）也能起到一定的作用；硫化钠是蒸煮液的第二大组分，占总碱量的 20%～25%，其电离产生的硫离子（S^{2-}）及其水解后产生的硫氢根（HS^-）能够发挥重要的作用，在不损伤纤维素的情况下，可加快木素的脱除；此外，碳酸钠、亚硫酸钠甚至多硫化物等成分也能起到一定的作用。

$$Na_2S + H_2O = NaOH + NaHS$$

$$Na_2S + H_2O = 2Na^+ + HS^- + OH^-$$

$$HS^- = H^+ + S^{2-}$$

硫酸盐法蒸煮液的组成、性质比较复杂，受蒸煮液 pH 的影响很大，不同 pH 时硫化钠和碳酸钠的电离与水解后各组分的浓度关系如图 4-36 所示。

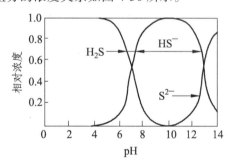

图 4-36　不同 pH 条件下 Na_2S 和 Na_2CO_3 电离与水解后各组分浓度的关系

从图 4-36 可以看出：硫化钠水溶液，pH 为 14 时，其中的硫以为 S^{2-} 主；pH 为 13 时，则 S^{2-} 和 HS^- 各占一半；pH 为 12 时，以 HS^- 为主；pH 为 10 时，几乎全是 HS^-；pH 继续下降，HS^- 浓度降低，而 H_2S 浓度增加。碳酸钠水溶液，pH>12 时，碳酸根以 CO_3^{2-} 为主；pH 为 10.5 时，CO_3^{2-} 和 HCO_3^- 各一半；pH<9 时，HCO_3^- 浓度将从最高点逐渐下降，H_2CO_3 浓度逐渐增加。

4．预水解硫酸盐法

预水解硫酸盐法制浆是在硫酸盐法蒸煮之前先对料片进行预水解的一种化学法制浆。硫酸盐蒸煮段与传统硫酸盐相同，预水解段可采用酸预水解、水预水解或蒸汽预水解，酸预水解可采用盐酸（HCl）、硫酸（H_2SO_4）或亚硫酸（H_2SO_3），水预水解和蒸汽预水解则不加其他化学品。预水解的主要作用是使原料中的半纤维素和低分子量的纤维素发生降解而溶出，从而减少纸浆中半纤维素含量，提高纸浆的 α-纤维素的含量，这种方法主要用于溶解浆的蒸煮。

（二）亚硫酸盐蒸煮

亚硫酸盐蒸煮液中，含有 SO_2 和相应的阳离子，如 Ca^{2+}、Mg^{2+}、Na^+ 和 NH_4^+ 等，不同的亚硫酸盐法蒸煮，其蒸煮液的组成是不同的，见表 4-2。

表 4-2　亚硫酸盐法蒸煮液的组成

蒸煮方法	蒸煮液主要组成	pH 值（25 ℃）	可用阳离子
酸性亚硫酸盐法	$HSO_3^- + SO_2 + H_2O$	1～2	Ca^{2+}、Mg^{2+}、Na^+ 和 NH_4^+
亚硫酸氢盐法	HSO_3^-	2～5	Mg^{2+}、Na^+ 和 NH_4^+
微酸性亚硫酸氢盐法	$HSO_3^- + SO_3^{2-}$	5～6	Mg^{2+}、Na^+ 和 NH_4^+
中性亚硫酸盐法	SO_3^{2-}	6～10	Na^+ 和 NH_4^+
碱性亚硫酸盐法	$SO_3^{2-} + OH^-$	>10	Na^+ 和 NH_4^+

当 SO_2 溶解在水中，相应于不同的 pH，可以形成一系列的平衡形式：

$$SO_2（气体）+H_2O \rightleftharpoons H_2SO_3（溶液）\rightleftharpoons 2H^+ + HSO_3^{2-} \rightleftharpoons H^+ + HSO_3^- \rightleftharpoons Na_2SO_3$$

SO_2 溶解在水中仅生成少量的亚硫酸（而往往又以磺酸的形式存在），这些溶液酸度低的原因就在于此，而不是由于亚硫酸的离解度小的缘故。

亚硫酸盐蒸煮液中，SO_2 的存在形式随 pH 的变化情况如图 4-37 所示。

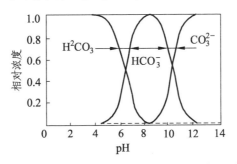

图 4-37　不同 pH 条件下 Na_2SO_3 电离与水解后各组分浓度的关系

从图 4-36 可以看出：亚硫酸钠水溶液，pH>10 时，以 SO_3^{2-} 为主；pH 接近 7 时，SO_3^{2-} 和 HSO_3^- 各一半；pH 为 5 左右，HSO_3^- 浓度达到最高点；pH 再下降，HSO_3^- 浓度跟着下降而 H_2SO_3 浓度不断增加。

（三）蒸煮助剂

化学制浆是利用各种亲核性的蒸煮药剂（包括 OH^-、SH^-、SO_3^{2-} 和 HSO_3^- 等）在一定条件下对木质素大分子进行降解、溶出，达到脱除原料中木质素，从而使植物纤维原料的细胞彼此分离开来成为纸浆的过程。制浆过程通常是在强酸、强碱、高温和高压条件下进行的，会对植物纤维原料中的纤维素和半纤维素碳水化合物类造成一定程度的降解，使其变成低相对分子质量的物质，结果造成纸浆的黏度下降、强度损失、得率降低、化学品的耗量增加和生产成本的提高。为了增加经济效益，获得高的得率和保持好的纤维物理机械性质，可在蒸煮过程中提高脱木质素的选择性，将碳水化合物的降解反应控制在最低。为此，实际生产中除进行蒸煮工艺优化外，还可添加蒸煮助剂来减少碳水化合物的降解，提高脱木质素的选择性和深度脱除木质素。

蒸煮助剂可分为有机和无机两大类。有机类蒸煮助剂包括蒽醌、蒽醌衍生物、羟胺、表面活性剂等；无机类蒸煮助剂主要有多硫化钠、亚硫酸钠、磷酸盐类、硼氢化钠和连二亚硫酸钠等。目前，常用的蒸煮助剂主要有蒽醌类和表面活性剂类。蒽醌类助剂利用其氧化还原性与纤维素还原性末端基发生反应，提高纤维素末端基的稳定性，从而减少纤维素剥皮反应、氧化降解等反应，能起到提高纸浆得率和强度等作用。表面活性剂类蒸煮助剂，通常是用多种表面活性剂复配而成，其主要作用原理是促进蒸煮液渗透，加快木素脱除、保护纤维素，起到提高纸浆得率和强度的作用。无机类蒸煮助剂，是通过其还原性与纤维素还原性末端基反应，使其活性降低提高纤维化学稳定性，从而减少蒸煮过程中纤维素的反应。

（四）蒸煮液的制备

目前，化学制浆都已实现规模化生产，通过"碱回收"或"酸回收"系统，将化学制浆生产中的有机污染进行资源化利用，还使蒸煮中消耗的蒸煮试剂循环使用。化学品回收系统得到的碱液或酸液，基本上可以达到蒸煮所需的浓度、组成等要求，然后再进行硫化度和酸度等调节，即可用于蒸煮。

四、化学制浆常用术语

（一）碱法制浆

碱法蒸煮液中含有 $NaOH$、Na_2S、和 Na_2CO_3 等含 Na^+ 的化合物，通常用相当量的氧化钠（Na_2O）为基准来表示所有钠的化合物，也可用相当量的 $NaOH$ 或 Na_2S 作基准，但需注明，在生产上蒸煮液的体积质量通常以 g/L 为单位符号来表示。

1. 总碱（Total Alkali）

对烧碱法蒸煮,总碱是指 $NaOH+Na_2CO_3$ 的含量;对硫酸盐法蒸煮,总碱是指 $NaOH+Na_2S+Na_2CO_3+Na_2SO_3+Na_2SO_4+Na_2S_2O_3$ 的含量，但不包括 $NaCl$，其总量常用 Na_2O 或 $NaOH$ 表示。

2. 总可滴定碱（Total Titratable Alkali）

指蒸煮液中可通过滴定方法测定出来的总碱量，烧碱法是指 $NaOH+Na_2CO_3$ 的含量;硫酸盐法是指 $NaOH+Na_2S+Na_2CO_3+Na_2SO_3$ 的含量，其量用 Na_2O 或 $NaOH$ 表示。

3. 活性碱（Active Alkali）

烧碱法蒸煮液中的活性碱指 $NaOH$ 的含量,硫酸盐法蒸煮液中的活性碱指 $NaOH+Na_2S$ 的含量，其量用 Na_2O 或 $NaOH$ 表示。

4. 有效碱（Effective Alkali）

烧碱法蒸煮液中的有效碱指 NaOH 的含量，硫酸盐法蒸煮液中的有效碱指 NaOH+ $1/2Na_2S$，其量用 Na_2O 或 NaOH 表示。

5. 活化度（Activity）

蒸煮液中活性碱对总可滴定碱的百分比，计算时 NaOH 和 Na_2S 等均以 Na_2O 或 NaOH 表示。

6. 硫化度（Sulfidity）

硫化度用来反映碱液所含 Na_2S 在活性碱中所占比例，用百分比表示，计算时 NaOH 和 Na_2S 等均以 Na_2O 或 NaOH 表示。

7. 蒸煮液（Cooking Liquor）

蒸煮时所用的碱性药液称为蒸煮液。

8. 黑液（Black Liquor）

碱法蒸煮产生的废液称为黑液。黑液中通常含有一定量的碱，称为残碱，计算时均以 Na_2O 或 NaOH 的浓度（g/L）表示。

9. 绿液（Green Liquor）

碱法制浆碱回收生产中，黑液经蒸发浓缩，再经燃烧炉燃烧后所形成的熔融物的水溶液称为绿液，由于绿液含有未燃烧的有机物等杂质，而呈深（墨）绿色。绿液的主要成分：烧碱法为 Na_2CO_3；硫酸盐法 Na_2CO_3 和 Na_2S，还有一定量的 Na_2SO_4、Na_2SO_3、$Na_2S_2O_3$ 和 NaOH 等。

10. 白液（White Liquor）

绿液经石灰（CaO）苛化所得到的溶液叫作白液。烧碱法白液的主要成分为 NaOH，还有少量未苛化的 Na_2CO_3；硫酸盐法白液主要成分包括 NaOH 和 Na_2S，还可能存在着未反应的 Na_2CO_3、Na_2SO_4、Na_2SO_3、$Na_2S_2O_3$ 和 Na_2S_n 等。

11. 用碱量（Alkali Charge）

用碱量是指蒸煮时活性碱的用量（质量），相对绝干原料质量的百分比，常用 Na_2O 计，也可以用 NaOH 和 Na_2S 计。

12. 耗碱量（Alkali Consumption）

耗碱量指蒸煮时实际消耗的碱量，以活性碱对绝干原料的质量百分比表示，常用 Na_2O 计，也有以用 NaOH 和 Na_2S 计的。

13. 液比（Liquor to Chip Ratio）

蒸煮时蒸煮器内绝干原料质量（kg 或 t）与总液体积量（L 或 m^3）之比称为液比。总液量包括加入蒸煮器的碱液量、水或黑液以及原料所含的水量（均以体积表示）。

14. 绝干原料（Oven Dry）和风干原料（Air Dry）

绝干原料是指不含水分的植物纤维原料；风干原料，如果未明确指出其水分含量，一般是指水分含量为 10%的植物纤维原料。

15. 纸浆得率（Pulp Yield）

纸浆得率又叫作纸浆收获率。原料经蒸煮后所得绝干（或风干）粗浆的质量对蒸煮前绝干（或风干）原料质量的百分比，一般称为粗浆得率。粗浆经筛选净化后所得绝干（或风干）细浆的质量对绝干（或风干）原料质量的百分比，则称为细浆得率。

16. 纸浆硬度（Pulp Hardness）

纸浆硬度用来表示残留在纸浆中的木素和其他还原性物质的相对量，反映蒸煮反应的程度。纸浆硬度可用高锰酸钾、氯酸钾或次氯酸钾等氧化剂测定，以用高锰酸钾最为普遍。采用高锰酸钾作氧化剂，在不同条件测定时，有卡伯值（Kappa Number）、高锰酸钾值（Permanganate Number）和贝克曼价（Beckman Number）等方法。

（二）亚硫酸盐法制浆

亚硫酸盐制浆中，除了上述碱法制浆所介绍的绝干原料、风干原料、液比、纸浆硬度、纸浆得率等相同的术语外，还有如下专门术语。

1. 化合酸（Combined Acid，C.A.）

化合酸又称化合二氧化硫（SO_2，Combined Sulfur Dioxide），指与阳离子（Ca^{2+}、Mg^{2+}、Na^+和 NH_4^+等，下同）组成正盐[$CaSO_3$、$MgSO_3$、Na_2SO_3、$(NH_4)_2SO_3$ 等，下同]的 SO_2，以质量体积浓度（即每 100 mL 酸液中含有 SO_2 的质量，g/100 mL）表示。

2. 游离酸（Free Acid，F.A.）

游离酸又叫作游离 SO_2（Free Sulfur Dioxide），指能使正盐变成酸式盐[$Ca(HSO_3)_2$、$Mg(HSO_3)_2$、$NaHSO_3$、NH_4HSO_3 等，下同]的 SO_2，H_2SO_3 中的 SO_2 以及溶解于药液中 SO_2，以质量体积浓度表示。

3. 总酸（Total Acid，T.A.）

总酸又叫作总 SO_2（Total Sulfur Dioxide），是化合 SO_2 和游离 SO_2 之和，即 T.A.=C.A.+F.A.。

4. 酸比（Combined Acid to Free Acid Ratio）

酸比是指药液中化合酸与游离酸的比值，即 C.A./F.A.。

5. 原酸（Raw Acid）

原酸是指制药车间生产的原始酸液，其浓度一般较低，酸比不超过 1。

6. 蒸煮酸（Cooking Acid）

蒸煮酸是指蒸煮的酸液，也称为蒸煮液。

7. 红液（Red Liquor）

红液是指亚硫酸盐蒸煮后产生的废液。

五、化学制浆的原理

化学制浆是用蒸煮试剂的水溶液（蒸煮液）与纤维原料发生化学反应，去除木素，使纤维彼此分离成浆。竹子原料中含有多种天然高分子化合物，且是固体，蒸煮液为液体。两者要发生化学反应，首先必须充分接触，然后才能发生均匀化学反应。因此，蒸煮过程是一个多相的、复杂的、多种化合物参与的化学反应过程和物理化学变化过程，整个过程分阶段性进行，其过程如下：① 蒸煮液中的离子（OH^-、SH^-等）渗透和扩散到竹片中；② 竹片中的木素等化学组分吸附蒸煮液中的OH^-、SH^-等离子；③ 蒸煮液中的OH^-、SH^-等离子与木素等成分发生化学反应；④ 反应生成物溶解并扩散到竹片外部；⑤ 反应生成物传递到周围药液中。

（一）蒸煮液的浸透

1. 蒸煮液的渗透方式

根据蒸煮药液浸透推动力的作用机理不同，可将药液浸透形式分为两类：一是压力浸透，即毛细管作用，其推动力是压力差，是毛细管作用和外加压力的综合作用；二是扩散浸透，即扩散作用，其传质推动力是药液的浓度差所产生的作用。

毛细管作用，是在蒸煮液水分子内聚力的作用下，蒸煮液沿竹片中竹纤维细胞腔所形成的毛细管通道向竹片内部浸透转移。蒸煮液以毛细管浸透的速度与毛细管半径的四次方和毛细管内外的压力差成正比，与毛细管的长度和蒸煮液的黏度成反比。竹片结构致密、质地坚硬，和木材纤维相比，竹纤维短、细，细胞腔较小，因而压力渗透作用较慢，药液渗透需要较长的时间。

一般情况下，不管是碱性蒸煮液还是酸性蒸煮液，纤维纵向的毛细管作用总是大于横向毛细管作用50~100倍。

扩散作用是一个基于分子热运动的移动现象，是分子通过布朗运动从高浓度区域向低浓度区域移动的过程。当竹片内部的孔隙充满液体后，水溶液中的各种物质根据纤维细胞内外的浓度差进行扩散。蒸煮前期，竹片外部蒸煮试剂的浓度高于内部，蒸煮试剂通过扩散方式向竹片内部移动；蒸煮中后期，竹片内部木素降解物的浓度较高，也可以通过扩散方式由内部向外部转移。

扩散浸透的速度主要取决毛细管的有效截面积和蒸煮液的浓度差，同时还与药剂分子或离子活性和大小有关，且受温度和原料水分影响。毛细管的有效截面积，除了取决于原料本身的结构外，还与蒸煮液的组成有关，这是因为蒸煮液的组成不同，则其pH值不同，进而会影响到原料的润胀情况。

实际上，毛细管作用、扩散作用和化学反应几乎是同时进行的，但有主次之分。蒸煮初期，特别是原料水分较低时，药液渗透以毛细管为主。蒸煮中后期，当原料水分含量达到纤维饱和点时，渗透主要是扩散作用，特别是当温度超过140 °C时，脱木素速率加快，纤维细胞腔已被液体充满，此时扩散作用是药液浸透的主要形式。

2. 蒸煮液在竹片中浸透

不同原料，其生物结构不同，纤维细胞的形态不同，蒸煮液的渗透有较大差异。竹子为禾本科原料，其结构中含有导管细胞、纤维细胞，这些细胞的胞腔，以及相邻细胞壁上纹孔，可形成蒸煮液向竹片内部渗透的通道。竹片较干的时候，在分子表面张力的作用下，液态水携带蒸煮试剂，先从竹片边缘的纤维切口进入，然后沿着通道进入竹片内部。竹子结构致密，纤维细胞、导管细胞腔较小，增加了蒸煮液渗透的阻力；竹片表面的蜡质，在表面产生拒水作用，也增加了蒸煮液渗透难度。因此，竹片蒸煮时，蒸煮液的渗透比其他原料慢。

当竹片被水浸透后，竹片中的缝隙、空穴被水充满，蒸煮试剂则以扩散方式进行传递。若竹片外的试剂浓度高于内部，溶解在水中的物质则在内外浓度差的作用下，从竹片外部向内部进行扩散，与竹片内的木素等物质接触。

3. 影响蒸煮液浸透的因素

影响蒸煮液浸透的主要因素有药液组成、蒸煮温度、蒸汽压力和竹片尺寸。

1）药液组成

蒸煮液的组成变化，会改变蒸煮液的pH，从而影响蒸煮液的浸透。研究发现，若蒸煮液的 pH＞13，则蒸煮液沿纤维轴向的扩散速度与横向扩散速度接近（约 1∶0.8）；若蒸煮液的 pH＜13，则蒸煮液沿纤维轴向的扩散比横向扩散快 10～40 倍。这是因为 pH 在 13 以上，蒸煮液能使纤维细胞发生润胀，pH 越高润胀作用越强。润胀在纤维细胞壁上会出现"暂时毛孔"，增加了扩散作用的渠道，从而缩小了纤维轴向和横向扩散作用的差别。当 pH＜13 时，纤维细胞壁不会产生"暂时毛孔"，纤维轴向和横向的扩散作用差别较大。碱法蒸煮时，蒸煮液的 pH都会高于 13，蒸煮液的渗透很快，因而可采用快速升温以缩短升温时间。而亚硫酸盐蒸煮时，蒸煮液的 pH 远远低于 13，则扩散速度缓慢很多，因而应采用缓慢的升温操作。

2）蒸煮温度

温度升高，蒸煮液的黏度降低，表面张力下降，扩散系数增大，药液压力渗透和扩散浸透速率都会加快，有利于浸透。但是温度不能无限升高，否则易造成蒸煮不均匀，特别是对于亚硫酸盐法蒸煮，升温过快 SO_2 扩散迅速，竹片内部酸性增强，木素反应加快，产生的亲核部位太多，SO_3^{2-} 或 HSO_3^- 来不及进入反应区，则会造成木素缩合。一般酸性亚硫酸盐蒸煮时把 110 ℃ 定为临界温度，在蒸煮液渗透不均匀前，温度不要超过此温度。

3）蒸汽压力

蒸煮过程中，通常是以蒸汽作为热源加热物料。蒸汽压力与蒸煮温度有关，蒸汽压力越高、蒸煮温度越高，所以蒸汽压力对药液渗透的影响与温度相同。另外，在升温过程中随着蒸汽压力升高，纤维外部的气压高于内部，这种气压差产生的推动力，也有利于药液的渗透。

4）竹片尺寸

竹片的尺寸大小影响药液充分渗透的时间，尺寸越大，药液渗透需要的时间越长。碱性条件下，药液沿竹片三个方向渗透的速度相近，决定药液渗透的时间取决于竹片的厚度。而在酸性条件下，药液沿竹片长度方向渗透速度远远大于厚度和宽度方向，药液渗透的时间取决于竹片长度。因此，酸性条件蒸煮，需要更长的升温，才能保证药液充分渗透。

4. 加快蒸煮液浸透的措施

为了缩短蒸煮时间，提高生产效率，可采用如下措施加快蒸煮液浸透：① 采用蒸汽装锅或竹片预汽蒸，去除竹片内部空穴中的空气。② 在蒸煮器外进行药液预浸，延长药液预浸时间。③蒸煮液装锅时，使用 70～85 ℃ 热药液，可降低药液黏度，减小药液渗透阻力。④ 对竹片进行真空处理，排出竹片内部的空气，降低纤维内部压力。⑤ 添加渗透剂，改善竹片表面的亲水性。

（二）蒸煮过程的化学反应

化学法制浆是通过蒸煮试剂的作用，与木素发生化学反应，使大部分木素溶解出来，消除了纤维细胞间黏结作用，使纤维相互分离成为纸浆。木素为天然高分子有机物，其分子量高、亲水性差、溶解困难，蒸煮过程中在蒸煮试剂的作用下，使木素大分子先发生降解，大分子变小并产生活性基团，然后活性基团引入蒸煮试剂中的亲水基团，如 $-OH^-$、$-SH^-$、$-HSO_3^-$ 等，使降解后的木素小分子水溶性提高，进而溶解在蒸煮液中。蒸煮过程中在木素发生化学反应的同时，竹片中的纤维素、半纤维素也参与化学反应，不仅降低了纸浆得率，还增加了蒸煮试剂的消耗。另外，其他少量组分也会参与化学反应而溶出，提高了纸浆的纯度。

1. 蒸煮过程中木素的化学反应

木素是由三种苯丙烷结构单元构成的具有三维空间结构的高分子化合物，在高温、高压条件下，蒸煮所用蒸煮试剂与木素发生化学反应，主要围绕木素大分子降解和亲水基引入进行，以满足木素溶解的条件。不同的蒸煮方法，所用蒸煮试剂不同，木素降解的方式和亲水基种类不同。在木素大分子中，结构单元间的连接方式主要有醚键（C—O—C），还有碳碳键（C—C）。木素单元间碳碳键的连接比较牢固，蒸煮过程中主要断裂的是醚键。醚键断裂的快慢、程度与蒸煮液碱性强弱和温度等因素有关。

1）碱法蒸煮过程中木素的化学反应

碱法蒸煮主要的木素反应剂为 OH^-；而硫酸盐蒸煮除了 OH^- 外，还有 Na_2S 电离水解产生的 S^{2-}、HS^-。碱法蒸煮的共性是所有的药品都具有碱性，通过化学反应使木素大分子降解，变成分子量较小、结构比较简单的降解产物。同时，在降解木素的结构中引入亲水基团，变为易溶于蒸煮液的碱木素和硫化木素。

在碱法蒸煮过程中，碱性蒸煮试剂在水溶液中发生电离，产生大量的 OH^-，在高温条件下 OH^- 能使木素分子中酚型结构的 α-芳基醚键、α-烷基醚键断裂，还能使非酚型结构的 β-芳基醚键和甲基-芳基醚键断裂，从而使木素大分子变小，并在木素单元断裂处引入亲水基团，包括 OH^-、HS^-、S^{2-}，使木素溶入蒸煮液中，从而使木素脱离纤维。甲基-芳基醚键的断裂对木素大分子的溶解作用无关紧要，但甲基位置会引入亲水基团，增加木素的亲水性；另外，甲基脱离后产生的甲醇、甲硫醇及二甲硫醚，会对环境造成危害。

碱法蒸煮过程中，木素降解后产生的活性基，在缺乏亲水基的情况下，又会发生缩合反应而聚合起来形成大分子，不易溶解于蒸煮液中。木素发生严重缩合后会产生"黑煮"，而产生较多的浆渣，使细浆得率降低。为了防止木素缩合，在木素大量分子降解前，蒸煮液应充分渗入竹片内部。竹片结构致密，表面又有蜡质，会阻碍蒸煮液渗透，所以竹片蒸煮时应有较长的升温时间，或添加渗透剂来加强蒸煮液渗透。

碱法蒸煮中木素结构上还会产生一些发色基团，使纸浆的颜色变深，特别是硫酸盐法蒸煮时尤为严重。发色基团是指在可见光区产生吸收峰的不饱和基团，如具有双键结构的不饱和烃（RHC＝CHR）、羰基、苯环、邻醌、对醌、二芳环等。

2）亚硫酸盐蒸煮过程中木素的反应

在酸性环境中，木素结构中的 α-碳原子，无论是游离的醇羟基，还是烷基醚和芳基醚，均能脱去 α-碳原子位置上的取代基，形成碳正离子。碳正离子极易和亲核试剂反应，在 α-碳原子的正电中心位置通过酸催化亲核加成而形成 α-磺酸。酸性亚硫酸盐蒸煮时，酚型和非酚型的木素结构单元中的 α-碳原子都可被磺化。磺化反应主要发生在木素分子中 α-碳原子上，偶尔也会发生在 γ-碳原子上。磺化反应引进了磺酸基，增加了木素的亲液性能，有利于木素的溶出。

在发生磺化反应的同时，也往往发生缩合反应。因为木素中存在某些亲核部位（如苯环上的1位和6位），它将和亲核试剂（SO_3^{2-} 或 HSO_3^-）一起对碳正离子的亲核中心（α-碳原子）进行竞争，因而导致中间产物的缩合反应。

由于木素的磺化和缩合反应都发生在同一结构单元的 α-碳原子上，因此缩合了的木素在缩合部位将不再发生磺化反应；同时由于缩合反应，使木素分子变大，亲水性下降，使木素不能溶出；同样，磺化了的木素在磺化部位也不会发生缩合。因此，在酸性亚硫酸盐蒸煮过程中，必须严格控制工艺条件，以利于磺化作用，减少缩合反应的发生。如能保证并加速磺化反应，蒸煮就能顺利进行，否则就有木素严重缩合的"黑煮"的可能。

无论是酚型的还是非酚型的 β-芳基醚键和甲基-芳基醚键（甲氧基的醚键），在酸性亚硫酸盐蒸煮时是很稳定的，一般不会断裂，这是与中性亚硫酸盐和碱法蒸煮最大的区别所在。因此，木素大分子的溶出就不能依赖于大分子的变小，而是依赖 α-碳原子的磺化作用增加亲水性而使木素溶出。

在碱性亚硫酸盐蒸煮中，除了 NaOH 有一定的脱木素作用外，SO_3^{2-} 也会发挥重要作用；在中性亚硫酸盐蒸煮中，SO_3^{2-} 或 HSO_3^- 则起主导作用。与酸性条件相比，中性、碱性条件下木素的反应速度明显下降，木素的脱除量降低，因此主要用于半化学浆或化学机械浆的生产。

碱性和中性亚硫酸盐蒸煮中脱木素的主要反应有：① 酚型 C_α 和 C_γ 的磺化反应。在碱性和中性条件下，只有酚型结构的木素单元才能被磺化，磺化的位置只能在 C_α 和 C_γ，木素的大分子没有因为磺化反应而变小。因此，木素的溶出主要是由于磺化增加了亲水性的磺酸基，从而增大了木素的可溶性。② 酚型 β-芳基醚键的断裂和磺化。在碱性和中性条件下，β-芳基醚键的断裂和磺化，是在 C_α 先发生了磺化后才进行的，而且只能发生在酚型结构中，非酚型的 C_α、C_β 和 C_γ 是很难被磺化的。③ 甲基-芳基醚键的断裂。在碱性和中性条件下，酚型、非酚型的甲基-芳基醚键都可发生亚硫酸盐解而断裂，生成甲基磺酸根离子。

2. 蒸煮过程中碳水化合物的化学反应

蒸煮过程中在木素脱除的同时，料片中的碳水化合物，包括纤维素和半纤维素，在强酸、强碱和高温作用下，都不可避免地发生化学反应而降解。碳水化合物发生降解产生的小分子糖会溶解出来，降低纸浆得率；降解反应使纤维素的分子量减小，还会造成纸浆机械强度的下降。所以，在生产中应尽量减少碳水化合物的化学反应。

1）碱法蒸煮碳水化合物的化学反应

竹子原料中的纤维素和半纤维素在碱法蒸煮环境中的主要反应有剥皮反应、终止反应、碱性水解等反应。

剥皮反应是在碱性条件下，各种聚糖的还原性末端基的降解反应。在高温强碱环境中，聚糖大分子中的还原性末端基，通过 β-烷氧基消除反应而从分子链上脱落下来，接着分子链上又产生一个新的还原性末端基，新的还原性末端基又重复上述反应，继续从聚糖大分子上脱落。这种还原性葡萄糖末端基逐个脱落的反应，称为剥皮反应。聚糖中的还原性末端基可被氧化为羧基，或被还原为羟基，转化为对碱稳定的 α-偏变糖酸基或 β-偏变糖酸基，而使剥皮反应终止，因此将聚糖的这种反应称之为终止反应。剥皮反应从聚糖末端逐个脱除还原性末端基，虽然不会对聚糖的分子量造成很大的减小，但其反应产生的有机酸会消耗蒸煮液中的碱，应采取措施尽量避免。抑制剥皮反应的主要途径有：将还原性末端基氧化为羧基、将还原性末端基还原为伯醇羟基、与还原性末端基中的羰基反应，将其末端基封锁，促进终止反应的进行。通常，这些可通过蒸煮助剂的作用来实现。

在高温强碱条件下，聚糖分子还会发生碱性水解而断裂，碱性水解具有很大的随机性，会发生在聚糖分子链中的任何位置，发生碱性水解后聚糖大分子便一分为二，如果断裂位置在大分子的中部，则会造成聚糖的聚合度大幅下降，会明显造成纤维强度降低。碱性水解发生后，在糖单元断裂处，会产生新的还原性末端基，还将会加快剥皮反应的发生。因此，也要想办法减少碱性水解的发生，通常是通过严格控制蒸煮工艺条件来实现的。

2）亚硫酸盐蒸煮碳水化合物的化学反应

不同方法的亚硫酸盐蒸煮，由于蒸煮液的 pH 不同，碳水化合物的反应情况不同。在碱性亚硫酸盐蒸煮过程中，碳水化合物的化学反应与碱法蒸煮相同，主要有剥皮反应和碱性水解。在中性亚硫酸盐蒸煮中，剥皮反应和碱性降解没有碱法制浆那么剧烈，所以中性亚硫酸盐纸浆的强度一般都比较好。

在酸性亚硫酸盐蒸煮过程中，碳水化合物的化学反应主要是酸性水解。在高温强酸条件下，无论是纤维素还是半纤维素，都能或多或少地进行酸性水解。酸性水解主要是糖单元间的 1,4-β 苷键或其他苷键的水解断裂。其水解产物，首先是一些低聚糖，并进一步水解为单糖。单糖还可被进一步氧化转变为有机酸。酸性越强、温度越高，酸性水解越剧烈。在酸性亚硫酸盐蒸煮过程中，聚糖的还原性末端基被 HSO_3^- 氧化成糖酸末端基，使末端基的性质变得稳定。

碳水化合物的降解，会增加蒸煮试剂的消耗、降低纸浆得率，过度降解还会造成纸浆强度降低，所以在蒸煮过程中要采取措施，尽量减少碳水化合物的降解。碳水化合物的降解，一般会更多地发生在蒸煮后期，特别是在大量木素脱除后，如果持续进行蒸煮，则会造成大量碳水化合物的降解。所以，在生产上应合理控制蒸煮后期的保温时间，尽量减少碳水化合物的化学反应。

3. 影响蒸煮的因素

蒸煮过程是复杂的化学反应过程，蒸煮试剂是影响蒸煮速度和纸浆质量的主要因素；除蒸煮试剂的用量外，蒸煮过程的温度、压力和时间等因素，也会影响蒸煮的速度和效果。

六、蒸煮生产技术

蒸煮生产的方式可分有间歇蒸煮和连续蒸煮两种，不同方式使用不同类型的蒸煮设备。

（一）间歇蒸煮

1. 间歇蒸煮的生产工序

间歇蒸煮是在间歇蒸煮设备中进行的，基本操作工序包括装料、送液、升温、小放气、保温、大放气和放料。在间歇式蒸煮生产中，这些操作工序按照顺序周期性进行，每个生产周期完成一锅（球）次的蒸煮。不同的蒸煮液和蒸煮设备，具体的操作会有一些差异。间歇蒸煮的生产系统相对简单、设备投资少，具有一定的灵活性，生产中可根据原料的成浆情况调整蒸煮时间。但生产管理难度较大，因为在蒸煮不同工序，所需要的热力、电力需求量不同，会引起全厂水、电、汽用量的波动。

1）装料、送液

装料和送液是指把竹片和蒸煮液按比例送入蒸煮器中的操作工序。在生产上，料片和蒸煮液可同时送入，这样作业不仅可以提高装锅量，还可使竹片与蒸煮液尽早接触，提高药液浸透效果。装料、送液操作时要"多、快、匀，液温适当"：① 装料应尽量地多，才能提高每锅次的产浆量，提高产量、降低消耗。② 装料和送液操作要快，可缩短非蒸煮时间，缩短蒸煮周期，提高生产效率。③ 蒸煮液与料片的送入要保持精确的比例，并包装均匀混合，以保证蒸煮均匀进行。④ 蒸煮液的温度要适当，太低会影响装料量，太高又会影响蒸煮的均匀性。在装竹片时，最好采用蒸汽装锅。通过蒸汽作用，可使料片均匀分散，提高装锅匀度和装过量；蒸汽的热量还可使料片受热，其中的空气受热膨胀溢出，有利于蒸煮液的渗透。

2）升温、小放气

装料、送液结束，就要进行升温，使蒸煮器内物料的温度升至蒸煮的最高温度。升温速度一般是通过调节加热蒸汽的流量进行控制的。在升温过程中，蒸煮液会逐渐渗透进入料片中，与木素等物质接触，为随后的化学反应做准备。为防止出现"黑煮"，在达到最高温度前蒸煮液应充分渗入料片中，因此升温快慢要根据料片大小和蒸煮液浓度进行合理控制。竹片结构致密，蒸煮液渗透较慢，因此升温速度不宜过快。

升温过程中，随着蒸煮液渗入料片内部，纤维细胞腔中的空气溢出，在蒸煮器中积聚而产生一定的空气压力，从而造成"假压"，使蒸煮器的压力高于实际温度所对应的饱和蒸汽的压力。所以，升温过程中要进行一次或两次小放气，以排除蒸煮器中的空气，消除假压，使温度与压力相对应。小放气过程中由于压力降低，蒸煮器内会产生自然沸腾，还能起到有效的"搅拌作用"，提高蒸煮液温度和浓度的均匀性。小放气过程中，除了空气释放外，还有大量的蒸汽及少量的有机挥发气体排出，这些气体是由料片中相关物质转化而成的。蒸汽的释放会散失热量，挥发气体直接外排会污染环境，所以小放气释放的气体要进行收集并加以处理。

3）保　温

保温是蒸煮器内物料达到蒸煮最高温度（压力）后的持续作业。达到最高温度（压力）后，蒸煮液已经充分渗入料片内部，因此保温过程进行木素大量反应。保温时间根据竹片及蒸煮液性质、纸浆的性质要求确定，料片木素含量高、纸浆硬度低的情况下，应有较长的保温时间。

4）大放气、放料

大放气是蒸煮结束后释放蒸煮器压力的操作。到达预定保温时间蒸煮结束，浆料应从蒸煮器内放出，以便进行下一锅次的蒸煮。此时，蒸煮器内仍是高温、高压状态，为了便于浆料放料，需要对蒸煮器进行释压操作，称为大放气。通常，大放气操作一般不会放出所有蒸汽，这样可使浆料在一定压力的推动下喷放出来，这种放料方式称为减（低）压喷放。在有些情况下不进行大放气，保温结束后直接喷放，这种方式叫作全压喷放。

压力喷放时，浆料中液体的蒸发产生的冲击力，可以促进纤维的分离。但是，大放气操作会释放大量的蒸汽和有机挥发气体，造成热能浪费和环境污染。所以，现在新的间歇蒸煮都采用了冷喷放方式放料。在放料前，通过置换将蒸煮器内的大量余热置换出来，并进行储存；在下一锅蒸煮时，将热介质送入蒸煮器内，使热量加以利用。置换后的浆料温度降至 90 ℃左右，然后用抽浆泵将蒸煮器内的浆料抽出。

2. 碱法蒸煮的影响因素

蒸煮是一个化学反应的过程，但又不同于普通的化学反应，它是一个非均相反应。蒸煮试剂溶解在水中为液相，竹片及其中的组分都为固相，因此要保证蒸煮均匀进行的难度较高。碱法蒸煮中主要控制的条件有用碱量、硫化度、液比、最高温度、升温时间和保温时间。

1）用碱量

用碱量的多少会影响蒸煮过程中脱木素的速度和程度，同时也会影响碳水化合物的降解程度。在其他蒸煮条件不变时，增加用碱量，则脱木素速度加快，脱木素程度提高，纸浆硬度降低，可漂性提高；同时，对碳水化合物的降解速度和程度也会加强，使纸浆得率下降。反之，若用碱量过低，则成浆较硬且色暗，不易漂白，而且浆渣较多，即使延长蒸煮时间，也难以保证脱木素完成。

蒸煮用碱量的多少，主要取决于竹片的种类和竹龄，以及纸浆的用途和要求。木素含量高、竹龄较长的竹片，用碱量要多些。质量要求较高的纸浆，如漂白化学浆，用碱量应多些；本色化学浆，用碱量可少些。表 4-3 所示为不同竹龄的竹子，用碱量对成浆性质的影响。

表 4-3　用碱量对纸浆性质的影响

竹种	竹龄/a	用碱量（Na$_2$O）/%	粗浆得率/%	高锰酸钾值
慈竹	1	20.0	42.8	12.1
	2	20.0	42.9	12.2
	3	20.0	43.8	12.4
黄竹	1	18.5	46.0	11.7
	2	20.0	43.2	12.2
	3	20.0	42.2	12.0
冷竹	1	23.0	36.5	10.9
	2	23.0	33.5	12.4
	3	23.0	34.8	12.5

注：蒸煮其他条件，硫化度 25%，液比 1：3，温度时间：110 ℃/30 min、125 ℃/120 min、152 ℃/180 min。

蒸煮终了时应有一定的残碱，以维持蒸煮液的 pH 在 12 以上。若 pH 低于 12 时，蒸煮液中已溶解的木素会逐渐沉积在纤维上；在 pH 低于 9 时，则会有大量木素沉积在纤维表面，影响纸浆的质量。生产上残碱一般控制在 5 ~ 10 g/L。

2）硫化度

在硫酸盐法蒸煮过程中，蒸煮液的硫化度无论对脱木素速率，还是对纸浆的得率和质量等，都有很大的影响。在一定范围内增大硫化度，可加快脱木素；但若超过一定范围，效果不明显，甚至降低蒸煮速率。如固定用碱量，适当提高硫化度，可提高纸浆得率；但若硫化度过高，硫化木素不能充分溶出，纸浆的质量下降。生产上硫化度一般控制在 22% ~ 28%。

3）液　比

液比与用碱量共同决定蒸煮器内蒸煮液的浓度，进而影响蒸煮的化学反应速度和程度。用碱量一定时，采用小液比蒸煮，则蒸煮液的浓度提高，加快脱木素速度，缩短蒸煮时间；增加碳水化合物的降解，纸浆得率下降；液体量减少，降低蒸汽消耗；但液比过小时，蒸煮液与竹片混合不匀，蒸煮不均匀，浆渣率增加。

直接蒸汽加热，液比可小些；间接加热的话，液比应大点。因为直接通汽加热时，随着蒸煮的进行，不断会有蒸汽冷凝为水而增加了蒸煮器中的水量。采用回转式蒸煮器蒸煮，液比可小些。因为竹片和蒸煮液一起随着蒸煮器转动，料液得以均匀混合。快速蒸煮时，为了提高蒸煮液的浓度，可适当降低液比，但要保证蒸煮液良好循环。

竹子结构致密，成浆困难，生产上应采用较小的液比，使蒸煮液的浓度高些，以便加快木素脱出。但生产强度要求高，特别是纤维素含量高的溶解浆时，应采用较大的液比以降低蒸煮液浓度，可减少蒸煮过程中纤维素的降解。

蒸煮时可掺加部分黑液，不仅可以减少清水用量，还可利用黑液中的残碱和余热，黑液中的皂化物还能加强蒸煮液的渗透。黑液的掺用量一般为 10% ~ 30%，也有高达 40%的。但是，黑液掺加过多时，会使纸浆的颜色加深，增加漂白难度。实验发现，若黑液掺加量达到 50%时，纸浆漂白非常困难；若黑液掺加量为 60%时，纸浆变为黑褐色，只能制造褐色纸浆。

4）蒸煮温度和时间

蒸煮的温度和时间是两个互相关联的参数。蒸煮的时间包括蒸煮过程中的升温时间和最高温度下的保温时间。

蒸煮过程中温度随时间变化的情况称为蒸煮温度曲线，它反映了升温速度、蒸煮最高温度和保温时间。蒸煮过程中蒸煮器内压力随时间变化的情况称为蒸煮压力曲线。制订蒸煮曲线的原则应尽可能快而均匀地脱出木素；同时，又要尽可能保持较高的纸浆得率和强度，即尽可能使料片中的碳水化合物少降解。蒸煮曲线制订的依据是蒸煮的脱木素历程和碳水化合物的反应历程。

蒸煮最高温度，也叫作蒸煮温度，是非常重要的蒸煮技术参数，是保证料片分离成所需硬度纸浆的关键。蒸煮温度不能太高，也不能太低。蒸煮温度提高，蒸煮反应速度加快，可促进木素的脱除。在合理的范围内，随着蒸煮温度的提高，蒸煮的时间可随之缩短。研究结果表明，在 155 ~ 175 ℃ 范围内，温度每升高 10 ℃，蒸煮的时间可缩短 50%左右。

蒸煮温度的提高和保温时间的延长，虽然有利于木素的脱除，但也加剧了碳水化合物的损害。虽然纸浆的硬度降低、漂白容易，但纸浆得率减少，还会造成纸浆强度下降。

升温时间的长短取决于蒸煮液的渗透情况，达到最高温度时蒸煮液应充分、均匀渗透料片，否则会产生木素缩合，使浆渣率增加、细浆率减少，降低原料利用率。蒸煮液的渗透与料片形状和尺寸、蒸煮液的温度和浓度、装料方式等有密切关系。

保温时间长短与竹片性质、用碱量、蒸煮温度和成浆质量等因素有关。保温的目的是使脱木素反应充分进行，但时间太长，也会影响纸浆得率和质量。

在实际生产中，由于各厂的原料、设备、用碱量、蒸煮温度、升温速率和纸浆质量要求等不同，保温时间有较大差异。目前，大型的蒸煮系统，可通过 H 因子来控制蒸煮过程的温度和时间。

5）料片品种和备料规格

竹子的种类很多、竹龄不同、产地广阔，再加上切片差异大，对蒸煮过程和成浆质量有重要影响。因此，竹片种类、规格和质量是确定蒸煮工艺参数的重要依据。

木素含量高、竹龄较长、结构致密的竹片，蒸煮难度较大，在保证纸浆质量的前提下，可采用比较剧烈的蒸煮条件，如高用碱、高温度、长时间的蒸煮工艺，才能有效脱除木素。

在蒸煮过程中，蒸煮液的渗透、木素的溶出，都与竹片的规格有重要关系。短而薄的料片，药液渗透快、木素脱除容易，有利于蒸煮。碱法蒸煮过程中，蒸煮液的渗透沿料片的长、宽、厚三个方向相近。因此，在料片的三维尺寸中，厚度对蒸煮的影响最大，厚度越大，成浆越难，蒸煮时应采用剧烈的工艺条件才能完成蒸煮。

另外，料片的合格率、均一性、含水率、杂质含量等也会影响蒸煮和纸浆质量。合格率高、形状尺寸均匀的料片，蒸煮液渗透和化学反应均匀，成浆质量好、得率高，还可解决蒸煮试剂的消耗。水分适度并含量均匀的料片，蒸煮液的渗透快而均匀，可缩短蒸煮时间、改善纸浆质量。

部分竹子碱法蒸煮生产工艺见表 4-4。

表 4-4　竹子碱法蒸煮生产工艺举例

	本色浆（山竹）	本色浆（白竹）	漂白浆（混合竹）
用碱量/%（NaOH 计）	16	16	17
硫化度/%	15	15	0
液比	1：2.2	1：2.5	1：2.6
最高压力/MPa	0.59	0.59	0.59
升温时间/min	120	100	125
保温时间/min	120	90	60
纸浆得率/%	47.4	51.0	40.0
纸浆硬度/k	20.2	29.0	14.5

3. 亚硫酸盐蒸煮的影响因素

亚硫酸盐蒸煮过程的影响因素主要有蒸煮液的组成和浓度，蒸煮液的 pH 和盐种类、温度与压力、液比、升温速度和保温时间等。蒸煮液浓度主要是指总酸浓度，也可指化合酸和游离酸的浓度。改变药液浓度对蒸煮液渗透、脱木素以及碳水化合物的水解等都有影响，因而直接影响纸浆的得率和质量。

1）总　酸

当化合酸与游离酸之比不变时，提高总酸浓度，不但有利于渗透，也有利于木素的磺化和溶出。在蒸煮时间保持不变的情况下，提高蒸煮液的总酸浓度，可以降低蒸煮温度；或者在一定温度的条件下，提高蒸煮液总酸浓度，可缩短蒸煮时间。但是，总酸也不能太高，否则不仅造成得率下降，还会使碳水化合物过度降解，使纸浆的强度降低。

2）游离酸

当总酸一定时，提高游离酸，蒸煮液的 pH 下降，溶解 SO_2 浓度上升，能增加木素的润胀和溶解性，脱木素速度会加快，如果药液渗透充分，可降低蒸煮温度或缩短蒸煮时间。

游离酸浓度与蒸煮器内压力有直接关系，提高游离酸浓度时，基于气液平衡的关系，蒸煮器内压力相应提高。对钙盐，蒸煮后期应保留一定游离酸，可防止 $Ca(HSO_3)_2$ 转化为 $CaSO_3$ 沉淀；但游离酸也不能太高，否则盐含量过低会影响成浆的质量和得率。

3）化合酸

当总酸一定时，适当提高化合酸，在蒸煮前期有利于中和反应生成的木素磺酸等强酸，从而防止木素缩合，并减轻纤维素和半纤维素的破坏，提高成浆得率和白度，以及纸浆的机械强度。但化合酸过高，会阻碍木素的溶出，从而延长蒸煮时间。当化合酸增加到一定程度后，纸浆的白度和强度也不会再增加。在钙盐蒸煮中，过高的化合酸还会促使盐沉淀，造成硫耗增加、纸浆灰分上升。所以，蒸煮液的化合酸一般控制在 0.8% ~ 1.2%。

4）蒸煮液的 pH

不同方式亚硫酸盐蒸煮的 pH 不同。酸性亚硫酸氢盐蒸煮的 pH，在常温下一般为 1.5 ~ 2.0。过低的 pH 使半纤维素甚至纤维素受到强烈降解，过高的 pH 则降低了脱木素能力，引起温度和时间的变化。但是，亚硫酸盐蒸煮液在高温下的 pH 与常温下不同，一般来说 pH 随温度的升高而增大，且与盐种类有关。不同盐蒸煮液的 pH，随温度上升而增加的情况如下：镁盐 0.009/1 ℃、钙盐 0.011/1 ℃、铵盐 0.012/1 ℃、钠盐 0.016/1 ℃。

5）盐基种类

亚硫酸盐蒸煮，使用的盐基主要有钠、铵、镁、钙 4 种，其中镁和钙为最常用的盐，钠和铵为一价可溶性盐，镁为二价易溶性盐，钙为二价难溶性盐。与难溶性盐相比，可溶性盐能加速木素磺化和木素磺酸盐溶出，碳水化合物降解少而纸浆得率升高。因此，无论哪种纤维原料，使用可溶性的钠盐和铵盐蒸煮效果都好，具有广泛的适应性。易溶性镁盐较差，难溶性钙盐最差。但由于可溶性盐加工得率高，在没有废液回收系统的条件下，以采用廉价的钙盐和镁盐为宜。

6）液　比

蒸煮药液的浓度一定时，液比大小直接影响硫耗和汽耗。液比提高，硫耗多、汽耗高；液比降低时，影响相反。为了降低硫耗和汽耗，在蒸煮初期，可先用较大液比，以保证料片的充分渗透，待渗透完毕，将多余的药液回收。这样，在满足循环量要求的情况下，把液比降到最小值，这样不但可以减少硫耗和汽耗，也有利于废液的回收利用。在实际生产中液比的大小应根据具体条件调整，常用的液比为 1 : 5 ~ 1 : 6。

7）蒸煮温度

蒸煮初期，适当提高温度可以加快药液浸透和木素的磺化反应，从而缩短蒸煮时间。但对 pH ＜ 4 的蒸煮液，在料片未充分浸透前，不能超过临界温度，否则木素将会缩合；对 pH ＞

4 的蒸煮液，则不受限制。温度升高能加速磺化木素水解成小分子，并使其迅速从料片中扩散出来。因此，在蒸煮后期，温度每升高 10 ℃，脱木素速率加快一倍，但纤维素和半纤维素的溶出速率也加快一倍，并使纸浆的得率和强度下降。不同 pH 的亚硫酸盐蒸煮，各有其适宜的最高温度。酸性亚硫酸盐蒸煮 130 ~ 155 ℃，亚硫酸氢盐蒸煮 140 ~ 170 ℃，中性亚硫酸盐蒸煮 140 ~ 180 ℃。此外，蒸煮最高温度的选择还与纸浆要求有关，生产漂白纸浆时温度可适当高些，生产强度要求高的纸浆，温度应适当低些。

8）蒸煮压力

与碱法蒸煮不同，亚硫酸盐法蒸煮的压力，不能直接反应蒸煮器内的温度。因为蒸煮器内的压力由流体静压、水蒸气、SO_2 及其他气体的压力组成。但压力升高时温度也随之升高。改变压力不仅会影响温度的变化，也影响到蒸煮器内 SO_2 分压的变化，从而影响到锅内酸液的组成。

适当提高蒸煮压力，不但有助于蒸煮初期的药液浸透，而且有利于在高温下能有较高的总酸进行蒸煮。当气相的压力升高时，由于平衡关系也保证了液相中有较高的 SO_2 浓度，从而防止了亚硫酸钙沉淀的产生。但蒸煮压力提高，会受到锅体强度的限制；而且压力增大，温度也随之升高，使纸浆的得率和强度下降，因此不能随意提高蒸煮压力。

9）蒸煮时间

蒸煮时间不是一个独立的变数，其长短由蒸煮过程中的各种因素所决定。在高温下，过长的蒸煮时间，会使纸浆的得率和强度大大下降，甚至造成"黑煮"。在实际生产中，对硬度要求较高的纸浆，宜采用较高的温度和较短的时间；对要求强度高和纯度高的软浆，宜采用比较温和的蒸煮条件，用较低的温度和较长的蒸煮时间。

（二）连续蒸煮

1. 蒸煮方式

连续蒸煮是通过连续作业完成蒸煮过程，即连续地完成蒸煮的装锅、送液、升温、保温和放浆等全过程。生产中，竹片与蒸煮液按照一定的比例，从蒸煮器的入口进入，在蒸煮器中移动并发生蒸煮反应，成浆后从蒸煮器的排浆口排出。连续蒸煮生产中，竹片、药液、蒸汽等的消耗平稳，给生产管理带来极大方便。但生产设备系统复杂，投资大。

2. 影响因素

目前，连续蒸煮生产以碱法制浆为主。与间歇蒸煮一样，用碱量、硫化度、液比、蒸煮温度和蒸煮时间等是影响反应速度和成浆质量的重要因素。在生产中严格控制这几个工艺参数，可通过控制停留时间来满足产量和成浆质量的要求。

七、蒸煮设备

蒸煮设备是一种进行高温、高压蒸煮反应的容器。根据蒸煮操作方式不同，分为间歇蒸煮设备和连续蒸煮设备两大类。间歇蒸煮设备主要有蒸球和蒸锅两种，连续蒸煮设备主要有塔式、横管式和斜管式三种。

（一）蒸　球

蒸球是一个球形薄壁压力容器，其球体通常采用 15K 锅炉钢板焊接而成。除了球体之外，还设置相关的附件，如图 4-38 所示。

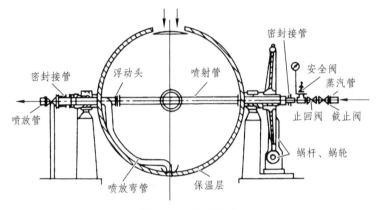

图 4-38　蒸球结构

利用蒸球进行蒸煮生产，其生产操作非常灵活、简单，可根据纸浆要求调整蒸煮条件；蒸煮过程中球体的旋转，可使料片与蒸煮液充分均匀混合，提高蒸煮的均匀性。但是，单台蒸球的产量较低，目前最大的蒸球容积仅为 40 m³；蒸煮后的余热不易回收，造成蒸煮生产的蒸汽消耗非常高，最多时会超过 3 t/t 纸浆；再加上其他原因，使蒸球生产的效率低、成本高。因此，蒸球的应用越来越少，只运用在特殊纸浆的生产中。

（二）蒸　锅

蒸煮锅是一个立式的圆柱形压力容器，锅底为圆锥形、锅顶为半球形，碱法蒸煮的蒸锅用 20K 锅炉钢板焊接而成，酸性蒸煮的蒸锅需采用耐酸材料或内衬耐酸材料，锅体外敷保温材料，以减少蒸煮生产中热量的散失。

如图 4-39（a）所示，锅体上端设有锅口和锅盖，锅底设有喷浆口，锅体中部设有抽液滤带，用于过滤循环的蒸煮液。碱法蒸锅的抽液滤带的位置一般在锅体中部偏下，亚硫酸盐蒸锅抽液滤带的位置一般在下锥体的上部。

在蒸煮过程中蒸锅无法转动，为了保证蒸煮液与竹片均匀混合，通过循环系统使蒸煮液进行循环。如图 4-39（b）所示，在循环泵的作用下，将蒸煮液从抽液滤带位置抽出，然后通过上下循环管，按一定比例从顶部和底部送入。进行蒸煮生产时，其加热方式有间接和直接两种，一般都采用间接加热，这样可使冷凝水得以回收利用。

蒸锅是目前竹浆蒸煮中最常用的设备，其容积大产能高，再加上置换蒸煮技术的普及应用，使纸浆质量提高、蒸汽消耗降低。

（三）立式连续蒸煮器

在立式连续蒸煮器中，卡米尔（Kamyr）连续蒸煮器是目前使用最多的一种连续蒸煮设备。卡米尔蒸煮器是一个容积很大的立式蒸煮器，一台蒸煮器可以满足整条生产线的产量需求，目前世界上最大的卡米尔蒸煮器日产纸浆超过 1 000 t。

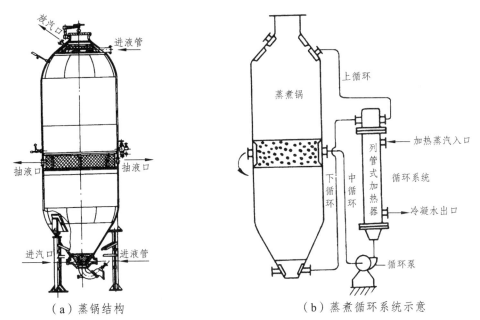

（a）蒸锅结构　　　　　　　　　（b）蒸煮循环系统示意

图 4-39　蒸锅及其蒸煮系统

　　为了保证蒸煮连续、稳定进行，塔式蒸煮器和管道、加热器、泵体等，构成一个复杂的系统，如图 4-40 所示。卡米尔蒸煮器连续生产时，料片和蒸煮液按照既定比例，从蒸煮器顶端的进料口连续进入，蒸煮后的浆料从蒸煮器底部连续排出。按照进料方式的不同，卡米尔连续蒸煮分为液相蒸煮（水力）、液相-气相蒸煮、高压预浸-液相蒸煮和高压预浸-气液相蒸煮（双塔）4 种方式，图 4-40 所示为液相蒸煮系统。卡米尔连续蒸煮器适合于密度较大的原料进行化学制浆，如木材、竹子。

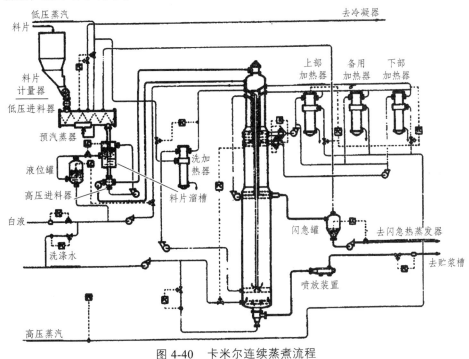

图 4-40　卡米尔连续蒸煮流程

卡米尔连续蒸煮器适合于密度较大的原料进行化学制浆，如木材、竹子。国内目前最大的卡米尔竹浆生产系统的日产量超过 800 t。

（四）横管连续蒸煮器

横管连续蒸煮器由 2 ~ 8 根水平安装的蒸煮管组成，蒸煮管内设有螺旋，使物料在蒸煮管内进行移动，目前常用的是潘迪亚（Pandia）连续蒸煮系统，如图 4-41 所示。

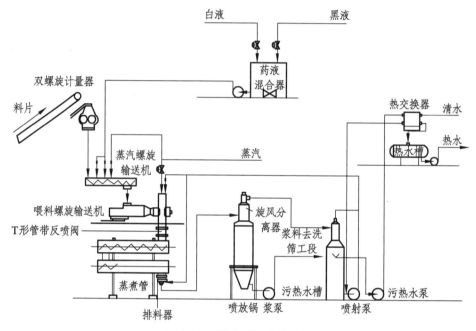

图 4-41　潘迪亚连续蒸流程

从料仓来的料片经输送机送至双螺旋计量器。双螺旋计量器由两个彼此相向旋转的螺旋组成，两螺旋的转速与间距可以调节，以适应不同的原料和生产能力。经计量器计量的料片连续均匀地落入螺旋预浸器，同时送入蒸煮液和蒸汽进行料片浸渍。浸渍后的料片变软，在喂料螺旋的作用下被压实，形成连续紧密的料塞，然后进入 T 形管内，可防止蒸煮管内的高压反喷，起到密封作用。料片经 T 形管后经扩散落入蒸煮管，蒸煮管内通入蒸汽直接加热。根据原料性能、成浆质量和生产能力，可选用不同数量的蒸煮管。每根蒸煮管的结构相同，管内设有螺旋进行物料输送，横管蒸煮器的充满系数一般为 0.5 ~ 0.7。成浆由最后一根蒸煮管出口落入排料器，经喷放管喷放至喷放锅。

横管连续蒸煮器适用于稻草、麦草、蔗渣、芦苇、芒草等草类原料的蒸煮，国内也有用横管连蒸器生产漂白化学竹浆的实例。

（五）斜管连续蒸煮器

斜管连续蒸煮器通常由 2 ~ 3 根倾斜安装的蒸煮管组成，蒸煮管内设有链板输送器，使蒸煮物料在蒸煮管内移动，目前常用的 M & D（Messing and Durkee）斜管连续蒸煮系统，如图 4-42 所示。

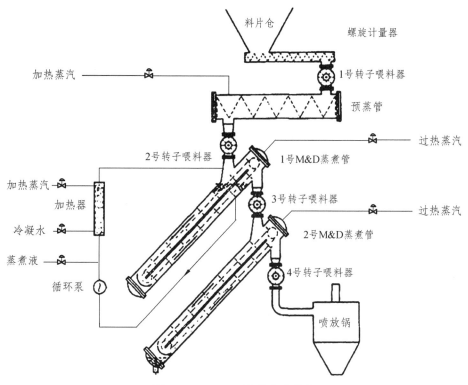

图 4-42　M＆D 连续蒸煮流程

　　原料由螺旋计量器从料仓内连续均匀运出，由 1 号转子喂料器送入预蒸管，在加热蒸汽的作用下使器加热，汽蒸管内的螺旋使物料水平移动。汽蒸处理后的物料经 2 号转子喂料器送入 1 号 M＆D 蒸煮管，蒸煮管内设有链板输料器，将蒸煮管分为两程，在链板输料器的作用下，物料一次经过蒸煮管双程。1 号 M＆D 蒸煮管设有蒸煮液的循环加热装置，在循环泵的作用下将蒸煮管内的蒸煮液抽出，补加新鲜蒸煮液后，经蒸汽加热器加热后又送入蒸煮管内。1 号 M＆D 蒸煮管蒸煮后的物料，经 3 号转子喂料器送入 2 号 M＆D 蒸煮管，完成蒸煮后的物料由 4 号转子喂料器排除送入喷放锅。

　　斜管连续蒸煮器适用于碎屑状原料，如木屑、碎木片等原料的蒸煮或化学预处理，目前的应用较少。

八、化学制浆新技术

　　随着化学制浆生产线产能要求和能耗要求不断提高，蒸球、横管和斜管蒸煮器已不能满足现代蒸煮的要求，立式间歇蒸锅和塔式连蒸器成为目前竹子化学制浆的主要设备。为了进一步提高成浆质量，降低能耗和污染物排放，间歇蒸煮和连续蒸煮系统也在不断改进。

（一）间歇置换蒸煮技术

　　间歇蒸煮在化学纸浆生产中占有重要地位，但传统的间歇蒸煮能耗高。蒸煮结束后的余热与浆料一起从蒸煮锅喷放出来。尽管通过热回收系统使部分余热得以回收和利用，但热量的回收利用率较低，且回收热的品质较低不易利用。为了降低间歇蒸煮生产的能耗，主要的方法就是对蒸煮后的余热进行回收利用,经过去 50 多年的发展,置换蒸煮技术已成功用于生产。

1. 置换蒸煮技术发展

20 世纪 80 年代瑞典 Radar 公司尝试在浆料喷放之前从蒸煮锅中收集黑液并希望在下一个蒸煮周期中回用黑液里含有的残余热能。置换出来的液体被贮存在由压力容器与常压容器所组成的槽区内,不同温度的液体将被装到不同的容器中。增加这些额外容器的最初目的是减少能耗,结果发现不仅降低了能耗还有许多其他优越性。通过回收利用热黑液中剩余的化学品,增加了蒸煮反应的可选择性,在保持纤维强度的前提下可以更多地脱除木质素(得到较低的卡伯值)。这样有效地减少了漂白过程中化学品的消耗,使漂白废水的 COD 含量更低,减少了漂白污染。最终 Radar 公司用 RDH(Radar Displacement Heating,置换加热)来命名该技术,并在行业内推广应用。之后,美国 Beloit 公司对 RDH 技术进行改进和发展产生了不同的技术版本,如 RDH-Ⅱ、RDH-Ⅲ、RDH-Ⅷ和 RDH-2000 等。

在 Radar 公司发明 RDH 的同时,瑞典 Sunds Defibrator 公司开发了 Cold Blow(冷喷放)技术,结合 RDH 技术和 Cold Blow 技术,芬兰 Rauma Repola 公司又推出一个新的系统,将其命名为 Super Batch(超级间歇蒸煮)并在市场上销售。后来美国 Cab Tec 公司专业人员综合多年的置换蒸煮经验以 Beloit 的 RDH 蒸煮系统为基础把工程设计、现场安装结合到 RDH 系统中并给予改进,他们把这套系统命名为置换蒸煮(Displacement Digester System,DDS)。2004年,美国 Chemical and Pulping Ltd 公司成立,经过 Cab Tec 公司授权拥有了该系统的全部技术及专利开始在全球范围销售。

2. 置换蒸煮系统的组成

置换蒸煮是把竹片装进蒸煮锅后,在不同蒸煮阶段从槽区抽进不同温度与化学特性不同的液体,经过蒸煮锅中的竹片进行反应最后得到浆料。置换后浆料进行冷喷放同时,置换出来的黑液为下一个间歇蒸煮做好准备。通过多个蒸煮阶段和置换过程,创造了一个更加灵活的间歇蒸煮系统,大大提高了所得浆料的质量并且系统的热量得到了充分利用节能效果明显。

置换蒸煮系统的组成如图 4-43 所示,主要设备包括热黑液槽、温黑液槽、冷黑液槽、热白液槽、冷白液槽、回收槽、蒸煮锅、热交换器和输送泵。

1)槽 区

置换蒸煮系统的槽区是由一系列贮存蒸煮液、黑液的贮槽组成,其主要功能是贮存不同温度和化学特性的黑液,可在蒸煮不同阶段向蒸锅提供所需要的黑液;同时,在蒸煮不同阶段,大量的黑液依据黑液的温度和物料平衡进入槽区中不同的储槽。槽体通常采用内外槽相套的结构形式使得槽区结构紧凑、占地面积缩小、操作灵活。

置换蒸煮系统包括六大槽区,即回收槽、冷黑液槽、温黑液槽、热黑液槽、热白液槽和冷白液槽。其中回收槽、冷黑液槽和冷白液槽是常压容器;温黑液槽、热黑液槽和热白液槽是压力容器,用来储存超过沸点温度的黑液和白液。从蒸煮锅送入每一个储槽的药液数量建立在温度与物料平衡的基础上,不用液体从储槽中排放并把过剩的热量传递给引入的药液,或者用来加热冷水从而产生热水。原料的种类与质量和期望的成品类型与质量决定了化学品与热量的需求,因而槽区的配置也有许多不同。置换蒸煮槽区的设置见表 4-5。

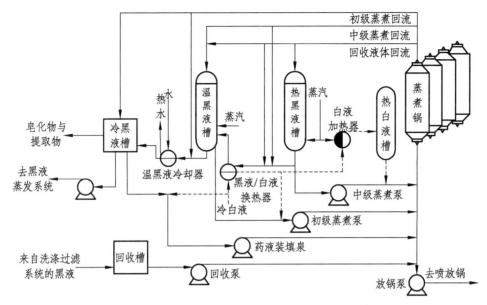

图 4-43　置换蒸煮系统的主要组成

表 4-5　置换蒸煮系统储槽的压力和温度

储槽名称	压力/kPa	温度/°C
回收槽	—	80
冷黑液槽	—	70
温黑液槽内槽	450	110
温黑液槽外槽	450	130
热黑液槽内槽	700	150
热黑液槽外槽	700	171
热白液槽	600	150
冷白液槽	—	80

2）置换蒸煮锅的管道系统

置换蒸煮系统采用新型管道结构设计，其构成如图 4-44 所示。这种连接方式使得药液充分隔离不互相窜液，从而保证了储槽带压容器的温度波动小、放锅泵抽浆压力波动小的要求。通过管道配置蒸煮锅能够方便地实现初级蒸煮、中级蒸煮、置换回收等阶段，该管道结构可以最大限度地利用蒸煮过程产生的黑液从而达到环保、节能降耗的目的。

3）置换蒸煮系统的控制策略

置换蒸煮系统成功运行的关键在于其控制系统，控制要点及难点主要包括各贮槽及蒸锅压力控制、蒸煮锅温度一致性的解耦串级控制、蒸煮时间的 H 因子控制、冷热白液槽液位的自动平衡控制和连锁安全等方面。在控制策略上置换蒸煮根据其工艺特点，在控制系统中采用顺序控方法，把蒸煮的各个步骤程序化，每一步由系统自动判断条件并执行相关动作。例如，启停电机、启闭阀门，自动调节流量、温度、压力等工艺参数。整个系统有严密的连锁保护，防止误操作导致事故发生，所有阀门可以在蒸煮周期中在顺序控制的监控下自动执行调控任务。通过使用顺序控制策略，极大地方便了操作，避免了误操作。另外，还采用了先进的数码技术实现超前预测，更好地解决了循环过程的偏流现象、槽区液位的预测、放锅过程的防堵塞预测等技术问题。注重预防故障的发生，有利于产量、质量的稳定。

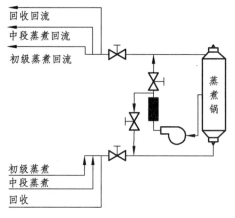

图 4-44　置换蒸煮锅管道系统构成

置换蒸煮技术有效利用各个设备实现多个置换过程和蒸煮阶段。初始蒸煮液浓度和温度较低主要作用是使料片变得疏松，前期反应溶出的木素不断被排出的蒸煮液带走使木片深度的纤维暴露在蒸煮液中，随着蒸煮的进行蒸煮液温度和浓度逐步上升，料片中一层层的木素逐步被溶解并被带走，而纤维素和半纤维素被较完整地保留下来。

3. 置换蒸煮的操作

置换蒸煮的操作过程包括装料（Loading Chips，LC）、初级蒸煮（Initial Cooking，IC）、中级蒸煮（Middle Cooking，MC）、升温/保温（Final Cooking，FC）、置换回收（Heat Recycle，RC）和放锅（Discharging Cooking，DC）6 个步骤。

1）装　料

把料片、冷黑液和一些冷白液装入蒸煮锅（见图 4-45），保证 pH≥12，主要作用是黑液预浸渍。在操作的后段装料阀关闭蒸煮锅与外界常压断开进入带压状态。

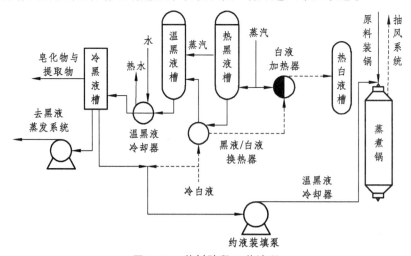

图 4-45　装料阶段工艺流程

2）初级蒸煮

泵送温黑液（110～130℃）和部分冷白液从锅底进入，并把装料过程中加入的冷黑液置换出来同时开始脱木素，这一操作程序简称"温充"，如图4-46所示。随着温黑液充装锅内的压力和温度提高脱木素不断进行，当达到足够温度可实质性地去除木质素。

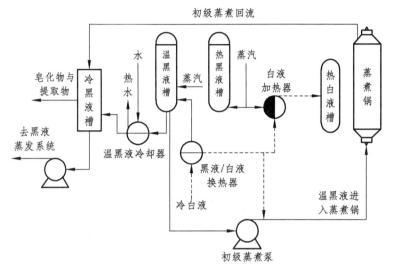

图4-46　初级蒸煮工艺流程

3）中级蒸煮

泵送热黑液（150～170℃）和热白液（160～170℃）从锅底进入，并把温充操作中加入的温黑液置换出来，如图4-47所示。随着蒸煮锅温度的提升脱木素继续进行。高温的黑液由于加入的碱较少可降低对纤维素和半纤维素的降解。

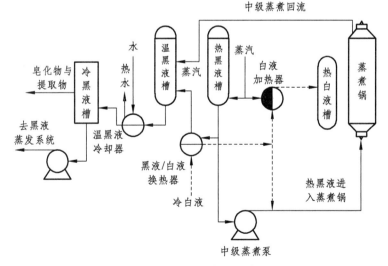

图4-47　中级蒸煮工艺流程

4）升温与保温阶段

此阶段的操作与常规间歇蒸煮一样，在升温期间如果需要就利用蒸汽加热蒸煮锅到需要的最高蒸煮温度，在保温期间蒸煮液在锅内继续循环保证整个锅内温度均匀直到满足 H 因子，如图 4-48 所示。

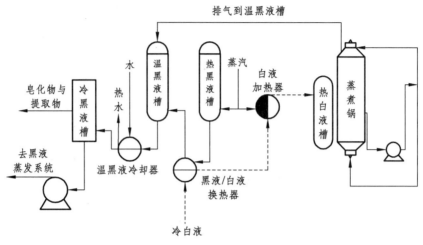

图 4-48　升温与保温阶段工艺流程

5）置换与回收

利用洗浆的稀黑液把热蒸煮液置换出来，同时锅内料液被冷却。被置换出的热黑液贮存在槽区内（170 ℃ 到热黑液内槽、150 ℃ 到热黑液外槽、130 ℃ 到温黑液内槽、110 ℃ 到温黑液外槽），并在下一个蒸煮操作中回用置换，最后使得蒸煮锅内溶液被冷却至低于常压的闪蒸温度（100 ℃），如图 4-49 所示。

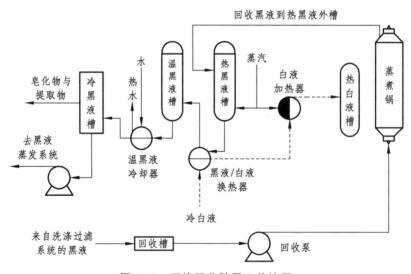

图 4-49　置换回收阶段工艺流程

6）放　锅

蒸煮锅内浆料被冷却至低于常压的闪蒸温度（100 ℃）时，浆料用泵抽出到喷放锅，如图 4-50 所示。

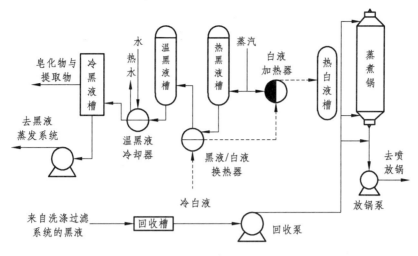

图 4-50　放锅阶段工艺流程

4. 置换蒸煮的特点

置换蒸煮技术是一种节能的立锅间歇蒸煮制浆方法，它具有很多优点：

1）降低能源消耗

与传统间歇蒸煮相比，置换蒸煮采用的是冷喷放蒸煮技术，其置换效果更明显可以充分回收蒸汽的热量，提高了能源与化学药品的利用效率。生产实践证明，置换蒸煮每吨浆蒸汽消耗仅为 0.5 ~ 0.8 t，而传统蒸煮每吨浆汽耗为 1.8 ~ 2.4 t，相当于传统蒸煮方式能耗的 1/3，具有明显的节能作用。

2）改善纸浆质量

置换蒸煮扩展了温充的作用，在温充过程中可进行大量脱木素，故在热充时可减少用碱量。这意味着对纤维素的破坏减轻，纸浆强度提高。同时，在温充时能大量脱木素，说明预浸渍效果显著，料片中的细胞腔能充分打开，利于深层脱木素，故纸浆的卡伯值能进一步降低。

3）减少蒸煮剂用量

置换蒸煮高温蒸煮阶段，用较少的有效碱加入量和较大的液比，使碳水化合物降解更趋于缓和，改善了纸浆强度，提高了纸浆得率。常规蒸煮的有效碱加入量为 17% ~ 18%，而置换蒸煮的有效碱加入量为 14.5% ~ 16.5%。

4）减轻环境污染

置换蒸煮尽可能地利用蒸煮过程产生的黑液，明显提高了能源与化学药品的利用率从而达到环保目的。常规间歇蒸煮喷放时温度大于 150 ℃ 是带压喷放，产生的二次蒸汽对环境污染严重。置换蒸煮具有全封闭的余热和废气回收系统，可减少废气排放。另外，置换蒸煮不需要高的硫化度，如传统蒸煮的硫化度需要 25% 的话，置换蒸煮只需要 15% 左右即可，减少了硫化物的排放。

置换蒸煮系统从根本上解决了传统蒸煮系统能耗高、排污负荷大、纸浆质量波动等突出问题，节能降耗效果显著，环保意义重大。通过实践调查，该系统可有效提高蒸煮质量，为企业带来了良好的经济效益和环境效益。

（二）改良硫酸盐连续蒸煮技术

目前，硫酸盐连续蒸煮以塔式连续蒸煮为主，塔式连续蒸煮系统有单塔和双塔两种，竹片与蒸煮液混合后进入蒸煮塔顶，然后从塔顶向塔底流动，在此流动过程中完成脱木素化学反应。竹片质地坚硬滤水性能好，可以在蒸煮塔的任意部位将蒸煮液抽出来，补充新鲜的蒸煮液经加热后，再送入蒸煮塔内部，这为改变蒸煮器内不同位置的药液浓度和温度提供了条件。

不同蒸煮设备公司，研发了不同的连续蒸煮技术，如改良连续蒸煮（Modified Continuous Cooking，MCC）技术、延伸改良连续蒸煮（Extended Modified Continuous Cooking，EMCC）技术、等温连续蒸煮（Iso-thermal Cooking，ITC）技术、黑液预浸渍蒸煮（Black Liquor Impregnation Cooking，BLI）技术、低固形物蒸煮（Lo-solids Cooking，LSC）技术和紧凑蒸煮（Compact Cooking）技术等。

1. 改良连续蒸煮技术

如图 4-51（a）所示，传统卡米尔连续蒸煮，在料片预浸渍后，料片和全部蒸煮液一开始就接触，然后向同一方向移动，很快达到最高温度并保持到终点。在扩散洗涤区加冷黑液降温至 130 ℃ 左右，然后进行喷放。在蒸煮过程中，蒸煮液中的碱浓度越来越低，溶在蒸煮液中的木素浓度越来越大，这对蒸煮后期木素的溶出不利，难以达到深度脱木素。若进行强煮，势必影响纸浆的强度。

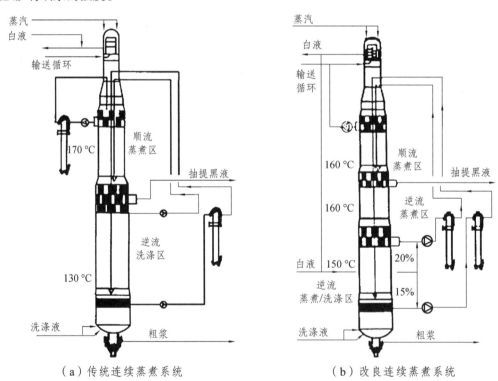

（a）传统连续蒸煮系统　　　　　（b）改良连续蒸煮系统

图 4-51　传统卡米尔连续蒸煮和改良连续蒸煮系统

如图 4-51（b）所示，改良连续蒸煮技术在传统连续蒸煮基础上增加了一个逆流蒸煮区，该蒸煮区布置在顺流蒸煮区下方，白液总量的 20% 在这里通过改良循环加入，降低了预浸段的碱浓，而增加了蒸煮后期碱浓，这样使得蒸煮过程中碱浓分布比传统蒸煮要均匀且稍低。因此，改良连续蒸煮提高了蒸煮选择性，有利于木素的脱除和纤维素的保护，显著提高了成浆的黏度和强度，并降低粗渣率。与传统连续蒸煮相比，改良连续蒸煮可降低用碱1%，成浆的卡伯值降低10个单位。

2. 延伸改良连续蒸煮技术

如图4-52所示，在改良连续蒸煮基础上，将高温洗涤区改为逆流蒸煮/洗涤区，即在洗涤区的洗涤循环泵入口处加入白液，进一步降低了蒸煮过程中有效碱浓度，使得蒸煮后期的溶解木素浓度降低，延长了蒸煮时间（约3 h），降低了蒸煮温度。这些改良使得蒸煮的选择性进一步提高，可将成浆的卡伯值降至15以下，避免了纸浆强度的降低。

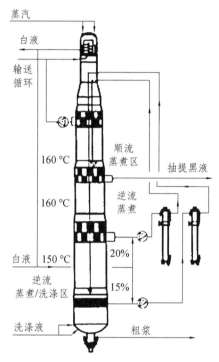

图4-52　延伸改良连续蒸煮系统

3. 等温连续蒸煮技术

等温连续蒸煮是在延伸改良蒸煮技术的基础上，通过增大高温洗涤循环加热器和循环泵的抽出能力而形成的。如图4-53所示，在逆流蒸煮区下方抽出的液体不再加热，降低了该区的蒸煮温度。从而可使蒸煮在较低的等温条件下进行，具有更好的脱木素选择性和纤维素的保护作用。另外，由于提高了蒸煮后期的流量和循环量，使蒸煮器周边与中心温度分布一致，蒸煮反应更加均匀。

4. 低固形物连续蒸煮技术

如图4-54所示，将蒸煮器划分为4个工艺区域，每个区域之间用两组筛板相隔，从上往下，第1个是顺流预浸区，第2个是逆流加热/蒸煮区，第3个是顺流蒸煮区，而最下部为逆流蒸煮/洗涤区。白液总量的55%从喂料口送入蒸煮器，与料片一起进入浸渍区，30%左右的

白液在介于第 2 区和第 3 区之间的下蒸煮回路加入，剩下的 15%左右的白液从蒸煮器底部的
蒸煮/洗涤回路加入。

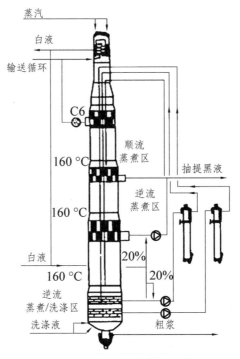

图 4-53　等温连续蒸煮系统

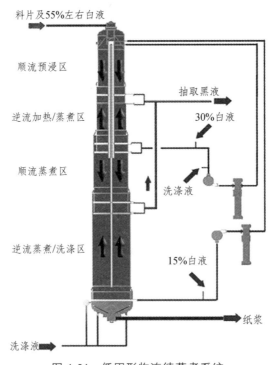

图 4-54　低固形物连续蒸煮系统

低固形物蒸煮技术在蒸煮器的前段和后段同时抽取黑液，在黑液抽取处下方的蒸煮循环回路中加进白液和洗涤液，以保证恒定的液比和利用稀释作用以降低各蒸煮区内固形物的浓度（因此得名），蒸煮白液在三处加入。低固形物蒸煮的有效碱浓度分布更加均匀，制浆选择性进一步提高。

第四节 竹子高得率制浆

高得率制浆（High Yield Pulping，HYP）是指得率比化学制浆高的制浆工艺，制浆过程中将化学处理、生物处理、热处理和机械处理结合起来，使纸浆得率达到 75% 以上。在高得率制浆过程中，不同程度引入机械处理作用进行纤维分离，这样可减轻制浆过程中化学处理的强度，因此纸浆得率高于化学制浆。制浆过程中机械作用的程度不同，纸浆得率和性能差异较大。由于不用或少用化学试剂对料片进行处理，从而减少了料片中有机物的溶出，降低了污水污染负荷，减轻了污水处理难度。但是，由于较大程度地保留了木素，纸浆纤维质地挺硬，成纸的机械强度降低。另外，与化学制浆相比，更大程度地利用机械作用分离纤维，因此制浆过程的电能消耗较多。

一、高得率制浆的方法

按照制浆过程中机械磨解程度的不同，高得率制浆方法可分为机械法制浆、化学机械法制浆和半化学法三类。

1. 机械法制浆

机械法制浆（Mechanical Pulping，MP）是仅利用机械磨解作用将纤维原料制成纸浆的方法，所生产的纸浆称为机械浆。主要利用磨浆设备的旋转摩擦工作面对纤维原料的摩擦、撕裂等作用，以及对纤维胞间层木素的热软化作用，将纤维原料磨解、撕裂分离为单根纤维或纤维碎片。机械法制浆过程几乎不溶出原料中的木素等成分，故制浆得率很高，一般在 95% 以上。机械浆的木素含量高，纤维细小、挺硬，成纸具有很好的吸墨性和疏松度，主要用于新闻纸、轻型纸的抄造，也可用于其他印刷纸和某些纸板芯层的配浆，以改善产品性能、降低生产成本。

根据磨浆设备的不同，机械法制浆可分为磨石机械法和盘磨机械法两种。根据磨浆条件不同，可将盘磨机械法分为普通盘磨机械法、热磨机械法和压力盘磨机械法等。磨石机械法制浆仅适用于针叶木（软木），盘磨机械法制浆可用于各种纤维原料。

2. 化学机械法制浆

化学机械法制浆（Chemical Mechanical Pulping，CMP）是采用化学预处理结合机械磨解处理料片离解纤维的制浆方法。在磨浆之前，先用化学试剂对料片进行轻度处理（浸渍或蒸煮），以除去料片中部分半纤维素，木素较少溶出或基本不溶出，但软化了纤维的胞间层；再经盘磨机处理，磨解软化后的料片，使纤维分离成纸浆，所生产的纸浆称为化学机械浆。化学机械法制浆与机械法制浆不同之处在于，增加了化学预处理使料片软化，减轻了纤维离解过程中的损伤，磨解过程能耗减少，纸浆得率降低，但机械强度提高；与化学法制浆不同之处是化学处理过程比较温和，需经机械磨解方能成浆，纸浆得率高、机械强度低。

化学预处理和机械磨浆是化学机械法制浆的两个基本工序。化学预处理有常压预浸、压力预浸和高温高压预浸（预蒸煮）等多种方式，可采用烧碱、亚硫酸钠、碳酸钠、亚硫酸铵和绿液等多种不同的化学药剂。以盘磨机为主要磨浆设备，可采用常压磨浆或压力磨浆，也可以用单段磨浆或双段磨浆等方式。使用不同的化学预处理方法以及不同的磨浆方式，可以组成多种不同的工艺流程。化学机械浆得率为 85%～95%，主要取决于制浆原料和化学处理程度，通常情况下得率越低强度越高。化学机械浆的强度高于机械浆，可用于新闻纸、轻型纸、轻量涂布纸，其他印刷纸和包装纸等许多产品的生产。

3. 半化学法制浆

半化学制浆（Semi-Chemical Pulping）和化学机械制浆一样，均属于两段法制浆，即制浆过程先用化学方法，再用机械方法，包括化学预处理和机械后处理两个阶段。与化学机械法制浆相比，半化学制浆化学处理的程度更高，因此制浆得率低，一般为 65%～75%；但是，纸浆的机械强度高，可用于新闻纸、包装纸和包装纸板的生产，经过漂白后还可用于文化纸、杂志用纸和涂布原纸的生产。

4. 高得率制浆技术的发展

1844 年，德国发明家 Friedrich Gottlob Keller 发明了磨石磨木浆并用于新闻纸的抄造中，开创了人类机械浆生产和应用的新局面。在 1960 年之前，机械浆的生产都是磨石磨浆。后来，在用盘磨机处理磨石磨木浆渣浆的实践中，出现了木片磨木浆，用盘磨机专门磨解木片生产机械浆。木片磨木浆不仅扩大了原料范围，可用各种木片甚至木材加工的剩余物和非木材原料。另外，利用盘磨磨浆使机械制浆的效率显著提高、能耗降低，还进一步改善纸浆质量。因此，木片磨木浆技术出现后，很快就出现了木片热磨机械浆和化学木片磨木浆，木片磨浆前进行热预处理和化学预处理，使纸浆的机械强度急剧提高，这两种木片磨木浆便很快得到推广应用。

由于化学木片磨木浆的柔软性和强度优于木片热磨机械浆，而木片热磨机械浆的光学性能优于化学磨片磨木浆，于是将两种方法结合起来又发展了木片化学热磨机械浆，并于 1974 年正式投入生产。1982 年，全球第一家商业化的化学热磨机械浆厂在瑞典开始运行，随后该工艺技术在全世界进行推广。

1989 年，美国 Sprout Bauer 公司推出了一种新的化学机械法制浆技术，这就是碱性过氧化氢机械法制浆技术。它是在化学热磨机械法制浆工艺技术的基础上开发出来的，其工艺技术是在机械磨浆之前，先用碱性过氧化氢溶液浸渍木片；而后，再用常压磨浆机进行磨解而制成的一种白度较高的浆料。由于该工艺技术将制浆和漂白合二为一，省去了漂白系统和漂白车间的建设投资，并且采用常压盘磨机代替压力盘磨机，也省去了木片蒸汽系统，节省资金投入、降低运行费用，磨浆能耗降低 30%。同时，纸浆白度高、得率高、强度高，制浆过程中不使用亚硫酸盐，废水中不含硫，使得处理难度降低、环境污染减轻。

与此同时，还出现了磺化化学机械浆、生物机械浆、挤压机械浆和碱性亚硫酸盐半化学浆等，但应用较少。目前，高得率制浆占主导地位的是化学热磨机械浆，本色浆的生产以烧碱热磨机械浆为主，而漂白浆以碱性过氧化氢机械浆为主。

根据制浆过程中化学处理和机械作用的工艺不同，高得率制浆可细分为若干不同的制浆方法，这些方法被赋予特定的名称，常见高得率纸浆的名称和制浆条件见表4-6。

表4-6 高得率浆名称

中文名称	英文名称	英文缩写	制浆简要条件
磨石磨木浆	Stone Groundwood Pulp	GW	针叶短原木常压磨石磨解成浆
压力磨石磨木浆	Pressure Groundwood Pulp	PGW	针叶短原木带压磨石磨解成浆，磨木温度>100 ℃
高温磨石磨木浆	Thermo Groundwood Pulp	TGW	针叶短原木常压高温磨石磨解成浆，磨木温度>100 ℃
盘磨机械浆	Refiner Mechanical Pulp	RMP	木片盘磨机常压、常温磨浆，无预处理
热磨机械浆	Thermo Mechanical Pulp	TMP	木片盘磨压力磨浆，>100 ℃ 预汽蒸
压力盘磨机械浆	Pressure Refiner Mechanical Pulp	PRMP	木片盘磨压力磨浆，无预汽蒸处理，磨浆温度>100 ℃
生物机械浆	Bio-Mechanical Pulp	Bio-MP	木片盘磨常压磨浆，生物预处理
挤压机械浆	Extruder Mechanical Pulp	EMP	木片盘磨常压磨浆，机械挤压预处理
化学机械浆	Chemical Mechanical Pulp	CMP	木片盘磨常压磨浆，进行常温或高温化学预处理
化学热磨机械浆	Chemical Thermo Mechanical Pulp	CTMP	木片盘磨压力磨解，>100 ℃ 化学预处理
热磨化学机械浆	Thermo Mechanical Chemical Pulp	TMCP	木片盘磨压力磨解，>100 ℃ 进行预热处理和化学预处理
碱性过氧化氢机械浆	Alkaline Peroxide Mechanical Pulp	APMP	木片盘磨常压磨浆，<100 ℃ 碱性条件下过氧化氢预处理
预处理碱性过氧化氢机械浆	Preconditioning Refiner Chemical & Alkaline Peroxide Mechanical Pulp	P-RC APMP	木片盘磨常压磨浆，机械挤压处理，<100 ℃ 碱性条件下过氧化氢预处理
磺化化学机械浆	Sulphonated Chemical Mechanical Pulp	SCMP	木片盘磨常压磨浆，<100 ℃ 亚硫酸盐化学预处理
半化学浆	Semi Chemical Pulp	SCP	木片盘磨常压磨浆，>100 ℃ 亚硫酸盐蒸煮
中性亚硫酸盐半化学浆	Neutral Sulphite Semi Chemical Pulp	NSSC	木片盘磨常压磨浆，<100 ℃ 中性亚硫酸盐化学预处理
碱性亚硫酸盐半化学浆	Alkline Sulphite Semi Chemical Pulp	ASSC	木片盘磨常压磨浆，<100 ℃ 碱性亚硫酸盐化学预处理

二、高得率制浆原理

高得率制浆,通过机械磨解作用来实现纤维最终分离成浆,为优化磨浆条件,改进成浆质量,降低生产能耗,可在磨浆之前对纤维原料进行预处理。因此,高得率制浆的基本过程是由磨前预处理和机械磨浆组成,不同的方法磨前预处理的方式和条件组成了不同方式的制浆方法,也对纸浆的性能有重要影响。

(一)原料预处理

不管是磨石磨浆还是盘磨磨浆,不进行预处理的纤维原料直接磨浆,所制成的浆料纤维细小、硬挺,虽然松厚度高但成纸的机械强度较低,并且磨浆过程的电能消耗也很高。为了提高纸浆质量,纤维原料在磨浆前需进行预浸处理、预压处理、预热处理、化学处理或生物处理等,使其结构松软或部分木素溶出,从而改善磨浆质量并降低磨浆能耗。

1. 预浸处理

预浸处理是在常温、常压条件下,将纤维原料在水中进行一段时间浸泡,使其充分吸收水分的处理工序。纤维原料吸收水分后质地变软,纤维细胞壁发生润胀、韧性提高,可减少磨解过程中纤维切断;另外,纤维原料中保持一定的水分,还能降低纤维胞间层中木素的软化温度,使木素充分软化从而降低纤维间的黏结作用,磨解过程中使纤维更容易分离,提高了纸浆中完整纤维的比例。

预浸效果与温度和时间有较大关系,温度越高预浸效果越好,但热能消耗增加。生产中可将系统的废蒸汽利用起来送入预浸仓中,利用废蒸汽的余热改善原理的预浸效果。在其他条件不变的条件下,延长预浸时间有利于原料含水率的增加,但预浸仓的容积随之增加而增加设备投入。

2. 预热处理

预热处理是在磨浆之前,对纤维原料进行加热,使其温度升高的处理工序。通常是在磨浆之前对原料进行汽蒸,使原料的温度升高,可以软化纤维胞间层中的木素,使磨浆时纤维的分离易于发生在纤维胞间层与初生壁之间,从而获得完整的纤维。另外,预热后的原料磨浆过程中纤维的分离容易,能够减少磨浆机的电能消耗。预热处理的温度应该控制在接近但不高于木素玻璃化温度。若超过木素玻璃化温度,过度软化的木素附着在纤维表面,冷却后会形成玻璃状木素覆盖层,使纤维难以细纤维化,造成磨浆障碍。若温度过低,木素未得到充分软化,纤维会发生不规则分离,产生大量碎片,使纤维长度降低。

研究发现,适宜的预热温度为 $120 \sim 135\,^{\circ}\mathrm{C}$,高于和低于此温度范围,将对纸浆性质产生很大影响。料片的预热处理通常是用蒸汽进行加热,所以在有些工艺中也将预热处理称为汽蒸、预汽蒸等。

3. 化学处理

化学处理是指在磨浆之前,在一定的温度下用化学试剂对原料进行处理,所用的化学品,一般为烧碱、亚硫酸钠和碳酸钠等。化学处理可根据纤维原料的种类和特性,以及纸浆的用途和要求等，来选用化学试剂的种类、确定处理过程的条件。化学处理的方式，可以在磨浆之前对料片进行温和的化学处理；也可在多段磨浆时，在段间对原料进行处理。根据纸浆的用途和性质要求，选用不同程度的化学预处理。通常，通过化学药品用量，预处理的温度和时间来控制效果。碱性过氧化氢机械法制浆，是在碱性条件下用过氧化氢处理料片，不仅能软化料片、还具有漂白作用，在目前高得率制浆中得到广泛应用。

化学处理对料片的作用主要有两个，即纤维润胀和木素改性。在一定温度下，化学试剂对原料中木素、纤维素和半纤维素的化学作用，可进一步增大料片中的含水量，促进纤维润胀，增大了纤维柔软性，降低了料片软化温度，为磨浆过程中纤维的离解创造有利条件。另外，在化学试剂的作用下，虽不能造成木素的广泛裂解，但可以产生部分降解并引入亲水基团，使木素吸收更多水分，从而使纤维产生永久性软化。木素亲水性提高，热塑性也随之改善，在磨浆时使纤维易于分离，使纤维完整程度提高，细纤维化程度增加，提高了纸浆强度。

经过化学处理，料片吸收药液含水量增加，在一定温度下与化学试剂发生作用使料片充分软化，从而改善磨浆条件起到如下作用：① 料片软化后，能较多地分离出完整的纤维，使长纤维组分增多、纤维碎片减少。② 料片软化后进行磨浆，还有助于降低磨浆能耗，提高纸浆强度。③ 化学预处理对料片的软化，既有高温的热软化，也有化学试剂对料片的化学作用，因此化学预处理要比单纯的热预处理效果好很多。

4. 生物处理

生物处理，是以微生物或其酶对纤维原料进行处理的工序。生物处理能选择性地分解原料中的木素或改变木素的结构，起到化学预处理的某些作用，从而达到改善纸浆质量、降低能耗、减轻环境污染的作用。在有氧条件下，根据微生物处理后木素的官能团分析，羧基与其共轭羰基明显增多，甲氧基含量减少，因此木素的生物降解主要为氧化反应，使木素的分子变小改善料片润胀，为后续机械磨浆创造良好条件。

微生物对木素的作用主要有以下几个方面：① 木素分子末端的苯基香豆满型和愈疮木基甘油-β-松柏醚型结构中的松柏醇基于松柏醛基，被氧化成阿魏酸基，然后在侧链 C_α 与 C_β 之间被切断而生成香草酸基。苯基香豆满结构的 C_α 与 C_β 键，可被加氧酶切断，而生成香草酸基；β 芳基型结构的醚键可被加单氧酶或加双氧酶开裂。② 几乎所有的白腐菌都含有漆酶，可以氧化酚型木素单元为苯氧游离基，接着氧化侧链 α 位的羟基成为羰基，α-羰基经过烯醇型结构，在加单氧酶作用下 C_α 与 C_β 键开裂或 β-O-4 键开裂。③ 在漆酶作用下，可发生脱甲氧基反应，生成的邻醌结构，可在纤维二糖二酯氧化还原酶作用下，被还原成儿茶酚结构，然后在加双氧酶作用下，进行环开裂反应。

在木素分解过程中，希望尽可能避免碳水化合物的降解和破坏，因此生物预处理的研究重点，是开发对木素分解效率高、选择性好的菌种，特别是变异菌种的筛选利用。生物处理选择性好，污染物发生量少且易处理。但是，生物处理的条件要求相对比较苛刻，如对 pH、温度、金属离子种类和含量等都有较高的要求。另外，生物处理的速度较慢，为了保证处理效果，需要较长的处理时间。

5. 挤压处理

挤压处理是近几年在高得率制浆工艺中新出现的预处理技术，主要用于料片热处理或化学处理前的辅助处理，常用的设备为单螺旋挤压撕裂机和双螺杆挤压机，化学浸渍器前的料塞挤压螺旋也具有一定的预压作用。

挤压设备可产生4∶1甚至更高的压缩比，通过机械挤压可以将料片中含有水溶物的水分挤出，减少后续化学处理中的药液消耗。剧烈的机械挤压还可使料片发生破裂，使其尺寸变小、大小均匀、质地松软，可加快后续工序中对热量和化学试剂的吸收速度。料片经过挤压设备后，在迅速膨胀的过程中，可快速、均匀地吸收化学药液，加快了浸渍液的渗透速度。挤压预处理使料片的热处理及化学浸渍效果提高，因此在常压磨浆的条件下，也可很好地分离纤维，改善纸浆质量。

（二）机械磨浆

机械磨浆是高得率制浆的关键工序，经过预处理之后的纤维原料，在磨浆设备的作用下，纤维相互分离成为纸浆。磨浆设备主要有磨石磨浆机和盘磨磨浆机两大类，两类设备的结构不同，磨浆过程分离纤维的作用和效果不同。

磨浆过程中纤维的离解分为3个阶段：① 磨浆元件对原料产生的挤压脉冲作用，使原料受热温度升高，木素软化、结构松弛，纤维间的结合力下降。② 在磨浆元件摩擦力和剪切力的作用下，离解纤维。③ 分离下来的纤维在磨浆元件的摩擦力作用下被复磨和精磨。

1. 磨石磨浆机磨浆

磨石磨浆机是使用得最早的高得率制浆设备，以短原木为原料生产机械浆，这种设备也称之为磨石磨木机。

磨石磨浆机的基本结构如图4-55所示，主要由木库（袋）、磨石、刻石轮等组成。由于木库（储木仓）的数量、加压方式的不同，磨石磨浆机出现了很多类型，图4-56所示为袋式磨石磨浆机，具有3个木库，能够轮换装料，生产的连续性提高。

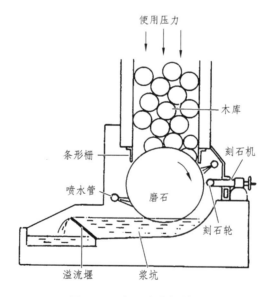

图 4-55　磨石磨浆机结构

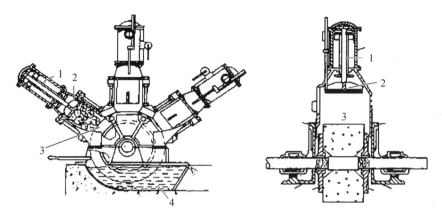

1—水力活塞；2—压板；3—磨石；4—浆坑。

图 4-56　袋式磨浆机结构

　　磨石是磨浆机的关键部件，由非金属材料制成，其表面有磨纹。磨石磨浆机生产机械浆时，以质地松软的针叶木为原料，将原木锯成一定长度，整齐地排放在木库中。木库中的加压装置将原木紧压在磨石表面，磨石的高速运转对原木产生摩擦和脉冲作用。磨石对原木周期性的脉冲作用，使木材温度升高将木素软化。另外，高频率的脉冲作用使木材结构变得松弛，双重作用大大降低了纤维间的黏结力。这样，在磨石表面磨纹的作用下，将原木表面的纤维撕裂下来与原木得以分离；然后，分离下来的粗纤维在磨浆区继续研磨，使其中的纤维分散成浆。

　　磨石磨浆机对原料的要求很高，必须以针叶木原木为原料。另外，磨浆过程产生的大量低品位蒸汽难以回收利用，造成纸浆生产的能耗增加。所以，在当前木材资源缺乏及环境压力加大的情况下，磨石磨浆机的应用非常少。

2. 盘磨机磨浆

　　盘磨机在磨浆中以切碎的料片为原料，这样可利用针叶木、阔叶木、竹子及其他的非木材原料，如棉秆、麻秆、蔗渣等，极大地扩宽了原料的使用范围，有效解决了磨石磨浆机原料缺乏的问题，因而成为高得率制浆的主要设备。

　　盘磨机的基本结构如图 4-57 所示。磨片是盘磨机的关键部件，在磨片工作面上有磨齿，通过电机使其相对高速旋转。料片从磨片中心的进料口送入两个磨片之间，在进料推力和磨片旋转产生的离心力作用下，从中心向周边移动。

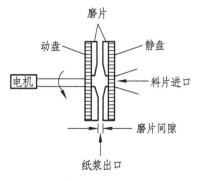

图 4-57　盘磨机的基本结构

如图 4-58 所示，磨片上的齿形分为 3 种，从而形成 3 个不同的工作区，从中心朝周边分别为破碎区、粗磨区和精磨区。料片在磨齿的作用下，被挤压、撕裂、研磨，使其中的纤维逐步分离成为纸浆。

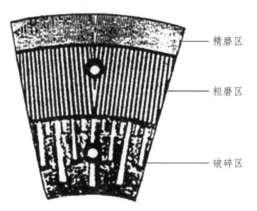

图 4-58　磨片磨区

磨浆过程中料片的变化如图 4-59 所示。破碎区磨齿厚、数量少、间隙大，在此区域料片被破碎成火柴棒一般粗细。粗磨区磨齿变细、数量增多、间隙减小，原料停留时间较长，逐渐被磨成针状粗细的丝状物，在原料之间相互摩擦和磨齿作用下，进而被离解成纤维束及部分单根纤维。精磨区位于磨片外围，磨齿更细、数量更多、间隙更细，物料停留时间更长，经粗磨区磨解后的纤维束和粗纤维，在此区域受到进一步离解及一定程度的细纤维化后，离开盘磨机。

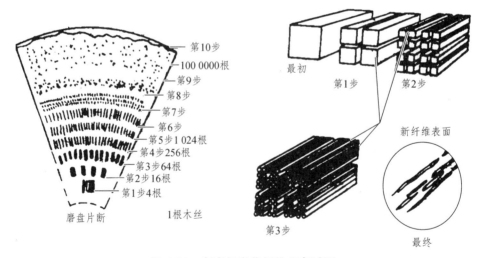

图 4-59　盘磨机磨浆纤维分离过程

盘磨机不仅对原料的适应性很强，而且可以与不同形式的预处理工艺相结合，可生产出满足多种要求的高得率纸浆，因此成为目前高得率制浆的主要设备。

（三）浆料消潜

在高得率制浆的高浓磨浆过程中，由于热和高频脉冲作用，以及磨齿的搓揉等作用，使纤维承受了很高的热应力和机械应力而产生弯曲扭结。磨出的浆料如果即刻冷却，就会使纤维的弯曲扭结状态固定下来，使纸浆纤维失去弹性，得到的浆料强度特性低于其本身在热态时所具有的强度特性，这种现象叫作潜态性（Latency）。这种变形纤维的存在，既影响纸浆的滤水性能，又对纸浆的抗张强度产生不良影响，因此高浓磨出的浆料都必须进行消潜（De-latency），以保持纤维应有的强度性质。

磨浆过程中纤维潜态的形成和潜态的消除，如图 4-60 所示。消潜工序是在较高温度下，通过机械搅拌器处理浆料，使纤维的扭结区、压缩区松弛，使纤维伸直，从而提高浆料打浆度和成纸强度。生产上的消潜是在消潜池内进行的，在浆浓 4% 左右、温度 60 ~ 70 ℃，搅拌 40 ~ 60 min，即可将扭曲和缠卷的纤维伸展开来，从而稳定浆的质量，改善浆料的强度。

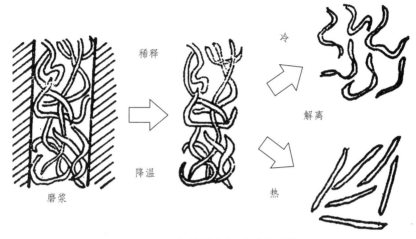

图 4-60　纤维潜态的形成和消除

（四）高得率浆的质量检测

高得率浆的质量检测指标主要有游离度、纤维形态、筛分析、碎片、机械强度和光学性质。

1. 游离度

游离度表示纸浆的滤水程度，常以加拿大标准游离度（Canadian Standard Freeness，CSF）或肖伯尔打浆度（Schopper Riegler，°SR）表示，两种指标可以通过表 4-7 进行相互换算。这两个指标反映了纸浆纤维的粗细程度，浆料越细滤水性越慢，其游离度越低、打浆度越高。

表 4-7　加拿大标准游离度和肖伯尔打浆度换算表

加拿大标准游离度/mL	肖伯尔打浆度/°SR	加拿大标准游离度/mL	肖伯尔打浆度/°SR
25	90.0	425	30.0
50	80.0	450	28.5
75	73.2	475	26.7
100	68.0	500	25.3
125	63.2	525	23.7
150	59.0	550	22.5
175	54.8	575	21.0

加拿大标准游离度/mL	肖伯尔打浆度/°SR	加拿大标准游离度/mL	肖伯尔打浆度/°SR
200	51.5	600	20.0
225	48.3	625	18.6
250	45.4	650	17.5
275	43.0	675	16.5
300	40.3	700	15.5
325	38.0	725	14.5
350	36.0	750	13.5
375	34.0	775	12.5
400	32.0	800	11.5

2. 纤维形态

纤维形态可通过蓝玻璃法现场目测，但这是一种凭经验的观测。也可以用显微镜或显微投影仪观察，检测其纤维的长度、宽度、细纤维化程度、纤维束的形状和多少等。纤维长度与粗度也可以用 Kajaani 纤维分析仪等方法测量，但不能测纤维束含量。浆料的比表面积和比容积以及压缩性，可通过液体渗透法测定。

3. 筛分析

筛分析是利用不同网目的筛板，将纸浆纤维筛分成若干级别，用各级组分的质量百分比来判断浆料的结构成分，以预测浆料的质量。目前，最常用的是 Bauer Mcnett 筛。

4. 碎片测定

碎片是指在磨浆过程中形成的粗、短纤维束，它会引起抄纸断头或印刷掉毛，碎片一般用 Sommer Ville 碎片分析仪测定。

5. 成纸性能

将纸浆制成手抄片后，进行各种测定和相应的计算，即得出浆料的松厚度、物理强度、白度、色度、不透明度和光散射系数等性能。

（五）影响纸浆质量的因素

影响高得率制浆过程和纸浆质量的因素很多，如材种、预处理、磨浆设备、磨浆段数、磨浆条件，生产上应根据纸浆的质量要求，合理控制这些因素。

1. 原料种类

不同种类的纤维原料，纤维细胞含量和细胞形态不同，对高得率浆的纤维长度、宽度，和成浆性质产生重要影响。通常，密度小、生长快、纤维长、秋材多的原料，可以生产出较高质量的纸浆。针叶木质地松软、纤维粗长，是生产高得率浆的上好原料；阔叶木质地较硬、纤维较短，成浆质量比不上针叶木；禾本科原料质地疏松、纤维细小，所生产的高得率纸浆与木浆有较大差距。竹子的纤维含量和纤维形态介于针叶木和阔叶木之间，只要方法得当、工艺适合,是能够生产出质量上好的得率纸浆的。

2. 原料预处理

纤维原料预处理的方式和效果,影响磨浆前纤维的柔韧性和纤维间结合力,从而影响磨解过程中纤维的分离效果。预处理过程脱除的木素越多,纤维间的结合力越小;预处理效果越充分,纤维的柔韧性越好。在磨解过程中纤维越容易分离,不容易被撕碎,磨出的浆料中完整纤维的比例越高,纸浆的成纸强度就越好。同时,磨浆过程中的电耗也越少。竹子纤维为中长纤维,但其组织致密、结构坚硬,要制备良好的高得率纸浆,必须做好磨浆之前的预处理,否则磨浆过程中大量的纤维被撕碎,纸浆中的纤维碎片多,成纸的强度将会大大降低。

3. 磨浆能耗及其分配

在纤维原料相同、预处理工艺相同的条件下,磨浆过程的能耗越多,成浆的游离度越低(打浆度越高),浆料越细、浆渣含量越少。纸浆的性质和成纸强度与磨浆段数和能耗分配有关,两段磨浆所生产的高得率浆比单段磨浆成浆性能好,分段磨浆中料片逐步破碎分离,可减少纤维撕碎的比例,成浆中的完整纤维含量增多,有利于提高纸浆的成纸强度。适当减少前段磨浆能耗、增加后段磨浆能耗,有利于后段磨浆纤维分丝帚化,利于成纸强度的提高。

4. 磨片(石)特性

磨石磨浆机的磨浆元件为磨石,盘磨机的磨浆元件为磨片,虽然两者的形状不同,但其工作面上都有磨齿。磨齿的粗细、深浅、长短、数量、排列方式等,对纸浆质量、磨浆电耗和生产能力有重要的影响。研究结果表明,磨浆质量与磨齿和纤维的接触频率有关,接触频率越高,纤维经受磨齿处理的次数越多,纤维强度发展越好。相同转速下,磨齿越粗接触频率越低,磨齿越细接触频率越高。因此,宽磨齿用于离解纤维,细磨齿用于发展纤维强度。

5. 磨浆压力

磨浆压力反映了磨浆过程中磨浆元件对纤维的机械作用的强弱,与磨浆间隙、能量输入和通过量有关。在其他条件不变的情况下,在一定范围内提高磨浆压力,纸浆游离度降低、成纸强度随之升高、磨浆电耗增加;但纤维的切断加重,短纤维和纤维碎片含量增加,若过度提高磨浆压力,成纸的强度反而降低。生产中应根据浆料的要求,合理控制磨浆压力。

6. 磨浆浓度

磨浆之前,原料的预浸、预热及化学处理中,都会引起原料含水量的增加,从而造成磨浆浓度的变化,一般情况下磨浆浓度为20%～30%。在其他条件不变的情况下,磨浆浓度提高,磨浆元件对纤维的剪切力降低、纤维之间产生的摩擦力增强,对纤维的分离有利。但是,在20%以上的浓度下磨浆,难以实现细纤维化,以提高纸浆的成纸强度。所以在生产上,为了兼顾纤维分离和细纤维化效果,可采用两段或多段磨浆。前段采用25%以上的高浓磨浆,促进纤维的分离;后段采用20%左右的浓度磨浆,实现纤维的细纤维化。

三、竹子高得率制浆技术

近十多年来,竹子制浆产业发展很快,但绝大多数项目都是硫酸盐化学制浆,因此竹子硫酸盐化学制浆技术已相对完善。竹子虽为禾本科植物，但其结构致密、质地坚硬，化学浸渍缓慢、机械磨解时纤维损伤严重。另外，竹子经高温、强碱处理后颜色加深，漂白难度加大。竹子高得率制浆虽有一定发展，但项目建设规模普遍偏小，技术水平还有待进一步提高。

（一）冷碱化学机械法制浆

冷碱化学机械法制浆（Cold Caustic Chemical Mechanical Pulping）诞生于 20 世纪 50 年代，制浆过程中先用一定量烧碱液在常压常温条件下浸渍料片，然后在常温常压条件下进行机械磨浆，这是应用较早的一种化学机械制浆方法。本色冷碱化机浆通常用来抄造瓦楞纸，漂白后可用来配抄新闻纸和其他印刷用纸。冷碱化学机械制浆生产工艺简单、设备投资少，但生产过程中碱液消耗多，处理难度大，因此目前使用很少。

图 4-61 所示为一种竹片冷碱化学机械制浆的工艺流程。该流程的主要特点，筛选洗涤后的竹片采用两段挤压撕裂、两段碱浸渍和两段常压高浓盘磨机磨浆，整个过程在常压下进行，基本上没有蒸汽消耗。所生产的浆料颜色金黄、色泽鲜艳，很适合祭祀纸、毛边纸，甚至本色生活用纸的生产，生产系统投资相对较少，因此近年得到一定的发展。但竹片冷碱浸渍是在常温、常压下进行的，所以用碱量很高，浸渍时间很长，存在污水处理难度大、生产成本高等问题。

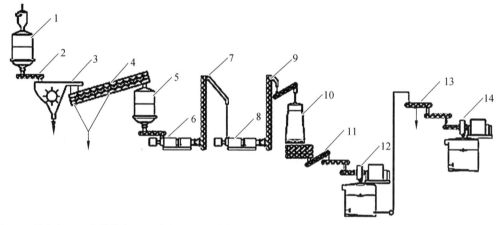

1—料片仓；2—计量螺旋；3—洗片器；4—脱水螺旋；5—浸渍仓；6，8—挤压撕裂机；7，9—浸渍器；
10—反应仓；11—螺旋输送器；13—挤压螺旋；12，14—高浓磨浆机。

图 4-61　竹片冷碱化学机械制浆工艺流程

1. 竹片浸渍

洗涤后的竹片在浸渍仓内进行自然浸渍，竹片表面吸附的水将渗透进入内部。为了加快水分渗透，可在浸渍仓内通入低压蒸汽或生产系统的废蒸汽。经过浸渍之后，竹片中的水分可达到 60%左右。竹片吸收水分后，发生一定的膨胀，得到一定的软化。

2. 挤压撕裂

竹子结构致密、质地坚硬，化学药品渗透和传热相对较慢，先用挤压撕裂机对坚硬的竹片进行挤压处理，使竹片破裂、尺寸变小、结构变松、质地变软，从而提高后续碱浸渍的效果，为后续的机械磨解创造条件。经过挤压撕裂处理后的竹片，再送入盘磨机中进行磨解成浆。这样在机械磨浆的过程中，纤维容易分离、不易切断，还能减少机械磨浆过程中的电能消耗，并提高改善纸浆的成浆质量。常用的挤压撕裂设备有单螺旋撕裂机和双螺杆挤压机。

3. 碱浸渍

碱浸渍在常压下进行，由于挤压撕裂工序的机械摩擦作用，可使温度达到 50～60 ℃。为了加快浸渍速度，也可用蒸汽进行加热，但温度超过 90 ℃后，成浆的颜色会加深，影响有些产品的要求。碱浸渍的用碱量为 5%～15%（以 NaOH 计），根据浆料的用途和要求确定。碱液在挤压撕裂机的出料口处加入，此时挤压力消除竹料膨胀，可快速均匀地吸收碱液。生产中为了加快浸渍速度，都尽可能地采用较低的液比（1∶1.5～1∶2.0），从而在用碱不变的情况下提高药液浓度。有一些简易的冷碱机械浆，可在浸泡池中进行竹片碱浸渍，但用碱量更高、浸渍时间很长。

在常温常压条件下用碱液进行浸渍竹片，其过程没有太多的化学反应，除了在碱性条件下少量的组分溶解外，主要反应就是纤维细胞壁的润胀。与纤维素、半纤维素相比，木素的网络结构及亲水性低的特性使其润胀性能大大降低。与针叶木相比，竹片的木素含量较低，因此冷碱浸渍过程的润胀比较明显。纤维胞间层木素含量高、润胀率低，而 S_2 层以内的木素含量低润胀率高。这种润胀的差异使得纤维结构内部产生了应力，因此冷碱浸渍后的竹片在后续磨浆时，木素化较高的胞间层就会大部分脱落下来，暴露出来的 S_2 层就提供了一个良好的纤维结合表面。在显微镜下，可以看出冷碱化机浆是由多数未受伤的并部分暴露出 S_2 层的纤维和一定量来自初生壁和次生壁外层的细小纤维组成。

4. 磨　浆

竹片经过挤压撕裂后，其尺寸变小、结构松软，但还没有真正成浆，因此还需进一步磨解。后续的磨解采用两段常压磨浆机，工作浓度为 30%左右。若将高浓磨与中浓磨串联使用，磨浆效果更佳。简易的冷碱机械浆，在竹片完成碱浸渍后，通常用双螺杆挤压机、中浓磨浆机进行磨浆。

（二）竹片化学热磨机械法制浆

化学热磨机械制浆（Chemical Thermo Mechanical Pulping，CTMP）是在普通化学机械制浆（Chemical Mechanical Pulping，CMP）和热磨机械制浆（Thermo Mechanical Pulping，TMP）的基础上发展起来的一种高得率制浆技术。在化学浸渍和高温软化的双重作用下，料片的结构变得更加松软，纤维间的结合力大大降低，磨解过程可使大量的纤维分离发生在胞间层和初生壁处，可产生更多的完整纤维，使纸浆的机械强度增强；但高温和强碱作用使浆料的颜色加深，漂白难度增加。因此，CTMP 浆料适合于本色包装纸和纸板的生产。

图 4-62 所示为化学热磨机械法制浆的基本工艺流程，由于磨浆机产能较小，所以一段、二段磨浆都选用 2 台磨浆机并联。竹片经筛选和洗涤后送入汽蒸仓，用蒸汽进行一段汽蒸处理使竹片预热并排除空气。预热后的竹片与药液混合进行化学浸渍发生初步脱木素反应使竹片软化，然后送入汽蒸仓用蒸汽进行二段汽蒸，使其温度达到 120～130 ℃。在高温高压条件下软化后的竹片送入一段磨浆机进行压力磨解，然后再进行二段磨浆。

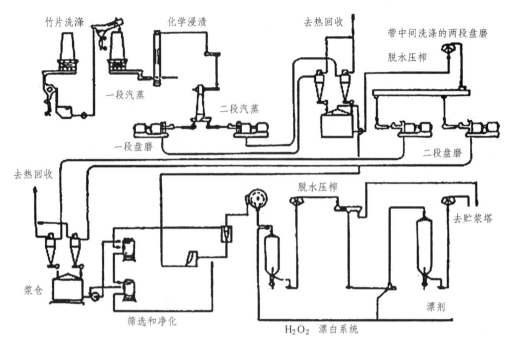

竹片洗涤　　化学浸渍　　去热回收　　带中间洗涤的两段盘磨

脱水压榨

一段汽蒸　　二段汽蒸

一段盘磨　　二段盘磨

去热回收　　脱水压榨　　去贮浆塔

浆仓

筛选和净化　　H₂O₂ 漂白系统　　漂剂

图 4-62　化学热磨机械制浆工艺流程

1. 预汽蒸

为取得良好的化学浸渍效果，竹片先进行预汽蒸处理。通过汽蒸处理可以排除竹片中的空气，同时提高竹片的温度。这样竹片进入化学浸渍器后，可很快吸收药液，并增加竹片中的含水量。另外，较高的温度可缩短竹片在预浸渍器中的升温时间，可使竹片与药液接触后即可进行化学反应。

竹片预汽蒸在常压下进行，预汽蒸时间对竹片化学浸渍时药液吸收量有一定影响。研究发现，常压预汽蒸 1 min 时间竹片吸液速度很快，含水量能增加 10%左右，1 min 过后吸液速度减慢，因此生产中预汽蒸的时间控制在 10 min 为宜。

2. 机械挤压

由于竹片的厚度、长度和宽度均匀性较差，再加上结构紧密，导致竹片吸收药液的速度慢、不均匀。为了加快竹片吸收药液的速度，并促进药液分布得均匀，竹片须机械挤压后再进入预浸渍器。竹片机械挤压可由浸渍器喂料器中的挤压螺旋来实现。机械挤压的压缩比是控制挤压程度的关键参数，当压缩比为 1:1 时，仅起到输送作用；压缩比提高到 2:1 时，压缩的竹片形成料塞，可以起到密封作用；压缩比提高到 2.5:1 时，竹片间隙减小接近竹子本身密度，附着在其表面的空气和水分可被去除。为了进一步去除竹片内的空气和水分，以促进药液吸收，压缩比须提高到 4:1 以上，才能使进入浸渍器的竹片更多地、更均匀地吸收药液。

通常，对于木片来说浸渍器喂料器的挤压螺旋能够产生有效的挤压作用，促进木片对药液的吸收。而对竹子来说，其结构致密、质地坚硬，需要更强的机械挤压作用才能达到效果。因此，最好专门增设挤压工序，可采用挤压撕裂机（Model Screw Device，MSD）或双螺杆挤压机（Twin Screw Extrusion Machines）。

3. 化学浸渍

化学浸渍的主要作用是使竹片软化并使木素发生初步的化学反应，为后续磨解过程中纤维的分离创造条件。与化学制浆相比，CTMP 的化学浸渍段条件温和很多，药品用量少、浸渍温度低、浸渍时间短，不仅提高了纸浆得率，还可减少污染物的产生。化学浸渍的条件影响纸浆性能和磨浆能耗，浸渍条件温和，木素脱除量少，纸浆的机械强度低，但纸浆得率高、磨浆能耗高；反之亦然。

传统的化学浸渍方法为中性亚硫酸盐法和碱性亚硫酸盐法，但由于亚硫酸盐所带来的环境问题及硫化物造成的废水处理难度加大，目前 CTMP 制浆过程中的化学浸渍工序一般都采用烧碱法。烧碱用量的多少，对纸浆的机械强度、纤维束含量及磨浆能耗产生影响，竹片 CTMP 生产中化学浸渍段的烧碱用量一般为 4% ~ 8%，浸渍温度为 60 ~ 120 °C，浸渍时间 5 ~ 10 min。

4. 二段汽蒸

二段汽蒸通过蒸汽对浸渍后的竹料进一步加热，使其温度达到 120 ~ 135 °C，并在这样的温度下保持 15 ~ 60 min。在这样的条件下汽蒸竹料，可使竹料充分软化润胀。另外，已渗透至竹料内部的药液与木质素发生反应，将部分木质素降解溶出，使纤维间的结合力下降，减少后续机械磨解过程中纤维的切断。

5. 机械磨浆

机械磨浆是 CTMP 的重要工序，经过充分软化、结构疏松的竹料，在磨浆机的机械作用下使纤维相互分离成为纸浆。磨浆在高温高压条件下进行，能有效地磨解纤维，提高纸浆强度。高温高压磨浆，磨后浆料在压力作用下，沿着喷放管道喷放出去。经过旋浆分离器，可将浆料中的蒸汽分离出来。分离出来的蒸汽含有较多的预热，经过收集可在系统中进行回用。

（三）碱性过氧化氢机械法制浆

碱性过氧化氢机械法制浆（Alkaline Peroxide Mechanical Pulping，APMP）是在漂白化学热磨机械法制浆（Bleaching Chemical Thermo Mechanical Pulping，BCTMP）基础上发展起来的一种化学机械法制浆技术。

APMP 制浆过程中在碱性条件下用过氧化氢处理料片，将化学浸渍与竹料漂白"合二为一"，不需要单独的漂白工序，在设备投资上可减少 25% 左右的资金。与 BCTMP 制浆工艺相比，料片的预汽蒸和化学浸渍都在常压下进行，设备简单、操作容易且能耗较低；机械磨浆在常压下进行，无须建造热回收系统；采用高压缩比螺旋撕裂机或双螺杆挤压机将料片挤压成疏松的纤维团，扩大了比表面积，提高了药液渗透的速度和匀度；浆料的物理性能和光学性能有所改善，可实现较高强度和较高白度；制浆过程中不使用亚硫酸盐，只用氢氧化钠和过氧化氢等较为清洁的化学试剂，废水中不含硫的化合物，减轻了废水的污染负荷、降低了废水的处理难度。

过去 20 年，APMP 工艺技术不断完善，已在传统工艺基础上发展为 P-RC APMP 工艺。传统 APMP 工艺是在磨浆之前完成料片的软化和漂白反应，而 P-RC APMP 工艺除了在磨前预浸、挤压段进行料片的软化和漂白作用（Preconditioning Followed by Refiner Chemical Treatment，P-RC）外，而浆料的漂白反应主要在盘磨机中进行，从而极大地提高了成浆的性能。P-RC APMP 工艺有效解决了传统 APMP 工艺中存在的一些缺点，在合理经济成本下适合于制造游离度（CSF）500～600、白度 60%～85% 的漂白浆。浆料白度高、纤维细腻、质地疏松，可用于新闻纸、轻型纸、LWC 纸、多层纸板芯层纸、卫生纸或代替部分化学木浆用于不含机械浆的书写、印刷纸等纸种的生产，具有广阔的发展前景。

图 4-63 为一种 P-RC APMP 制浆工艺流程。备料工段送来的料片，在预汽蒸仓内进行预汽蒸以去除料片中的空气，然后进行洗涤去除其中的泥沙等杂质，再进行汽蒸使料片充分加热润胀，之后进行两段机械挤压+过氧化氢浸渍，再进行高浓磨浆，磨后浆料在反应塔中继续漂白，漂白后的浆料经过三段洗涤后就可进行打浆造纸。

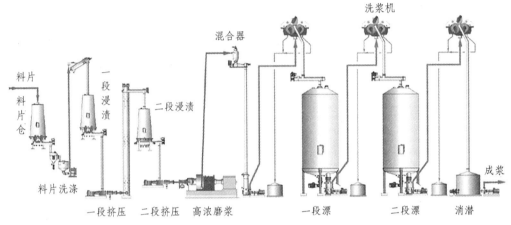

图 4-63　P-RC APMP 制浆工艺流程

1. 预汽蒸

预汽蒸在洗片之前进行，备料工段送来的料片经过皮带运输机输送到料片预汽蒸仓，预汽蒸仓用于辅助预热，脱除料片中的空气并且软化料片，均衡料片的水分和温度。预汽蒸仓是一个底部直立、顶部有锥形盖子的壳体，中下部连接着蒸汽管，仓底带有一个振动式卸料器，料片通过卸料器将料喂入其底下的计量螺旋。预汽蒸可根据地区气候和料材的性质及工艺特性合理设置和控制。含水率对料片的加热软化非常关键，水分含量高易软化，反之难软化，因此生产过程中要保证料片尽量多地吸收水分，使其达到饱和点或接近饱和点。

料片预汽蒸有 3 个作用：① 借助蒸汽冷凝原理加热料片，之后热料片与洗涤器内冷的液体接触时，其中的热空气冷凝收缩形成真空，使水分迅速浸入，料片含水率提高（对水分含量低的料片较为有效）。② 通过对料片加热可使寒冷地区的冰冻溶化，将冻附的杂质分离，以利于水洗时分离杂质，一般预汽蒸的温度为 70～80 ℃，预蒸时间为 20 min 左右。③ 可用作缓冲料片仓，稳定供料量。

2. 汽　蒸

机械挤压前的汽蒸目的就是软化纤维，研究表明：在绝干情况下，木素软化温度为 134～235 ℃，纤维素为 231～253 ℃，半纤维素为 167～217 ℃；当水分含量为 30%～40% 时，木素的软化温度降至 100 ℃，半纤维素的软化温度降到 85 ℃。因此，挤压浸渍前的汽蒸温度设定与料片水分含量有关，要使料片水分含量保持在工艺要求的上限。为保证纤维充分软化，蒸汽温度一般保持在 100～105 ℃，时间为 20 min 左右。

3. 挤压与浸渍

药液浸渍是 P-RC APMP 的关键环节，其过程是借助海绵效应的原理使物料吸收碱性过氧化氢药液。料片适度松散处理和药液渗透均匀，是磨浆后纸浆达到良好强度及白度要求的重要条件，经加热和吸水的物料通过挤压作用挤出部分水分、空气和有机溶出物，其干度达到 50% ~ 60%，使料片沿纹理方向压溃和纵向撕裂，为物料进入浸渍区迅速膨胀和均匀吸收药液创造了条件。

挤压浸渍过程的压缩比和吸收比是两个重要参数。压缩比是指物料经压缩后与压缩前的体积之比；药液吸收比是单位时间内料片吸收的药液量与料片量之比，吸收比越大浸渍效果越好。在挤压与浸渍过程中，第一段挤压撕裂更为关键。压缩比与挤压撕裂机的螺旋结构有密切关系，但设备固定后，压缩比主要与料片的容重、硬度、可压缩性等因素有关。容重大、可压缩性大的原料压缩比小，就两段挤压撕裂来说，第一段挤压撕裂机的压缩比应比第二段的小些，竹片的两段挤压压缩比一般为 4:1 左右。吸收比不仅与挤压效果有关，还与浸渍时间相关，经挤压后的呈松散木丝状的物料与药液要有一定的浸渍时间，经试验证明浸渍时间为 2 min 左右已足够。

预浸时料片只进行温和的化学预处理，温度较低（40 ~ 50 ℃），这是 P-RC APMP 与普通 APMP 的主要区别之一。但实际运行中，由于工艺过程产生的热量及其他原因，使预浸温度无法降低（料片反应仓温度为 80 ℃ 左右）；另一方面，如提高预处理温度或时间，浆料裂断长虽提高，但得率降低，白度也会降低。综合考虑，为提高一段挤压撕裂效果，必须尽量使料片较好地软化。因此，一段挤压浸渍前的汽蒸仓的温度应控制在 0 ~ 5 ℃，时间 10 min 左右；为保证浆料白度，加药后 1 号反应仓和 2 号反应仓只利用系统产生的热量保持温度不低于 40 ℃（实际 70 ~ 80 ℃），反应时间分别为 20 ~ 25 min 和 40 ~ 45 min。

4. 磨　浆

经过化学预处理后的料片，可根据需要进行一段或两段磨浆。一段为压力式高浓盘磨，将挤压反应后的松散料片粗磨成游离状浆料，并借助磨浆或压力喷放将浆料和漂白液混合均匀，以利于高浓漂白。此段磨浆浓度可高些，一般为 30% ~ 40%。漂白后的浆料要再进行精磨使纤维细纤维化，即二段精磨。在保证良好纤维形态的前提下大幅度提高打浆度，可用压力高浓盘磨和常压高浓盘磨，因而具有如下优点：① H_2O_2 分解少；② 纤维不会因温度过高而变黑，也可用低浓盘磨。

如生产低游离度浆种最好采用高浓盘磨二段磨浆，最后再用低浓盘磨进一步匀整浆料至适合抄纸的打浆度，此段高浓磨的磨浆浓度可低些，一般为 25% ~ 30%；如生产高游离度浆种可采用投资少的低浓盘磨。高浓盘磨进浆要通过调整供给物料堆积密度而进行调整，保持连续稳定供料，使磨浆电机负荷达到一个稳定值为前提，即保证打浆负荷控制在±5%范围之内，浆料的游离度（CSF）波动范围一般在 30 以内。筛后浆渣应单独磨浆，磨后浆料可根据生产规模和筛选尾浆量的多少单独筛选或回流于主线筛选。

四、高得率制浆设备

随着制浆技术的进步，现代高得率制浆已形成了各种预处理加盘磨磨浆的工艺技术，由于原木供应紧张以及磨浆效率低下，磨石磨浆已趋于淘汰。因此，高得率制浆设备主要包括盘磨机、锥形磨浆机和各种预处理设备。

（一）盘磨机

1. 盘磨机的类型

盘磨机是生产高得率浆的关键设备，其作用是将预处理后的料片进行机械磨解，使纤维分离成纸浆。盘磨机的种类很多，根据转动磨盘数量，可分为单盘磨、双盘磨和三盘磨（见图 4-64）；根据磨浆过程的工作压力大小，可分为常压磨和压力磨；根据磨浆浓度不同，可分为高浓磨、中浓磨和低浓磨。

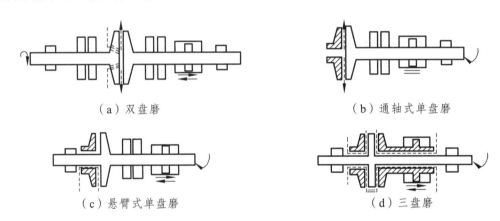

（a）双盘磨　　　　　　　　　　　（b）通轴式单盘磨

（c）悬臂式单盘磨　　　　　　　　（d）三盘磨

图 4-64　盘磨机的种类

单盘磨由一个定盘和一个动盘组成，由一台电机带动转轴上的动盘旋转进行磨浆，料片由定盘中心孔进磨，动盘转速为 1 500 ~ 1 800 r/min，磨盘间隙通过液压系统或齿轮电机进行调节。双盘磨由两个转向相反的动盘组成，各由一台电机带动，转速为 2 400 ~ 3 000 r/min，通过螺旋强制进料，利用线速传感器，准确控制盘磨间隙。三盘磨有两个定盘和中间一个动盘，动盘两侧装有磨片，分别与两个定盘上面的磨片组成两个磨浆室，即便转速很高，也不会出现动盘偏斜的问题。轴向联动的两个定盘，通过液压系统，可调整间隙和对动盘施加负荷，这种构型的盘磨机不需使用大的推力轴承。从结构来看，双盘磨和三盘磨更为复杂，因此单盘磨应用较多。

压力磨浆机可以在 120 ~ 150 °C 温度和 0.2 ~ 0.6 MPa 压力的条件下进行磨浆，满足热磨机械浆和化学热磨浆的生产要求，但磨浆机的结构、材质和加工精度要求高。高浓磨的工作浆浓为 25% ~ 35%，中浓磨的工作浆浓为 10% ~ 15%，低浓磨的工作浆浓为 4% ~ 6%。浓度越高磨浆效果越好，但原料的送入难度加大，因此高浓磨合中浓磨的原料入口设置了喂料螺旋，进行强制送料。中浓磨一般用在二段磨浆，低浓磨一般用于后续的打浆或浆渣的处理。

2. 盘磨机的结构

图 4-65 所示为一种单盘磨机的结构简图，主要由静盘、动盘、主轴、喂料器、机壳和机座，以及调节磨盘间隙的油压系统和冷却系统组成。机壳分为两部分，传动侧机壳为刚性支架，进料侧机壳起封闭磨盘作用。静盘固定在进料侧机壳上，动盘固定在主轴上。主轴通过

主电机驱动动盘转动，在间隙调节装置的作用下，主轴可在轴向移动以调节磨片间隙。经过研磨后的浆料，由下部的出浆口排出。

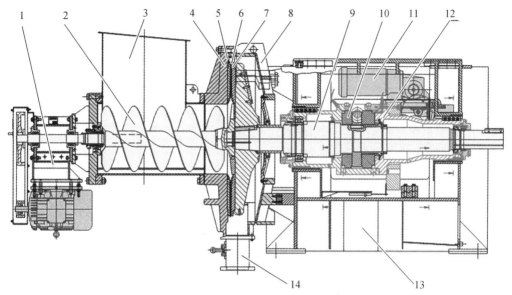

1—喂料传动；2—螺旋喂料器；3—进料口；4,8—机壳；5—静盘；6—磨片；7—动盘；9—主轴；
10—轴承；11—磨盘间隙调节装置；12—轴承座；13—机座；14—出浆口。

图 4-65　单盘磨结构

3. 磨　片

磨片，也叫齿盘，是盘磨机的核心部件，直接影响磨浆质量、产量和能耗。为了便于加工，磨片通常由 4~6 块扇形磨片组成，如图 4-66 所示。

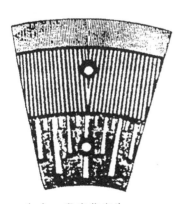
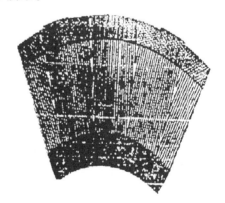

（a）一段磨浆磨片　　　　　　　　　　（b）二段磨浆磨片

图 4-66　盘磨机磨片

盘磨机的用途不同，磨片上的磨齿不同。磨片上磨齿分区，是根据不同段磨浆及浆流方向的不同要求而设计的。精磨用精齿、细齿，磨齿的数量、粗细，齿沟的深浅、齿的排列形状、齿的梯度、磨浆区的分配等，都对磨浆性能和能耗有重要影响。磨齿的设计原则为，使磨浆时纸浆强度发展快、能耗低，在磨区中形成稳定的网络层，磨浆时蒸汽可顺利排出。

（二）挤压撕裂机

1. 挤压撕裂机的应用

图 4-67 所示为挤压撕裂机在高得率制浆中的应用，挤压撕裂机对料片产生的机械挤压撕裂作用，可使料片破碎、质地变软，还可在出口处快速均匀地吸收药液，因而在阔叶木及竹片等结构致密原料的高得率制浆中应用较广。

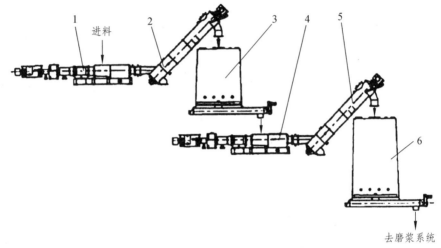

1——一段挤压撕裂机；2——一段浸渍器；3——一段反应仓；4——二段挤压撕裂机；5——二段浸渍器；6——二段反应仓。

图 4-67　挤压撕裂机处理工艺流程

2. 挤压撕裂机的结构

图 4-68 所示为目前常用的螺旋挤压撕裂机（Screw Extruding and Tearing Machine）的结构，主要由电机、减速机、轴承总成、进料口、螺旋轴、滤鼓、料塞管、出料口、冲洗水管、机架等组成。电机与减速机、减速机与主轴轴承总成之间用联轴器连接，传动主轴与螺旋轴之间用插入式双键连接，装拆方便、承载能力大，螺旋轴悬臂安装；主轴轴承总成、进料口、滤鼓、料塞管等组合安装在一个大机架上。

料片从进料口进入螺旋槽内，随着螺旋轴的旋转将料片输送推进至螺旋与滤鼓组成的压缩部，随着螺旋槽容积的缩小，料片被挤压、撕裂，料片内的大部分空气、水分和水溶性物质被挤出，通过滤鼓的阶梯孔流出，料片被挤压撕裂成束状、丝团状，并在出口处形成一个结实的料塞，干度由 30% ~ 35% 挤压至 60% 左右，比表面积增加 6 ~ 10 倍。在卸料口，由于容积突然增大，压力释放，迅速吸收从加药口加入的化学药液，并被破碎输送至浸渍器。

1）压缩部

挤压撕裂机的关键部分是螺旋轴压缩与滤鼓组成的压缩部，其关键部件是螺旋轴。螺旋轴设计成外径是等径的、芯轴直径逐渐增大、等螺距的单螺旋结构形式。采用大螺距结构，在满足产量的前提下，可减小螺旋轴的直径及质量，降低轴承因螺旋轴悬臂安装承受的径向载荷及整机重力，螺距 T 与螺旋外径 D 之比为 0.8 ~ 1。按功能划分螺旋轴为输送段、压缩段和光轴料塞段。螺旋压缩比一般为 2.5：1 ~ 4：1，根据不同的原料特性及工艺要求确定。压缩比大，挤压撕裂效果好，但同时消耗的动力大，而且易于堵塞。对于杨木类密度较小的原料，压缩比通常为 3：1 ~ 4：1；对于桉木、杂木和竹子等密度较大的原料，压缩比相对较小，

112

通常为 2.5∶1～3.5∶1，这样既能达到挤压撕裂木片的目的，同时消耗的动力也相对较小；压缩段螺旋一般为 3～4 个螺距。

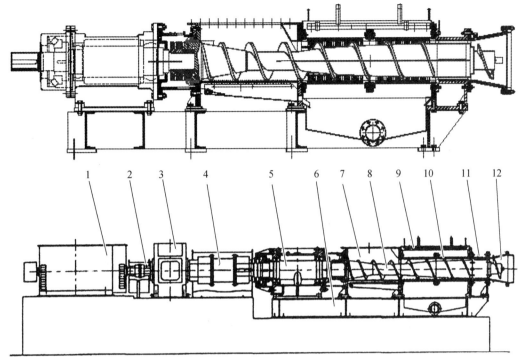

1—电机；2，4—联轴器；3—减速机；5—轴承总成；6—机架；7—进料口；8—螺旋轴；
9—冲洗水管；10—滤鼓；11—料塞管；12—出料口。

图 4-68　螺旋挤压撕裂机结构

螺旋轴出料端设计成没有螺旋叶片的光轴，料片经挤压撕裂后在此处形成一个结实的料塞，密度可达 600 kg/m³。料塞一方面可封住浸渍器的药液，同时也成为悬臂支撑螺旋轴的一个支点。由于此支点的作用，可大大降低轴承的径向载荷，延长轴承使用寿命。料塞段太短，料塞不结实，达不到封住浸渍器中药液及支点的作用；而料塞段太长，料塞紧度提高，动力消耗也会大大大增加，而且容易堵塞。料塞长度一般为直径的 0.6～1 倍。

螺旋轴设计成分段组合的结构形式，一方面为适应原料及工艺的变化，通过更换螺旋压缩段或光轴料塞段，选择合适的压缩比及料塞长度，满足原料及工艺变化要求，方便生产的调节；另一方面由于在螺旋轴的压缩段及料塞段压力大、磨损快，使用寿命短，特别是螺旋压缩段。螺旋磨损后，只需要更换螺旋压缩段或光轴料塞段，而不必更换整根螺旋轴，降低了使用成本，缩短停机时间，提高生产效率。螺旋轴这种分段模块的组合方式，在国外应用之初也称之为 "Module Screw Device"，即模块螺旋装置，简称 MSD。

螺旋轴采用强度高、硬度大、耐腐蚀的材料如双向不锈钢制造，螺旋压缩段及光轴段工作表面用高温火焰喷涂硬质合金，表面硬度可高达 55 HRC，以提高其耐磨性，延长使用寿命。

2）滤鼓及冲洗水管

滤鼓设计成整体式厚壁滤板或外设加强筋、端面焊有连接法兰的重载结构，可承受高达 70 MPa 的挤压力。滤鼓上开有阶梯式滤水孔，一段螺旋的滤水孔孔径通常在 6～10 mm，二段螺旋的滤水孔孔径通常在 4～8 mm；为防止螺旋打滑，滤鼓内壁设有 4～6 条凸起的防滑条，凸起高度 8～10 mm，安装在滤鼓内壁的凹槽内，并用螺钉固定；防滑条与螺旋间隙控制在 2 mm 左右，运行一段时间后，防滑条及螺旋磨损，间隙增大，螺旋会产生打滑，当防滑条凸起高度小于 5～6 mm 时，需更换防滑条。防滑条材料用 2Cr13 或 3Cr13，使用寿命一般在 3～4 月。

压缩部物料在运行时受到强大的挤压，长时间运行后一些细小的碎末堆积在滤孔中，堵塞滤孔，影响设备的正常运行。在滤鼓的上方设两根开有若干小孔的冲洗水管，在停机时用高压水冲洗，保证滤孔畅通，冲洗水压力要求在 1 MPa 以上。

3）料塞管及出料口

料塞管内设耐磨衬套，耐磨衬套内壁加工有凹下的防滑沟槽，以防止料塞打滑，其深度 5 mm 左右，数量 6～8 个；运行一段时间后，耐磨衬套磨损，沟槽磨平，此时料塞极易打滑堵塞，需及时更换耐磨衬套。耐磨衬套材料用 2Cr13 或 3Cr13，正常使用寿命 3～4 月。出料口为一段直径外扩的锥管，周向布置有若干个药液进口，物料离开料塞管后由于体积的突然增大，压力释放，料塞被安装在螺旋轴端面的破碎螺旋进行破碎，并快速吸收从加药口加入的化学药品送至浸渍器。出料锥管设计成上下两半通过螺栓连接成一体的结构，卸下连接螺栓拆除出料锥管及破碎螺旋，抽出料塞管、滤鼓，方便更换耐磨衬套、防滑条及光轴料塞段、螺旋压缩段。

4）主轴轴承总成

主轴轴承总成设为由两个双列圆柱滚珠向心轴承及一个靠近传动侧的圆锥滚子推力轴承的组合结构，组装在一个轴承箱内，采用稀油润滑。两个双列圆柱滚珠向心轴承外圈可在轴承箱内自由滑动，圆锥滚珠推力轴承与轴承箱端盖接触处设置有若干个弹簧，工作时使轴承内外圈与轴承滚动体之间始终保持接触状态，轴承受力均匀，降低了磨损，延长了轴承使用寿命。

（三）双螺杆挤压机

双螺杆挤压机（Twin Screw Extruder），是在法国人发明的 BIVIS（即 Bi Vis，法语，双螺杆）基础上发展起来的。1975 年，法国 Clxetral 公司首先提出把双螺杆机构应用于制浆造纸工业，并开始进行实验和研究，20 世纪 80 年代初双螺杆磨浆机研制成功。1983 年 6 月，美国 C-E Bauer 公司进行了双螺杆磨浆机的生产试验，处理原料为南方松和杨木木片，在较低能耗下生产了类似热磨机械浆（TMP）的浆料。20 世纪 90 年代初 Clxetral 公司完成了以双螺杆磨浆机为核心的制浆生产线的工业化试验。现在，双螺杆磨浆制浆生产线已在全球造纸行业得到广泛应用。该设备在我国也实现了国产化，使设备的投资大幅度降低。

如图 4-69 所示，双螺杆挤压机的基本结构由两个相互平行、彼此啮合、转向相同的特殊螺杆和与其配合的机壳组成的机构，特殊螺杆上的螺纹正反向交替，反向螺旋上开有数个斜槽。

如图 4-70 所示，料片由进料口送入，被正向螺旋推向反向螺旋，在正反向螺旋挤压作用下物料被压缩揉碎。由于正向螺旋挤压作用较大，物料被迫从反向螺旋的斜槽通过而被剪切撕裂，进入下一个挤压区，如此反复。在挤压过程中还可以添加化学试剂，使物料在机械作用的同时发生化学反应。生产上可根据工艺需要，调整反向螺旋刀口宽度以改变物料挤压后的状态。双螺杆挤压机既可用于高得率制浆中料片的机械预处理，将料片进行挤压破碎，以加快后续热处理和化学处理；还可用于后续浆料的磨解，使料片磨解成纸浆。

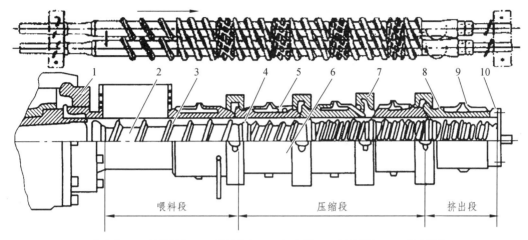

1—传动箱；2—喂料螺旋；3—喂料螺套；4—阻力圈；5—压缩螺杆；6—压缩螺套；
7—抱箍；8—挤出螺杆；9—挤出螺套；10—模板

图 4-69　双螺杆结构

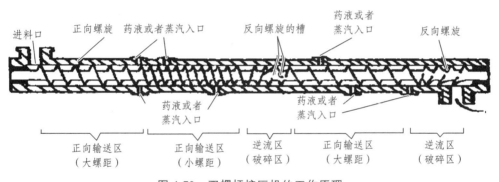

图 4-70　双螺杆挤压机的工作原理

　　双螺杆磨浆机具有广阔的应用前景，可用于化学机械浆和半化学浆等高得率浆的生产及渣浆再磨、废纸处理、浆料漂白和洗涤等工序；双螺杆磨浆机还可以替代目前广泛使用的盘磨机或者配合盘磨机提高机械浆的质量。

第五节　竹浆的洗涤、筛选、净化和漂白

　　制浆系统生产出来的纸浆，还不能直接用来造纸。因为此时的纸浆还不够清洁，特别是化学纸浆，其中含有蒸煮过程中溶解出来的木素、纤维素和半纤维素等有机物和残余的蒸煮试剂，以及蒸煮过程尚未完全分离的纤维束、竹节等粗大物，外界环境引入的砂石、煤屑、铁器等杂质。这些杂质和污染物的存在，不仅影响产品的质量，还将对生产设备产生磨损甚至破坏。因此，制浆系统生产出来的纸浆需经过洗涤、筛选、净化和漂白等后续处理，才能

达到纸张的生产要求。

洗涤、筛选、净化和漂白是制浆过程的重要工序，不仅影响纸浆的质量，还会影响生产成本和污染物排放等。现在，随着工艺技术和机械装备的快速发展，纸浆的洗涤、筛选、净化和漂白工艺朝着高浓化、集成化方向发展。图 4-71 所示为化学浆的洗涤-筛选-净化-漂白集成系统，其中（a）流程是以鼓式真空洗浆机为主的中浓提取和纸浆洗涤工艺，（b）流程是以双辊挤浆机为主的高浓提取和纸浆洗涤工艺。

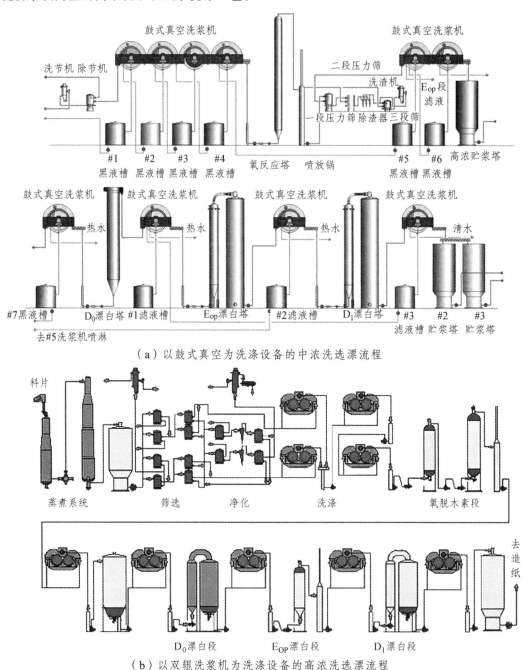

（a）以鼓式真空为洗涤设备的中浓洗选漂流程

（b）以双辊洗浆机为洗涤设备的高浓洗选漂流程

图 4-71　化学浆的洗涤筛选净化和漂白流程

116

一、纸浆洗涤

（一）洗涤的目的及要求

无论哪种制浆方法，在制浆过程中都会有不同数量的有机物质被溶解出来，化学制浆的溶出物一般为50%左右，高得率制浆的溶出物为5%~35%不等。这些溶出物包括制浆过程中从纤维原料中溶出的物质，如木素、纤维素、半纤维素、脂类物质等；以及蒸煮试剂的反应产物和残余物，如硫酸盐法蒸煮中残留的烧碱、硫化钠和硫酸盐等。另外，漂白后的纸浆中也含有溶出物、反应产物和残余漂白剂。这些可溶物和纸浆纤维混合在一起，因而未洗纸浆是不能直接进行造纸的。

洗涤的目的就是将制浆过程中产生的溶出物与纸浆纤维分离，进而得到清洁的纸浆。为了使制浆过程的化学品尽可能地回收并循环利用，纸浆洗涤过程中还应该尽可能提取出高浓、高温废液，因此应尽量采用先进的洗涤工艺和洗涤设备，在满足纸浆清洁度要求的前提下，尽量减少洗涤水的用量。

（二）洗涤术语及有关计算

1. 洗净度

洗净度（Cleanliness）表示纸浆洗涤后的干净程度，常用的表示方法有如下几种：① 以洗涤后每吨风干浆中所含残余制浆试剂的量表示，如碱法制浆中洗净度通常以残碱表示，要求残碱（Na_2O 计）低于 1 kg/t 风干浆。② 以洗涤后纸浆滤液中所含制浆试剂的浓度表示。不同制浆方法、不同纤维原料制浆，其要求不同，如碱法木浆、竹浆的洗净度残碱（Na_2O 计）低于 0.05 g/L，碱法芦苇浆的洗净度残碱（Na_2O 计）低于 0.25 g/L，亚铵法麦草浆的洗净度残铵（$(NH_4)_2SO_3$）低于 0.3 g/L。③ 以洗后纸浆滤液消耗高锰酸钾（$KMnO_4$）的量表示，主要用于酸法制浆，木浆洗净度小于 100 mg（$KMnO_4$）/L，芦苇浆洗净度小于 120 mg（$KMnO_4$）/L。④ 以洗后纸浆滤液所含漂白试剂的浓度表示，如次氯酸盐、二氧化氯、过氧化氢等，用来反映漂后洗涤的效果。

2. 置换比

置换比（Displacement Ratio，DR）表示洗涤过程中可溶性固形物实际减少量与理论最大减少量之比，如式（4-2）所示。

$$DR = \frac{w_0 - w_M}{w_0 - w_W} \qquad (4-2)$$

式中　DR ——置换比；

　　　w_0 ——洗涤前纸浆废液所含溶解物的质量分数，%；

　　　w_M ——洗涤后纸浆废液所含溶解物的质量分数，%；

　　　w_W ——洗涤液所含溶出物的质量分数，%。

置换比用来评价洗涤系统的洗涤效果，其大小主要受洗涤液用量影响。置换比大，洗涤效果好，提取率就高。

3. 稀释因子

稀释因子表示洗涤每吨风干浆时进入所提取的废液中的水量（m^3），可用式（4-3）表示。

$$DF \approx V - V_0（m^3/t \, 风干浆）或 DF \approx V_w - V_p（m^3/t \, 风干浆） \tag{4-3}$$

式中　V——提取废液量，m^3；

　　　V_0——未洗浆中的废液量，m^3/t 风干浆；

　　　V_w——洗涤用水量，m^3/t 风干浆；

　　　V_p——洗后浆所含液体量，m^3/t 风干浆。

稀释因子大，说明洗涤用水量多，提取废液的浓度低，但废液的提取率高，纸浆洗得干净，稀释因子大小与洗涤设备和纸浆性质有关。真空洗浆机的稀释因子为 1.0~2.5，螺旋挤浆机的稀释因子为 2.0~2.5。

4. 洗涤损失

洗涤损失指洗涤过程中的化学损失，一般用残留在每吨绝干浆中的溶质量表示。溶质可以是指总固形物，也可以指 Na、Na_2SO_4 或 BOD 等，硫酸盐法制浆通常用 Na_2SO_4 表示。稀释因子对洗涤损失影响很大，稀释因子增大、洗涤损失下降。

5. 洗涤效率

洗涤效率指纸浆通过洗涤后所提取出的固形物占总固形物的百分比。洗涤效率用于评价洗涤系统或设备的洗涤效果，其计算公示如式（4-4）所示。

$$\eta = \frac{m_0 - m}{m_0} \times 100\% \tag{4-4}$$

式中　η——洗涤效率，%；

　　　m_0——洗前纸浆中废液固形物质量，g；

　　　m——洗后纸浆中废液固形物质量，g。

6. 废液提取率

对碱法制浆来说，废液提取率是指每吨纸浆提取出来送碱回收蒸发工段的废液溶质质量对洗前每吨浆废液总溶质质量的百分比。一般情况下，废液提取率小于洗涤效率，实际上洗涤效率要考虑跑、冒、滴、漏等各种损失。只有当所提取废液全部用于回收系统时两者才相等，这是评价洗涤过程中设备运行和管理水平的重要指标。

（三）纸浆洗涤的原理

未经洗涤的纸浆，是由纤维和废液组成的一种非均相的悬浮液。溶解物在水中溶解形成废液，纤维悬浮在废液中，80%~85%废液分布在纤维之间，12%~20%废液存在于纤维细胞腔中，还有约 5%废液存在于细胞壁中孔隙。将废液与纤维分离，通常利用过滤、挤压、扩散和置换等作用来实现。纤维之间的大部分废液可以通过过滤、挤压的方式较为容易地分离出来，但纤维细胞腔中尤其是细胞壁中的废液只能靠扩散方式使其转移到纤维外部，再通过前面的方式进行分离。因此，纸浆洗涤是一个多次进行加水稀释、脱水浓缩的过程，通过稀释使纤维内部的溶解物扩散到纤维外部，然后再通过脱水将其与纤维分离。

1.过　滤

过滤是指用具有微细孔道的材料（如滤网、滤布等）为介质，在压力差的作用下，固体被截留、液体滤出的过程。当纸浆浓度低于10%时，通常采用过滤方式洗涤纸浆并提取废液。

假定滤液是通过许多半径相同的毛细管流动，过滤速度可用式（4-5）表示。

$$V = \frac{n\pi r^3 pA}{8\mu ad} \tag{4-5}$$

式中　V——过滤设备的生产能力，m^3/s；

n——过滤面上的毛细管数量；

r——毛细管半径，m；

p——滤层两面压差，Pa；

A——过滤面积，m^2；

μ——滤液黏度，Pa·s；

a——毛细管的弯曲半径，m；

d——滤层厚度，m。

从式（4-5）可以定性地分析影响过滤速度的主要因素包括：① 过滤面积。过滤面积增大，生产能力增加。通常以过滤为主的洗涤设备，一般都以其过滤面积来确定规格和型号，并用以间接表示生产能力。② 压力差。压力差是过滤的推动力，压力差越大，过滤速度越快。压力差产生的三种方式，包括液体静压或鼓风和真空形成的气压及机械挤压作用。③ 滤层厚度。浆层厚度小，过滤速度快；但浆层变薄，使设备生产能力会降低。所以，浆层的厚度应适当。浆层厚度还与滤网目数有关，滤网目数越大，滤孔孔径越小，其过滤阻力就越高。纸浆洗涤所用的滤网一般为45～100目，这个范围内滤网的阻力远远小于浆层阻力。④ 废液黏度。废液黏度越高，过滤难度越大。一般可通过提高洗涤温度的方式来降低废液黏度。但温度太高时，碱法制浆黑夜会产生较多泡沫，采用真空洗浆时会产生大量蒸汽而影响真空。⑤ 纸浆种类和浆层紧度。浆层越紧，毛细管半径越小，过滤难度越大，洗涤效果降低。竹浆的滤水性比草浆好，但比木浆差。

2. 挤　压

挤压是指用机械设备（如压辊、螺旋等）对高浓度（10%以上）纸浆进行的脱水处理。在机械作用的挤压下，纸浆被压缩其中的废液被挤出而与纤维分离。这种方法的优点是可将未被稀释的废液分离出来，能分离出高浓、高温废液，对废液提取和回收有利。在挤压过程中，纤维间的废液很容易被挤出，随着挤压的进行，少部分纤维内的废液也被挤出。但是，用挤压的方法不可能将废液与纤维完全分离。这是因为随着挤压强度提高，纤维间的毛细管道和细胞直径都变小了，使毛细管作用增强，结果使废液进入毛细管中，而不被挤出。废液在毛细管中的上升高度由式（4-6）所决定。

$$h = \frac{4\gamma}{\rho d} \tag{4-6}$$

式中　h ——废液升高高度，m；

　　　γ ——废液表面张力，N/m；

　　　ρ ——废液密度，kg/m^3；

　　　d ——毛细管直径，m。

　　所以，随着挤压操作进行，废液被挤出；但是，随着纸浆逐渐被压实，毛细管直径逐渐变小，导致毛细管内部的压力逐渐升高，直至与外部的压力平衡时废液就不再被挤出，剩下的部分只能通过扩散作用来分离。

3. 扩　散

　　扩散是一种传质过程，其推动力是浓度差。纸浆扩散洗涤是利用浆中残留废液溶质浓度大于洗涤液溶质浓度这一特质，使纸浆纤维细胞腔和细胞壁中的溶解物向外部的洗涤液中转移置换，直至达到平衡，这个过程也叫作置换。扩散速度可用式（4-7）表示。

$$G = D \cdot A \frac{\rho_1 - \rho_2}{L} \tag{4-7}$$

式中　G ——扩散速率，kg/h；

　　　D ——扩散系数，m^2/h；

　　　A ——扩散作用面积，m^2；

　　　ρ_1 ——纤维内部溶质浓度，kg/m^3；

　　　ρ_2 ——纤维外部溶质浓度，kg/m^3；

　　　L ——扩散距离，m。

　　浓度差"$\rho_1 - \rho_2$"是影响扩散速率的重要因素，增加洗涤水用量或用清水为洗涤液，有利于保持较高浓度差，但会使提取出来的废液浓度降低。为了用较少的水洗净纸浆，而废液浓度又不太低，一般都采用多段逆流洗涤。扩散系数 D 与纸浆种类和硬度，洗涤液的温度和黏度，以及洗浆设备的压力等因素有关。提高温度、降低黏度都可提高扩散系数 D，加快扩散速度。搅拌可以增加扩散作用的面积，缩短扩散距离，能增加扩散速率和设备的生产能力。

4. 吸　附

　　纤维表面分子与废液中的溶质分子有一定的吸引力，而产生吸附作用。吸附作用的存在对纸浆洗涤不利，所以通过洗涤使纸浆与废液完全分开是不可能的。研究表明带负电荷的纸浆纤维对金属离子的吸附能力比对木素大得多，但不同的阳离子对纤维的亲和力也有差异，其规律为 $H^+ > Zn^{2+} > Ca^{2+} > Mg^{2+} > K^+ > Na^+$。纸浆对 Na^+ 的吸附等温式为式（4-8），吸附曲线的斜率为式（4-9）。

$$S = \frac{a\rho_e}{1 + b\rho_e} \tag{4-8}$$

$$K_s = \frac{\mathrm{d}S}{\mathrm{d}\rho_e} = \frac{a}{1 + b\rho_e} \tag{4-9}$$

式中　S ——吸附量，kg Na/t 绝干浆；

　　　K_s ——吸附斜率，m^3/t 绝干浆；

a，b ——吸附常数，m^3/t 绝干浆；

ρ_e ——平衡浓度，$kg\ Na/m^3$。

所以，不同的浓度，有不同的平衡点，当浓度 ρ_e 趋于 0 时，吸附的离子几乎能全部被解析，因此理论上只要有足够的水和时间，就能把钠离子全部洗出来。

（四）洗涤方法

纸浆洗涤以水为介质，纤维表面及内部的废液在洗涤水作用下被稀释，然后再进行脱水将污染物带出。洗涤方法有单段（次）洗涤和多段（次）洗涤，每段洗涤包括稀释和脱水两个工序。经过一段洗涤很难将纸浆洗涤干净，所以生产上通常采用多段洗涤，多段洗涤又可分为多段单向（即每段都用新鲜的洗涤水）和多段逆流洗涤。纸浆洗涤在达到洗净度要求的前提下，不仅要求废液提取率高，还要求废液浓度高。要解决这个矛盾，只有多段逆流洗涤才能在较小稀释因子条件下，充分发挥扩散作用，取得较好的洗涤效果。

多段逆流洗涤是由多台设备或一台设备分隔成多个洗涤段而组成洗浆机组，纸浆由第一段依次通过各段，从最后一段排出；洗涤水（一般为热水）则从最后一段加入，稀释并洗涤纸浆，该段分离出来的稀温废液再用于洗涤前一段的纸浆，此段分离出来的浓一些的废液再送往更前一段，供洗涤纸浆之用。如此类推，在一段能够获得浓度最高的废液，送往回收系统进行综合利用。

图 4-72 所示为四段逆流洗涤流程，洗涤设备为鼓式真空洗浆机。采用多段逆流洗涤，每段（次）洗涤中始终保持着洗涤液（较低浓度）与纸浆中废液（较高浓度）之间的浓度差，从而充分发挥洗涤液的洗涤作用，并达到废液增浓的目的。为了提高洗涤效果，增大纸浆与洗涤液之间的接触面积，段与段之间一般还设置了带有搅拌装置的中间槽，使浓度较高、较紧密的饼状浆料在槽中被打散和稀释，为进入下一段做准备。虽然在洗浆机浓度和洗涤水量

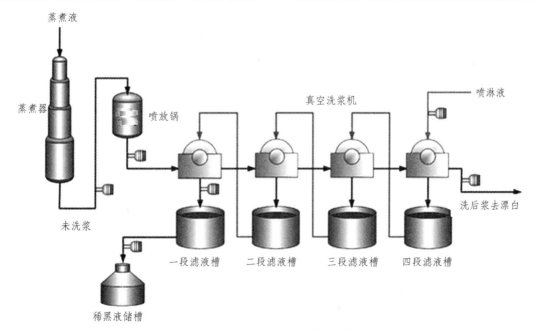

图 4-72　四段逆流洗涤流程简图

一定时，段数越多，最后一段送出的纸浆越干净，但是考虑到设备费用和操作费用等因素，段数不宜过多，一般以 3 ~ 5 段为宜。洗涤段数与纸浆的滤水性和洗浆设备性能等有关。竹浆的滤水性虽然比草浆好，但比木浆的滤水性差，采用鼓式真空洗浆机一般为四段，若采用双辊挤浆机洗涤则为三段即可。

（五）影响洗涤的因素

1. 洗涤温度

洗涤温度升高，废液的黏度降低，其流动性改善，分子热运动加剧，不仅对纸浆的过滤和扩散作用有利，而且为施加较大的机械挤压或过滤压差创造条件；另外，在较高的温度下污染物在洗液中的溶解度高，有利于污染物的洗出。但是，温度不能太高，尤其是真空洗浆机，太高的温度会使滤液沸腾，从而破坏真空，使洗涤效率下降，真空洗浆机一般将洗涤温度控制为 70 ~ 80 ℃。

2. 压力差

压力差是洗浆机滤水的推动力，不同类型的洗浆设备，压力差的形式不同。压力差虽然对扩散影响较小，但它是过滤的主要推动力。压力差越大，过滤的速度越快，洗后纸浆的干度越大，残余溶出物越少。对于真空洗浆机来说，真空度提高，废液沸点下降，容易造成废液沸腾和强化泡沫的形成。所以温度 80 ℃上限，决定了其真空度不能大于 50 kPa。挤压设备的最大压力一般为 200 kPa 左右，压力过高，浆层被压得太紧，会增加毛细管阻力，而过滤速度增加并不明显，同时容易损坏滤网，使纤维流失增加。

3. 浆层厚度和进浆出浆浓度

浆层厚度增加，使过滤层阻力增加，过滤速度减慢，洗涤液与纸浆的接触面积减小，不利于扩散，但是产量增加。其他条件不变，提高进浆浓度会使过滤网上的浆层厚度增加，生产能力提高，但同时会使洗涤质量和废液提取率下降。出浆浓度越大，洗涤损失越小，提取率越高。

确定浆层厚度、进浆浓度和出浆浓度时，要考虑纸浆种类和滤水性，洗浆温度、压力机生产能力等因素。对于滤水性好的木浆，浆层可以厚些；滤水性差的草浆，过滤时不易上网，所以上浆浓度比木浆高些，否则浆层会太薄。竹浆纤维的性质介于草浆与木浆之间，接近阔叶木。

4. 制浆方法、原料种类和纸浆硬度

酸法纸浆对镁、钠离子的等吸附率较低，在得率相同时溶出木素多，细胞的空隙大，所以比碱法纸浆滤水性好，易于洗涤。纸浆中杂细胞少，滤水性好易于洗涤，竹浆洗涤难度介于木浆和草浆之间。硬浆比软浆滤水性好，但由于细胞壁空隙少，溶解物扩散效果差。

5. 洗涤用水量与洗涤次数

在相同条件下，洗涤用水量越多，纸浆洗得越干净，废液提取率越高。但会导致所提取的废液浓度降低，从而增大蒸发废液的蒸汽消耗。当洗涤水量一定时，洗涤次数越多，洗涤效果越好，但设备费用和操作费用会增加。所以，应根据纸浆的性质和纸浆洗涤的质量要求来确定洗涤次数和用水量。

（六）洗涤设备

纸浆的洗涤设备种类很多，按其结构形式可分为鼓式、辊式、盘式和带式；按其工作原理可分为过滤式、挤压式和扩散式；按其动力形式可分为液压差过滤、气压差过滤和机械压力；按其工作浆浓可分为低浓、中浓和高浓。洗浆设备实际上是一种脱水设备，因此除了用于洗浆外，还可以用于纸浆浓缩。

1. 鼓式真空洗浆机

鼓式真空洗浆机也叫作真空洗浆机，是应用较早并仍在广泛使用的洗浆设备，国产真空洗浆机经过不断改进优化，现已发展到第五代产品。

无论第几代产品，鼓式真空洗浆机都具有相同的基本结构，如图4-73所示。其主要由转鼓、槽体、分配阀、洗涤喷淋装置、剥浆装置、传动装置和螺旋输送机等组成，和进浆槽体、洗网管、水腿管、滤液槽等附属设备和部件。多台串联结构的真空洗浆机与单台设备的主体结构相同，但在两设备之间连接稀释搅拌槽，槽中配置压料辊和搅拌辊等装置。

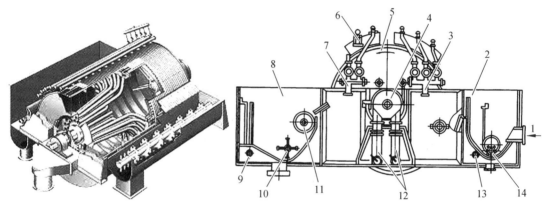

1—进浆口；2—头槽；3—洗液管；4—分配阀；5—洗鼓；6—洗液槽；7—洗液管；8—尾槽；
9—稀释液管；10—搅拌器；11—打散器；12—滤液出口；13—稀释液管。

图4-73　真空洗浆机结构

鼓式真空洗浆机的工作原理如图4-74所示。真空洗浆机高位安装，利用水腿的抽吸作用产生真空，以真空负压产生的抽吸作用为推动力使滤液透过浆层由水腿流出至滤液槽。浆料以2%左右的浓度由供浆泵送入进浆槽，液位达到一定高度后经溢流堰板溢流入鼓槽内。在水腿的抽吸作用下，鼓体的格室、流道、分配阀密封室组成的滤液流通通道产生真空。在真空的抽吸作用下滤液透过滤网、滤板经上述通道由水腿流出，浆料则吸附在转鼓表面上，在真空洗涤区经喷淋水进一步置换洗涤，转至剥浆区由风机鼓出的低压空气经空气刮刀吹气剥落。

转鼓的每个排液出口分别与鼓面的相应格室相通，其中阀芯封闭了部分出口将整个圆周分成两大区真空区、剥浆和排气区阀芯遮盖部分。转鼓每转一周，每个排液口先后通过真空吸滤区、剥浆和排气区，实现吸滤、剥浆和排气过程。分配阀密封箱的密封性能好坏直接影响洗浆机的真空度，从而影响洗浆机的生产能力。

单台洗浆机剥落的浆层落入出浆槽内，经螺旋输送机输送至浆塔。多台串联洗浆机剥落的浆层进入稀释搅拌槽，在稀释水冲稀下，经散浆辊打散、搅拌辊搅拌均匀后溢流入下一台洗浆机进行洗涤。剥完浆的转鼓随即由洗网水管喷出的高压水清洗滤网表面后，连续完成上述过程。

鼓式真空洗浆机是一种中浓洗浆机，洗浆时进浆浓度为 2.5%左右，出浆浓度最高可达 15.0%。真空洗浆机具有较强的适应性，可用于洗涤和漂白工序各种情况下浆料的洗涤。

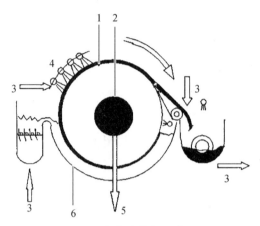

图 4-74　真空洗浆机工作原理

2. 螺旋洗浆机

螺旋洗浆机利用螺旋产生的机械挤压力进行废液的脱除，因此又叫作螺旋挤浆机。它有单螺旋和双螺旋两种类型，其中单螺旋的应用较为广泛。

图 4-75 所示为单螺旋挤浆机的结构，主要由传动装置、螺旋轴、滤鼓、背压装置、盖板和机架等几部分组成。

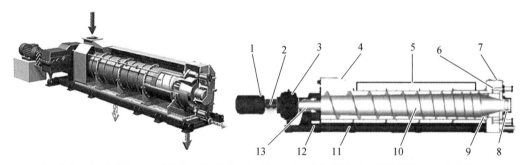

1—电机；2—联轴器；3—齿轮箱；4—头箱；5—滤鼓；6—背压装置；7—卸料装置；8—径向轴；
9—轴筛；10—螺旋轴；11—滤液板；12—框架；13—推力轴承。

图 4-75　单螺旋挤浆机结构

螺旋挤浆机工作原理如图 4-76 所示，螺旋挤浆机是一个在滤鼓内安装旋转的输送挤压式变径变距螺旋。在变径变距螺旋的输送过程中，浆料被压缩体积逐渐变小，浆料受到压缩压强增加，迫使废液通过紊乱的纤维层从滤板流出，浆料浓度逐步提高。同时，通过调节出料端料塞气动背压装置的压力而形成紧密的浆料塞，以调节和稳定出浆浓度，保证设备性能和生产工艺的要求。脱水效率与时间和压强有关，变径变距的螺旋轴使浆料往前推进，浆料体积逐渐变小，分别通过 3 个不同压强区域，并用变频调速调整浆料在脱水过程的停留时间，挤出的滤液从网孔中流到滤液槽，并通过调节出料端料塞装置的压力以调节出浆浓度。

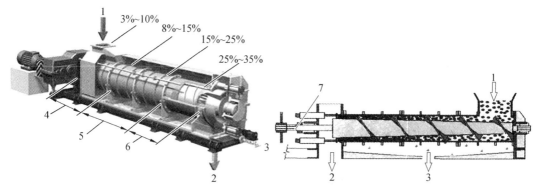

1—进浆；2—出浆；3—废液；4—低压区；5—中压区；6—高压区；7—背压装置。

图 4-76　螺旋挤浆机工作原理

在低压区与中压区初始的低、中浓浆料和滤网之间的摩擦力高于浆料和螺旋的摩擦力，从而防止浆料绕螺旋旋转打滑而被连续稳定地输送至出料口。为提高摩擦效果，在中压和高压区高浓浆料的摩擦临界区域采用反旋转设施防止打滑。但当浆料从挤压过滤段进入出料口时，其出料的压强控制和浓度稳定以及浆料的流出量都是非常重要的。因此，在螺旋的出口端设置气动背压装置限制浆料畅通地流出而形成一个浆料"塞"，在此紧密高浓料塞的状态下浆料借助高压强进行双向脱水，使脱水的阻力大幅度减小，排水时间有效缩短，保证了最终出料浓度较高而稳定。

单螺旋挤浆机具有出浆浓度高、洗涤效率高、设备性能运行可靠和操作控制简便等特点，不仅适用于纸浆厂各种化学浆黑液提取，也适用于化学浆、化机浆、废纸浆等生产中的浆料浓缩洗涤，尤其适合系统第一段黑液的提取，且黑液提取率高、浓度高，应用日趋广泛。

3. 双辊洗浆机

双辊洗浆机，靠两支平行挤压辊产生的机械挤压力脱除纸浆中的废液，因此也叫作双辊挤浆机。双辊挤浆机有压力折流布浆和螺旋布浆两类，两者的最大不同在于布浆装置，布浆越早、浆料分布越均匀，越有利于增加设备有效过滤面积，压辊利用率越高。

图 4-77 为折流式双辊挤浆机的结构简图，主要由槽体、进浆管、两只压榨辊、纵向密封装置、端面密封装置、洗辊喷淋管、刮刀装置、出料破碎螺旋、机罩、液压电机及液压站构成。压辊是在直通轴上焊有多道肋板，辊底靠近圆周处有馏液槽和穿通的出液孔，辊面上铺有钻小孔滤板。两压辊中一个固定，另一个为游（移）动的，以便调节两辊间挤压力；外壳用钢板焊接而成的，供形成浆槽和安装挤压辊轴承等部件，外壳上设有进浆口和滤液排出口；在固定孔辊上方设有普通包胶压辊，作用是挤压润湿浆层时加入的水，提高出浆干度。

双辊挤浆机的工作原理如图 4-78 所示，压榨辊每转动一圈经历脱水、置换、压榨、剥浆及清洁 5 个区。浆料进入浆槽后开始脱水，废液则通过压榨辊面上的滤孔进到辊内流道，然后经压辊两端开口排出槽外。辊面上形成连续浆层，随着压榨辊的转动，到达置换区时，浆料浓度为 10%左右，在置换区浆料与洗涤液接触，置换浆中原有的废液，这种置换作用可一直进行到浆料进入压榨区为止。在压榨区浆料被挤压到 20%～35%的浓度，然后通过剥浆刮刀剥离辊面，当出浆碰到上部的破碎螺旋输送机时，转速快、有锯齿的螺旋叶片把成毯状的浆层打碎，同时向挤浆面的出料口输送到机外。

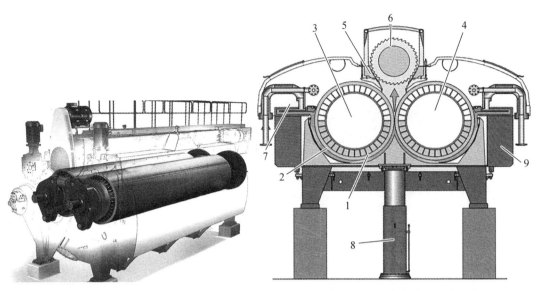

1—中间件；2—滑板；3—固定辊；4—移动辊；5—刮刀；6—打散器；7, 9—机架；8—废液管。

图 4-77　双辊挤浆机结构

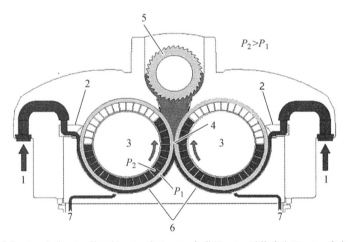

1—进浆；2—上浆；3—挤压辊；4—滤孔；5—打散器；6—置换洗涤区；7—洗涤液。

图 4-78　双辊挤浆机工作原理

　　双辊挤浆机是新型洗涤浓缩设备，该设备集浓缩、置换和压榨多个功能于一体，能够高效除去浆料中可溶性固形物。其单位体积生产能力大、效率高、自动化程度高、结构紧凑、密封性能优异、安装维护简单，从而在同样洗净指标下降低吨浆耗水量。该设备占地面积小，现场整洁干净，可用于纸浆中、高浓工艺过程的配套，如化学浆粗浆黑液提取、漂白工段的氧脱木素、无元素氯（ECF）或全无氯（TCF）漂白、中高浓过氧化氢漂白等工艺过程后的洗涤、高浓打浆前的预浓缩处理等，对于降低制浆造纸企业废水排放量、实现清洁生产意义重大，成为大型制浆项目的首选设备。

二、筛选与净化

（一）筛选净化的目的

粗浆中往往含有纤维束、节子、砂粒、煤屑和金属颗粒等杂质，会严重影响纸张质量和设备寿命，需要经过筛选和净化予以去除。因此，筛选净化的目的，一是去除纸浆中的粗渣及杂质提高改善纸浆质量，二是保护后续设备不因浆中杂质而破坏和磨损。

筛选和净化是两个不同的工序，所用设备也完全不同。筛选去除的粗渣主要是未分离的纤维束、粗条等纤维性粗渣；净化去除的杂质主要是砂石、金属杂物、煤屑等非纤维性杂质。筛选是利用纸浆中杂质与纤维的几何尺寸大小和形状不同，利用带有圆孔或条缝的筛板（鼓），在一定的压力下使细浆通过筛板，粗大的杂质被截留在进浆侧，从而把粗渣与细浆分开。净化是利用杂质和纤维的密度不同进行分离，通常通过离心力、重力等作用。由于纸浆的筛选和净化可在相同的浓度下进行，为了方便生产，工艺设计时通常将筛选和净化组合在一起，称为筛选净化工序。

（二）常用术语

1. 原浆、细浆和浆渣

纸浆筛选（净化）的过程如图4-79所示。原浆经过筛选净化后被分为两部分，即细浆和浆渣。细浆也叫良浆，是筛选净化后的优质浆料，其粗渣和杂质的含量较少；浆渣是经筛选净化所分离出来的粗渣和杂质，是不适合抄纸的部分，但其中通常含有少量的良浆纤维。

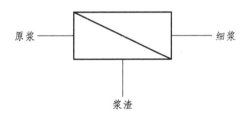

图 4-79　筛选（净化）示意

2. 筛选（净化）效率

筛选（净化）效率是指浆料中含有的杂质被去除的比例，通常通过尘埃度来反映杂质的含量，如式（4-9）所示。尘埃度是指单位面积（m^2）纸页中所含有不同大小的尘埃（杂质）的数量。

$$筛选（净化）效率=\frac{粗浆尘埃度-细浆尘埃度}{粗浆尘埃度}×100\%　　　　（4-10）$$

3. 排渣率

排渣率是指筛选（净化）后所排出的浆渣量占进浆量的百分比。习惯上排渣率较高时（10%以上）或浆渣中好纤维较多时所排出的浆渣称为尾浆；排渣率较低时（5%以下）或浆渣中好纤维较少时，排出的浆渣成为粗渣。

由于浆渣中会含有部分好纤维，所以用排渣率不能全面评价除渣效果，应和筛选（净化）

效率和浆渣中好纤维率综合进行评价。

4. 浆渣中好纤维率

好纤维率是指筛选（净化）分离出来的浆渣中能通过40目网的好纤维量占浆渣总量的百分比。为了减少纤维流失，好纤维率在10%左右时，浆渣应进行再次处理以回收其中的纤维。

5. 级和段

级是指良浆（包括原浆）经过筛选或净化设备的次数。级数越多，良浆经过筛选或净化设备的次数越多，处理后的纸浆质量就越好；但是，随着级数的增加，设备投资和动力消耗增加，良浆量会减少、尾浆量会增加，生产成本增加。

段是指尾浆（包括原浆）经过筛选或净化设备的次数。段数越多，尾浆经过筛选或净化设备的次数越多，处理后浆渣的数量就越少；但是，随着段数的增加，设备投资和动力消耗增加，良浆质量下降，纤维流送减少。

（三）筛选设备

目前，常用的筛浆设备主要有振动式筛浆机、离心式筛浆机和压力式筛浆机等类型。不同类型的筛浆机结构不同，纤维通过筛孔（缝）的作用方式不同，纸浆筛选效率差异很大。

1. 高频振框筛

高频振框筛是一种振动式平筛，其结构如图4-80所示。主要由筛框、振动器、减振器等部件组成。支撑在减振器上的筛框中心主轴由挠性联轴器与传动电机直接相连，筛框的底板是曲面筛板，筛框的振动是通过安装在同一根主轴上的偏重式振动块产生的。当主轴带动偏重块旋转时，由于偏重块重心的离心方向不断变化，带动筛框振动。振幅可以通过改变偏重块的偏心距来调节。

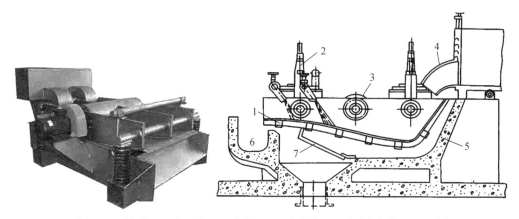

1—筛框；2—减振器；3—振动器；4—进浆口；5—良浆槽；6—浆渣收集槽；7—挡浆板。

图4-80　高频振框筛的结构

原浆从进浆箱流入筛框内，在浆液压力差和筛框振动作用下，良浆通过筛孔，进入良浆收集槽。不能通过筛孔的浆渣，在筛板振动产生的推力作用下逐步向前移动，直到筛板末端落入浆渣收集槽中。良浆收集槽中设有浆位调节板，控制良浆液位略淹没筛板，使其既作为阻力使筛框振幅保持稳定，又起到淘洗筛板上附粘于粗渣上的好纤维的作用。机械振动使筛孔两侧产生压力脉冲，瞬间的负压，使已通过筛框的少部分良浆返回，冲掉筛孔上的浆料，使筛孔得到清理。振动还破坏了纤维的絮聚，使筛孔周围较长的纤维通过筛孔。

高频振框筛的振动频率通常为 1 400～1 500 次/min，振幅为 2～3 mm，筛孔孔径为 3～10 mm，孔间距为 5～13 mm；工作时进浆浓度为 0.8%～1.5%，出浆浓度为 0.6%～1.2%。高频振框筛既可用于除节，也处理尾浆回收纤维。高频振框筛的除节能力强，动力消耗少，占地面积小，对浆料的适应能力强，生产能力大，操作简单，维护容易。但喷水压力高，用水量大；设备封闭性差，散热大、环境差。因此，目前其在制浆系统的应用较少，在抄纸生产中有一定的应用。

2. 离心筛

如图 4-81 所示为 CX 离心筛，这是一种常压的离心式筛浆机。其主要结构由转子、筛鼓、外壳、进浆口、排渣口、良浆口和稀释水管组成。转子是 CX 筛的重要部件，安装在筛鼓内。转子上装有径向分布的叶片，在电机的驱动下旋转，推动浆液旋转产生离心力。

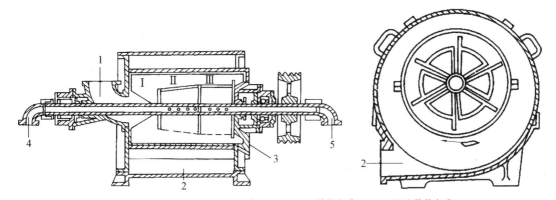

1—进浆口；2—良浆出口；3—浆渣出口；4—Ⅱ区稀释水进口；5—Ⅲ区稀释水进口。

图 4-81 CX 离心筛的结构

CX 筛的工作原理如图 4-82 所示。纸浆从筛浆机的一端进入，在转子叶片的作用下，在筛鼓内做螺旋式运动，离心力大于重力时，在筛鼓内形成略带偏向的环流，上部浆环较薄、下部浆环较厚。良浆纤维由于比重较大，迅速靠近浆环外圈随水穿过筛孔。浆渣因比重较轻、尺寸较大，悬浮于浆环的内层。最后从空心轴两头向Ⅱ区和Ⅲ区送入稀释水，通过叶片夹层喷到筛鼓上，对筛鼓进行冲洗，使筛鼓内的浆层保持适当的浓度和厚度，避免浓度过大而造成筛孔堵塞或排渣量过大。良浆穿过筛板后从筛浆机底部侧管排出，浆渣从另一端下部流出。

CX 离心筛具有生产能力高、筛选效果好、动力消耗低、占地面积少、设备质量轻、筛选浓度高、尾渣量少、浆渣中好纤维低、结构简单、维修方便等优点。但这种设备的良浆、浆渣出口都为常压，封闭性差，目前在制浆系统的应用越来越少。

3. 压力筛浆机

压力式筛浆机简称压力筛，是一种全封闭的筛选设备。压力筛的类型很多，常见压力筛的几种类型如图 4-83 所示，有单鼓和双鼓、内流和外流、旋翼在鼓内和旋翼在鼓外之分。尽管压力筛的种类很多，但基本结构和工作原理基本相同。

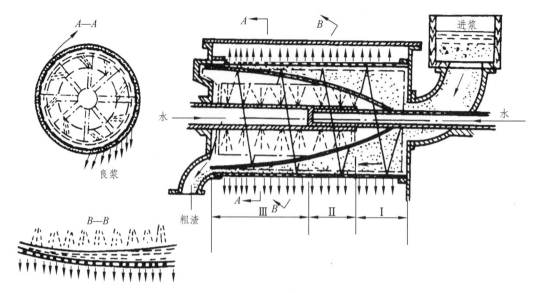

图 4-82　CX 筛的工作原理

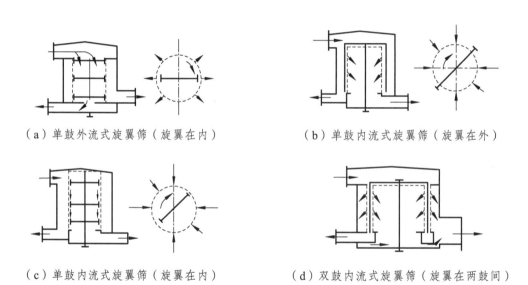

（a）单鼓外流式旋翼筛（旋翼在内）　　　　（b）单鼓内流式旋翼筛（旋翼在外）

（c）单鼓内流式旋翼筛（旋翼在内）　　　　（d）双鼓内流式旋翼筛（旋翼在两鼓间）

图 4-83　压力筛的构造及纸浆流向示意

图 4-84 所示为旋翼在内的单鼓式压力筛和双鼓压力筛的筛浆原理。原浆在一定压力下沿切向进入筛鼓内，良浆在压力作用下在筛鼓内做圆周运动而通过筛鼓，粗渣被筛鼓阻留，并向下移动排出。筛鼓的清洗是靠压力脉冲来实现的，旋翼旋转时，其前端与筛板的间隙逐渐变小（0.75～1.0 mm），产生的压力使良浆穿过筛孔；随着旋翼的后部分与筛鼓的间隙逐渐增大，在高速下出现局部的负压，使筛孔外侧的浆液反冲回来，黏附于筛孔上浆团和粗大纤维被冲离筛鼓。旋翼经过后恢复正常，良浆又依靠压力差和另一个旋翼的推动，再次筛选进行下一个循环。

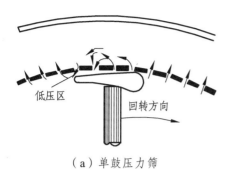

（a）单鼓压力筛

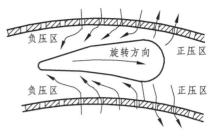

（b）双鼓压力筛

图 4-84 压力筛工作原理

随着技术的发展，压力筛出现了很多形式，如双鼓筛、旋翼在外和旋鼓筛等，使其适应不同状况下的筛选环境，因此压力筛已成为制浆造纸生产中主要的筛选设备。

（四）影响筛选的因素

1. 筛鼓（板）形式

筛鼓（板）是筛浆机重要的元件，让良浆通过、使浆渣截留，进而实现良浆与浆渣的分离，其形状有圆鼓形和平板形两种，因而称之为筛鼓或筛板。

如图 4-85 所示，筛鼓（板）主要有光滑面筛面、齿形筛面和波形筛面三种形式，进浆侧筛面的形式对筛选效果和生产能力有较大影响。

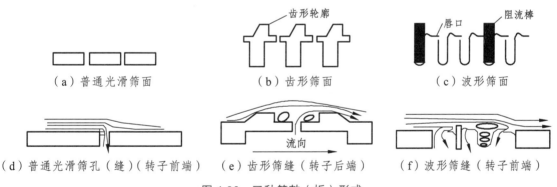

（a）普通光滑筛面　　　　（b）齿形筛面　　　　（c）波形筛面

（d）普通光滑筛孔（缝）（转子前端）　（e）齿形筛缝（转子后端）　（f）波形筛缝（转子前端）

图 4-85 三种筛鼓（板）形式

传统的光滑筛面，良浆纤维在移动过程中应进行转向，才能以几乎垂直方向穿过筛孔。纤维穿过的阻力较大，很容易造成浆料浓度增加。为了防止筛孔堵塞，筛浆浓度一般都小于1.5%。新型的齿形筛和波形筛，纸浆运动过程中会在筛缝处产生微细的湍流和涡流，不仅能够防止纤维层的形成，还可使纤维自然转向穿过筛缝。这种筛面可适用 2.5% 左右浆浓的筛选，从而提高了筛选效率和设备产能。

2. 筛孔形状、大小和间距

筛鼓（板）上的开孔有圆孔和条缝两种形式。圆孔筛鼓（板）通过量大，不易堵塞，筛选浓度高，能有效筛除纤维束和细薄片状粗渣；条缝筛鼓（板）能有效筛除球状和立体状粗渣。

筛孔大小是决定筛除粗渣多少和大小的主要参数。筛孔大，筛除的粗渣少，但粗渣尺寸大、产量高；良浆中的粗渣含量增多，筛选效率下降。筛孔的大小根据纸浆纤维的尺寸和良浆的质量要求确定，良浆纤维粗长筛孔应适当大些。

孔（缝）间距应大于纤维的平均长度，这样才能防止筛孔（缝）挂浆而导致堵塞。间距还会影响开孔率从而影响筛浆机的产能，间距缩小，开孔率增加，筛鼓的通过量提高。

3. 进浆浓度和进浆量

进浆浓度大，良浆与粗渣分离困难，造成浆渣中好纤维量增多，排渣量增加，并容易糊板。进浆浓度小，生产能力下降，粗渣易通过筛孔混入良浆中，使筛选效率下降。当筛选浓度一定时，进浆量越大，产量越高，筛选效率也越高，而动力增加并不明显，所以筛浆机应在满负荷的情况下运行。

4. 稀释水量与水压

稀释水的作用是适当降低浆料浓度，减小良浆通过筛孔的阻力，并防止筛孔堵塞。稀释水量太小，起不到稀释作用，可能造成堵塞。稀释水量太多，粗渣通过筛孔几率增大，降低筛选效率。稀释水量应根据纸浆性质、筛孔参数、进浆量和进浆浓度来确定。稀释水压应根据筛浆机的工作条件，一般控制在 50～150 kPa。

5. 压力差

压力差是指筛鼓（板）两侧进浆与良浆的压力差。在筛孔参数相同、进浆浓度一定的情况下，浆液流量增大、压力差提高，浆料通过筛孔的推动增强，筛选能力提高，粗渣穿过筛孔的概率增加，或粗渣嵌入筛孔，使筛选效率下降。

6. 转　速

对于离心筛来讲，转子的转速慢，浆料旋转速度低，所产生的离心力小，良浆与浆渣的分离作用小，产量低、纤维流失多，筛孔易堵塞。但转速太高，离心力过大，虽然产量增加，但粗渣通过筛孔的概率加大，使筛选效率下降，动力消耗增加。

7. 排渣率

在筛鼓参数确定的情况下，排渣率越高，良浆的质量越好，即筛选效率越高，但纤维流失增加。通常情况下，排渣率超过30%时，筛选效率不会再有明显提高。降低排渣率，良浆的质量变差，筛选效率降低。生产上，对于既定的筛选设备，可通过排渣阀门的开度进行适当调节。

（五）净化设备

纸浆净化是根据纸浆与杂质的相对密度不同来去除较重或较轻的杂质。最原始、最简单的方法是重力沉降，如沉砂盘（沟），其结构简单而且节能；但占地面积大、效率低、纤维流失多，目前已基本被淘汰。现在常用的净化设备为涡旋式除渣器。

1. 净化设备基本结构和分类

涡旋式除渣器根据筒体的大小、进出口的位置和工作条件等不同，可分为多种类型。

根据筒体的形状不同，涡旋式除渣器可分为锥形除渣器和柱形除渣器（见图4-86）；根据排渣口的位置不同，可分为正向除渣器、逆向除渣器和通流式除渣器（见图4-87）；根据纸浆浓度的大小，可分为低浓除渣器、中浓除渣器和高浓除渣器；根据压力差的高低，可分为低压差除渣器和高压差除渣器。柱形除渣器的尺寸较大，工作时纸浆浓度较高、压力差较小，因此除渣效率较低，但动力消耗少。

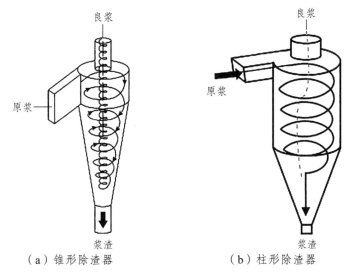

（a）锥形除渣器　　　　　（b）柱形除渣器

图 4-86　不同形状的除渣器

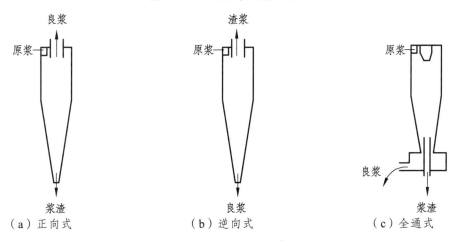

（a）正向式　　　　　（b）逆向式　　　　　（c）全通式

图 4-87　不同排渣方式的除渣器

2. 净化原理

无论是圆锥形除渣器还是圆柱形除渣器，都是通过浆料在除渣器内涡旋产生的离心力分离杂质，如图 4-88 所示。

原浆在供浆泵的作用下，从除渣器顶端以一定压力沿切线方向进入，入口的蜗形道引导浆流形成一个旋转运动，并产生离心力。

$$F = \frac{Gv^2}{gr} \tag{4-11}$$

式中　F——离心力，N；

　　　G——物质重力，kgf；

v ——流体运动的圆周速度，m/s；

g ——重力加速度，9.8 m/s²；

r ——物质旋转半径，m。

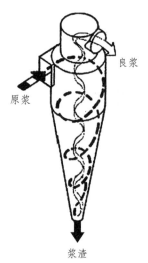

图 4-88　除渣器工作原理

物质产生的离心力大小与其相对密度成正比。如果杂质的相对密度大于纤维，则所受离心力大，会快速从中心向外围移动，并在重力作用下，沿除渣器内壁下滑至排渣口排出。而在锥筒的轴心处，由于离心力的作用，形成低压区，其中心为负压，相对密度较小的纤维就在向下旋转的同时逐渐移向低压区，并在此区域转向朝上旋转，至除渣器顶端的良浆出口排出。由于离心力的大小与物质旋转的圆周速度平方成正比，与物质旋转半径成反比。因此，在除渣器内壁的阻力和良浆向低压区移动收到浆料内部黏度阻力的影响下，引起浆料的圆周速度下降，从而引起离心力的减小，故将除渣器做成锥形，使旋转的半径逐渐缩小，从而保持足够的离心力来分离杂质。

3. 影响净化的主要因素

影响涡旋除渣器的因素主要有除渣器尺寸、纸浆浓度、压力差、排渣率和通过量等。

1）除渣器尺寸

无论哪种形状的除渣器，都有尺寸大小不同的几个型号。除渣器的尺寸大，其容积大，单位时间浆料的通过量多，产量高，动力消耗少。但是，随着除渣器的半径增大，在其他条件相同的情况下，浆料涡旋产生的离心力降低，杂质的分离效果下降。所以，质量要求较高的纸浆，在净化时一般选用较小的除渣器。

2）纸浆浓度

在其他条件相同的时候，纸浆浓度增加，净化效率下降。这是因为浓度增加，浆料中纤维的悬浮量增多，密集程度增加，杂质分离过程的阻力增大，从而减缓了杂质在离心力作用下的运动，使净化效率下降。除渣器的工作浆浓取决于设备的类型，尺寸较小的除渣器工作浆浓一般小于 0.8%，为低浓除渣；尺寸较大的除渣器工作浆浓为 1.5%～2.5%，为高浓除渣器。

3）压力差

压力差是指除渣器工作时，原浆进口压力与良浆出口压力之间的差值。在其他条件不变时，增大压力差能提高纸浆的净化效率和除渣器的生产能力，同时使排渣率减小，从而使纤维流失减少。这是因为一方面压力差增大时，纸浆涡旋的推动力提高，涡旋速度加快、离心力增大，使除渣效率提高；另一方面，涡旋的速度越快，中心形成的低压区的压力越小，良浆易被压向低压区而旋转向上由良浆出口排出。另外，低压区直径的增大，还会使下部的排渣有效面积因被挤压而减小，这两种作用都造成排渣率减小。其有利的一面是减小了纤维流失，不利的一面是降低了净化效率。

4）排渣率

提高排渣率，杂质的分离排出容易，纸浆的净化效率提高，但是纤维的流失增多。除渣器工作中，排渣率的调节通过排渣口的口径来控制，排渣口口径增大，排渣率提高。对于间歇式排渣的除渣器，可通过排渣周期控制，排渣周期长、排渣率低。

5）通过量

一般来说，除渣器要求在满载荷条件下工作。所以，应根据其额定的生产能力来确定除渣器的数量。通过量过低，除渣器产量下降，动力消耗增加；通过量过高，除渣效率下降，纤维流失增加。

（六）洗涤、筛选与净化流程的组合

洗涤、筛选和净化的根本目的都是去除杂质，将制浆后已经分离了的纸浆纤维洁净地提取出来。在设计生产流程时，先去除哪种杂质，没有实质上的限制，即洗涤、筛选和净化的顺序，主要取决于所用设备类型和操作方便。

在利用洗浆池洗浆、沉渣盘（沟）去除重杂质的传统工艺中，其工艺流程一般为"洗涤→净化→筛选"，筛选包括粗选和精选，在未蒸解组分较多和较粗时，也可把粗选放在净化之前。以锥形除渣器为净化设备时，为了防止除渣器堵塞，把净化放在筛选之后，工艺流程为"洗涤→筛选→净化"。以真空洗浆机组进行纸浆洗涤时，为了防止粗大的未分解部分对洗鼓和滤网的损伤，同时防止高温黑液在真空下沸腾而破坏真空，一般把粗筛放在洗浆之前，工艺流程为"除节→洗涤→筛选→净化"。采用压力洗浆机洗浆时，为了改善车间操作环境，并保持较高的黑液温度以减小过滤阻力和碱回收蒸发的负荷，可将粗选放在洗涤之后。近年来，封闭筛选工艺及设备的进步，可使筛选和洗浆同时进行。

因此，洗涤、筛选和净化工艺流程组合的原则应该是在满足产品质量的前提下，选择效率高、占地少、纤维流失少、动力消耗小、操作管理方便、建筑费用低、水耗低的先进设备。流程的设计应该兼顾产品质量、生产规模和经济状况、碱回收等废水处理要求以及对浆渣处理的要求等诸方面综合考虑。

三、纸浆漂白

（一）漂白的基本原理

1. 纸浆的白度及颜色

纸浆白度与颜色是纤维表面对光反射和吸收的结果，其颜色是由纸浆对可见光的反射来决定的，纸浆中的木素成分是颜色主要来源，未漂浆的颜色呈黄色或咖啡色，经过漂白后纸浆略带黄色至灰白色或白色。

反映纸浆颜色或白度深浅，通常用亮度（Brightness）和白度（Whiteness）表示。纸浆亮度是指在波长 457 nm 处的反射率，是一种物理现象，使用不同仪器测定的结果有所不同。因此，纸浆的亮度大小，应注明测定的方法或使用的仪器。纸浆白度是一种生理现象，是纤维表面反射出来的光使人眼产生的印象，实际上是对可见光（400~760 nm）的反射情况。采用国际标准方法测得的白度，用%ISO 表示。

白度和亮度虽然是两个不同的概念，但造纸行业已习惯把白度和亮度作为同义词。白度是纸浆对可见光中的 7 种单色光反射的能力，国际上常采用波长为 457 nm 的蓝色单色光测定的 R_∞ 反射率，与相同条件下测得的纯净氧化镁表面 R_W 反射率之比 R_∞/R_W 的百分数表示。我国对白度的测定方法规定如下：纸浆和纸的白度是指白色或接近白色的表面对 457 nm 蓝光的反射率，以相当于氧化镁反射率的百分数表示。

2. 纸浆颜色产生的原因

有机物发色学说认为带有颜色的有机物，其化学结构中必定含有一个或多个发色基团，如 —C≕O、—C≕C、—C≕S 和 —N≕N 等。此外，还有一些基团，它的存在有助于发色和颜色的加强或改变，这些基团称之为助色基团，助色基团是含有未共用电子对的基团，如 —OR、—COOH、—OH、—NH、—NR、—SR、—Cl 和 —Br 等。光谱中每个发色基团均具有一个特有的吸收带，如果一个化合物的分子含有多个发色基团，但不发生共轭作用，该化合物就具有所有这些发色基团原有的吸收带，吸收带的位置及强度所受影响也不大。如果两个发色基团发生共轭作用，原发色基团的吸收带就会消失，而产生新的吸收强度比原来强得多的吸收带。按有机结构，发色基团实际上是有 π 电子的官能团。共轭基团含有共轭 π 电子，处于流动状态，属于整个共轭基，因此影响有机物发色基团吸收带的位置和强度。

3. 纸浆的发色基团

纸浆中的木素大分子由苯丙烷结构单元构成。从光谱观点来看，苯丙烷属于苯环 π 轨道简单的电子光谱，其特征吸收最大值接近 280 nm，另一大吸收峰接近 210 nm，在可见光区没有吸收峰，因而是没有颜色的。然而，木素侧链上含有发色性质的功能团，如果 —C≕O（羰基）和 —C≕C（碳碳双键）或者与苯环共轭，使吸收波长增加，在适当位置上的助色基团和发色基团发生关系能进一步增加吸收波长，并转移到可见光区。因此，纸浆中最重要的发色基团是木素侧链的双键、共轭羰基以及两者的结合，使苯环与酚羟基和发色基团相连接。醌结构对纸浆颜色有重要影响，对醌为黄色、邻醌为红色，它们除有不饱和酮的性质外，由于其羰基和碳碳双键处在共轭体系中，因此具有共轭双键的性质。此外，纤维组分中的某些基团与金属离子作用，也可形成具有深色的络合物；纸浆中的抽出物和丹宁也有着色能力，会造成纸浆颜色加深。

4. 纸浆漂白的基本原理

由于木素大分子含有不同的发色基团以及发色基团与发色基团之间和发色基团与助色基团之间的各种可能的联合，构成了复杂的发色体系，形成宽阔的吸收光带。因此，从理论上来讲，有色物质的脱色或者说漂白是通过阻止发色基团间的共轭，改变发色基团的化学结构，消除助色基团或防止助色基团和发色基团之间的联合等途径来实现的。目前，纸浆的漂白，无论使用哪种性质的漂白试剂，都是以此为理论基础的。

漂白的作用是从纸浆中去除木素或改变木素的结构。漂白化学反应可以分为亲电反应和亲核反应。亲电反应促使木素降解，亲电试剂（阳离子和游离基，如 Cl^+、ClO_2、$HO\cdot$、$HOO\cdot$）主要进攻木素中富含电子的酚和烯结构；亲核试剂（阴离子和少许游离基，如 ClO^-、HOO^-、$SO_2^-\cdot$、HSO_3^-）则进攻羰基和共轭羰基结构，除发生还原反应外，还会降解木素。亲电试剂主要进攻非共轭木素结构中羰基的对位碳原子与烷氧基连接的碳原子，也会攻击邻位碳原子以及与苯环共轭的烯，即 β 碳原子，以及纤维素葡萄糖单元中的 C_2、C_3 和末端 C 原子；亲核试剂主要攻击木素结构中羰基及与羰基共轭的碳原子。

（二）漂白的目的及方式

1. 漂白的目的

漂白的主要目的是提高纸浆的白度和温度稳定性，并改善纸浆的物理化学性质。另外，纯化纸浆，提高纸浆的洁净度，也是漂白目的之一。漂白是通过化学品的作用除去木素或改变木素发色基团的结构来实现的。化学纸浆漂白过程中木素去除可以看作是蒸煮的继续，因为蒸煮过程不可能达到满意的白度要求的脱木素程度，否则纸浆的得率和强度会大大降低。对某些特殊用途的纸浆，如溶解浆，漂白时必须除去半纤维素；对有吸收性要求的纸浆，漂白时去除半纤维素也是有益的。在漂白过程中，其他一些有害物质，如酸法纸浆中的脂类物质，经过多段漂白的碱性漂白工序也能够有效去除，消除了造纸过程的树脂障碍。

2. 漂白方式

纸浆漂白的方法可分为两大类，一类称溶出木素式漂白，另一类称保留木素式漂白。溶出木素式漂白是通过漂白剂的化学作用，将纸浆中的残余木素结构破坏而溶出。这种漂白方式通常采用氧化性漂白剂，如氯气、次氯酸盐、二氧化氯、过氧化物、氧气、臭氧等，通过氧化作用实现去除木素的目的，主要用于化学纸浆的漂白。保留木素式漂白，是在不脱除木素的条件下，改变或破坏纸浆中的发色基团，如木素中的醌型结构、酚类基团、金属螯合物、羰基和碳碳双键，减少其吸光性，增强纸浆的反射能力。这类漂白仅使发色基团脱色而不溶出木素，纸浆漂白损失很小，通常采用过氧化氢和还原性的连二硫酸盐、亚硫酸和硼氢化物等，这类方法主要用于机械浆和化学机械浆的漂白。

（三）纸浆漂白的方法

纸浆漂白是一个化学过程，其方法通常以漂白剂的名称来命名，不同的漂剂其化学性质和漂白能力不同，适用于不通过类型的纸浆漂白。常见漂白试剂的性质见表4-8。

表4-8　纸浆漂白方法

漂白方法	漂白试剂	工艺代号	主要作用	适应浆种
氯化	Cl_2	C	氯化、氧化木素	化学浆
碱处理	NaOH	E	溶解氯化木素	化学浆
次氯酸盐漂白	NaClO 或 $Ca(ClO)_2$	H	氧化溶出木素，脱色	化学浆
二氧化氯漂白	ClO_2	D	氧化溶出木素，脱色	化学浆

漂白方法	漂白试剂	工艺代号	主要作用	适应浆种
过氧化氢漂白	H_2O_2+ NaOH	P	氧化木素，脱色	化学浆、高得率浆和脱墨浆
氧漂	O_2+ NaOH	O	氧化溶出木素	化学浆
臭氧漂白	O_3	Z	氧化溶出木素，脱色	化学浆
连二硫酸盐漂白	$Na_2S_2O_4$ 或 ZnS_2O_4	Y	还原木素，脱色	机械浆
酸处理	H_2SO_4	A	溶出无机物	化学浆
螯合处理	EDTA 或 DTPA 或 STPP	Q	去除金属离子	化学浆、高得率浆和脱墨浆
木聚糖酶处理	Xylanase	X	降解木聚糖	化学浆
过氧醋酸漂白	H_2O_2+CH_3COOH	P_a	氧化溶出木素，脱色	化学浆
过氧硫酸漂白	H_2O_2+ H_2SO_4	P_s	氧化溶出木素，脱色	化学浆
混合过氧酸漂白	H_2O_2+CH_3COOH+ H_2SO_4	P_{as}	氧化溶出木素，脱色	化学浆
氯和二氧化氯漂白	Cl_2+ ClO_2	CD	氧化溶出木素，脱色	化学浆
氧强化的碱处理	NaOH+O_2	EO	氧化溶出木素，脱色	化学浆
氧过氧化氢强化的碱处理	NaOH+O_2+H_2O_2	EOP	氧化溶出木素，脱色	化学浆
过氧化氢氧脱木素	NaOH+O_2+H_2O_2	OP	氧化溶出木素，脱色	化学浆
压力过氧化氢漂白	O_2+NaOH+H_2O_2	PO	氧化溶出木素，脱色	化学浆
漂白终点加碱的二氧化氯漂白	ClO_2+NaOH	DN	氧化溶出木素，脱色	化学浆
高温二氧化氯漂白	ClO_2	D_{HT}	氧化溶出木素，脱色	化学浆

漂白是作用于纤维以提高其白度的化学过程。漂白在制浆造纸生产过程中占有重要地位，与纸浆和成纸的质量、物料和能量消耗及对环境的影响有着密切关系。18 世纪中叶以前，都是借助日光的作用进行自然漂白。1784 年，瑞典化学家 Carl Wilhelm Scheele 发现了氯及其对植物纤维的脱色作用。1798 年，苏格兰化学家 Charles Tennant 用石灰乳液吸收氯来制备次氯酸钙漂白粉，并于 1800 年将其用于纸浆漂白。纸浆氯漂和碱抽提于 1930 年实现工业化，1936 年实现氯漂技术的多段连续漂白。1940 年，过氧化氢漂白机械浆实现工业化生产。1946 年，采用二氧化氯纸浆漂白。1950 年，出现 CEDED 多段漂白技术，在纸浆强度很少损失的情况下将硫酸盐纸浆漂到很高的白度。1970 年，第一套工业化高浓氧脱木素装置在南非投入生产。由于高剪切中浓混合器和中浓浆泵的研制成功，20 世纪 70 年代后期实现了中浓氧脱木素的工业化，20 世纪 80 年代又出现了氧强化的碱抽提技术。20 世纪 90 年代初，无元素氯漂白迅速发展，进一步发展成全无氯漂白。漂白废水封闭循环使用即无废水排放的漂白也有工厂实践。

进入 21 世纪，随着环境保护要求的日益严格，氯漂白废水中含有氯化有机物对环境的危害引起人们广泛关注，氯和次氯酸盐漂白受到限制，纸浆漂白朝着无元素氯和全无氯漂白的方向发展。由于二氧化氯漂白的纸浆白度高、强度好，废水对环境的影响轻，因此二氧化氯无元素氯漂白（Elemental Chlorine Free，ECF）仍将继续发展。氧脱木素、过氧化氢漂白和臭氧漂白是全无氯漂白（Totally Chlorine Free，TCF）工艺的重要组成部分，必将稳定增长。随着生物科学技术的进步，生物漂白技术也将逐步发展。目前，木聚糖酶辅助漂白实现工业化，并逐步推广应用。木素酶漂白也进行过中试试验，只要在提高脱木素效率方面取得突破，木素酶漂白将有广阔的应用前景。

　　纸浆漂白可以是单段的，即采用一种漂白试剂一次性完成漂白，如次氯酸盐、过氧化氢、连二硫酸盐单段漂白；也可以是多段漂白，即采用多种漂白试剂多次漂白纸浆。目前，更多的是采用多段漂白工艺流程，根据纸浆的性质和要求，各段采用不同的漂白方法，以满足纸浆白度、强度等方面的要求，并减少漂剂消耗、污染排放等。在合理的工艺条件下，多段漂白能提高纸浆白度，改善强度，节省漂剂。与单段漂白相比，多段漂白灵活性大，有利于质量的调节和控制，能将卡伯值高、难漂的纸浆漂到高白度。当然，漂白段数并非越多越好，在达到目的和要求的前提下，应尽量用短一些的漂白流程。

　　图 4-89 所示为不同类型的多段漂白工艺流程。

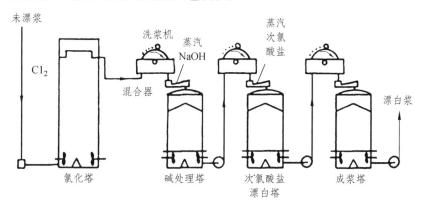

（a）传统 CEH 三段漂白流程

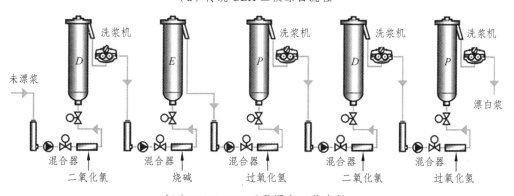

（b）D-E-P-D-P 五段漂白工艺流程

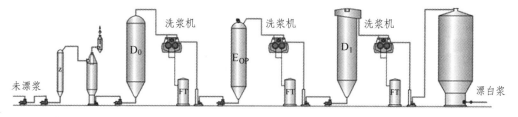

（c）Z-D-E_{OP}-D 四段漂白工艺流程

图 4-89　漂白工艺流程

1. 次氯酸盐漂白

用于纸浆漂白的次氯酸盐主要有次氯酸钙和次氯酸钠，可分别用氯和石灰、烧碱制备而成。次氯酸盐漂白（Hypochlorite Bleaching，H）通常在碱性条件下进行，漂白起始的 pH 一般为 11～12，漂白终点 pH 控制在 8.5 以上，漂白液中的有效组分是次氯酸根（ClO^-）和氢氧根（OH^-）。

次氯酸盐是强氧化剂，在漂白过程中 ClO^- 主要攻击木素结构中的苯醌结构和苯环侧链上的共轭双键。ClO^- 与木素的反应是亲核加成反应，ClO^- 对木素中的醌型结构和烯酮结构中的不饱和键进行亲核加成反应，随后进行重排，最终将其氧化降解为羧酸类化合物和二氧化碳。

漂白过程中 ClO^- 在对木素氧化降解的同时，也会对纤维素和半纤维素进行氧化。其反应过程：先将碳水化合物糖单元上的一些羟基氧化成羰基，然后将羰基进一步氧化成羧基，再将其降解为含有不同末端基的低聚糖甚至单糖，及相应的糖酸和简单的有机酸。ClO^- 对碳水化合物的氧化速度取决于漂白体系的 pH，pH 在 8.5 以上碳水化合物的氧化降解较慢，pH 为6～7 时氧化降解严重。碳水化合物氧化降解的结果，导致漂白浆的 α-纤维素含量降低，黏度下降，碱溶物增加，纸浆强度降低，纸浆返黄加重。所以，生产上为防止碳水化合物过多降解，漂白终点的 pH 要在 8.5 以上。

次氯酸盐漂白剂具有较强的氧化性能，漂白过程中利用其氧化性使纸浆中的木素降解而脱除从而提高纸浆白度。在漂白过程中还能改善某些浆料的物理化学性质，如溶解浆采用次氯酸盐漂白可提高其反应性能。但次氯酸盐漂白过程中强烈的氧化作用使碳水化合物降解，纤维的得率和强度损失较大；漂白废水的颜色较深，漂白废水中含有二噁英等有机氯，环境污染较为严重。因此，在普通纸浆的漂白生产中，次氯酸盐漂白已基本被淘汰，但在特殊纸浆的漂白中仍有使用。

2. 氯　化

氯化是将氯气（Cl_2）直接通入纸浆中的一种处理工艺，氯化过程中的 pH 一般为 2～4，是由氯气与水反应过程产生的盐酸和次氯酸所致。

氯化过程中对木素的主要反应有：① 分子氯产生的正氯离子（Cl^+）是亲电试剂，根据木素苯环上具体结构，使其薄弱位置上碳原子上的氢或其他基团取代，引入氯原子。② 苯环侧链上 α-碳原子上有适当的取代后，可进一步被氯原子亲电置换，导致木素侧链的断裂，使木素大分子溶解。③ 侧链断裂后进一步氧化成为羧酸，这也是通过亲电加成和水解反应而进行的。

纸浆氯化后黏度降低，表明氯化过程中碳水化合物受到某种程度降解。氯先攻击碳水化合物的配糖键，导致糖单元间连接断裂，生成醛糖和糖醛酸末端基，形成的己醛糖被氧化成相应的糖醛酸，继而变成戊醛糖和戊糖酸。氯化过程中还可能使糖单元上的伯醇基和仲醇基分别氧化成醛基和酮基，这种反应不会直接导致聚糖链的断裂，但产生的羰基会根据位置的不同使配糖链活化，从而易受酸和碱水解，最终也会导致碳水化合物降解。

纸浆氯化过程中木素和碳水化合物的降解产物，经后续的洗涤可以去除，但大量的氯化木素仅用水洗是不能去除的。氯化木素只有在碱性条件下，与碱性物质发生反应后才能溶解。因此，氯化之后的浆料应尽快进行碱处理，随着氯化木素的溶解，纸浆的白度才得到提高。氯化过程中，容易产生二噁英等有机氯化物，会严重影响环境，因此氯化也是一种典型的元素氯漂白而被限制使用。

3. 二氧化氯漂白

二氧化氯（ClO₂）的气体为赤黄色，液体为赤褐色，具有特殊刺激性气味，有毒性、腐蚀性和爆炸性。二氧化氯易溶于水，工业上通常使用的漂液浓度为 6~12 g/L，漂液中除了 ClO_2 外，还有一定量的 HCl、H_2SO_4 和 Cl_2，不同制备方法生产的漂液，其组分有一定的差异。由于 ClO_2 危险性大、不便长途运输，所以制浆企业应自建 ClO_2 反应制备系统，这在一定程度上增加了投资费用。

二氧化氯的化学性质不同于氯气，它具有很强的氧化能力，是一种高效漂白剂。二氧化氯漂白（Dioxide Chlorine Bleach，D）的特点是能够选择性地氧化木素和其他色素物质，而对纤维素和半纤维素没有或很少有损伤，因此漂白后纸浆的白度高、返黄少、强度高。

ClO_2 是一种游离基，很容易攻击木素的酚羟基使之成为游离基，然后进行一系列的氧化反应。ClO_2 与酚型木素结构的反应，形成酚氧游离基及其他中间游离基，这些游离基继续与 ClO_2 反应形成亚氯酸酯，进一步转变为邻醌和黏康酸单酯或其内酯，并产生亚氯酸或次氯酸。ClO_2 还能与非酚型木素结构反应，其反应途径与酚型结构的反应类似，首先生成酚氧游离基，再形成亚氯酸酯，接着水解生成二烯二酸衍生物和醌，只是反应速度大大降低。ClO_2 还可氧化木素发生脱甲基反应，先形成邻醌衍生物，然后通过亚氯酸根或二氧化氯进攻醌环上的双键而进一步氧化降解。邻位游离基有可能偶合成二酚结构，也可能与 ClO_2 反应生成醌醇亚氯酸酯，然后转变成环氧乙烷结构，后者有可能被水解成相应的乙二醇结构。ClO_2 与苯环共轭的双键反应，ClO_2 进攻双键导致环氧物的形成和次氯酸根游离基的脱除。其后环氧物的反应取决于 pH，pH 为 2 时，经酸催化水解生成二醇，pH 为 6 时则相对稳定。

二氧化氯漂白的选择性很好，除非 pH 很低或温度很高。ClO_2 对碳水化合物的降解比氧、氯和次氯酸盐要小得多。但 ClO_2 在酸性条件下漂白对碳水化合物还会有少许的降解作用，主要表现在酸性降解和氧化反应两个方面。

纤维素酸性降解（水解）的结果，使纸浆的黏度下降。漂白时间和 pH 对碳水化合物的酸性水解有影响，pH 为 4 左右时对碳水化合物的水解最少。二氧化氯对碳水化合物的氧化，主要表现在纸浆经氧化后会现出少量的各种糖酸和糖醛酸的末端基，如葡萄糖酸、阿拉伯糖酸、赤酮酸和乙醛酸等。此外，纤维素大分子还会出现葡萄糖醛酸基。当然，这些基团的产生为数不多。因此，ClO_2 漂白比起次氯酸盐漂白对碳水化合物的降解少，漂白的选择性高。

4. 碱处理

碱处理，也叫作碱抽提（Caustic Extraction，CE），通常是用一定浓度（2~100 g/L）NaOH 溶液，在 45~125 ℃温度下处理纸浆，是纸浆漂白和精制过程中常用的工艺手段。不同的处理目的，碱液浓度、处理温度和处理时间有较大差异。纸浆漂白过程中碱处理的碱液浓度较低，一般小于 100 g/L，温度为 75~125 ℃，处理时间为 45~90 min。

碱处理通常用在纸浆酸性漂白，如氯化、二氧化氯漂白之后，这样可使酸性漂白过程产生的酸性条件下不能溶出的木素产物，如氯化木素溶解出来。在氯化过程中，由于氯正离子的亲电攻击生成氯化醌结构，在碱处理过程中受到亲核的氢氧根离子的作用，成为羟基取代的醌基而溶于碱液中。同时，氢氧根离子还可以攻击在邻醌位置上的羰基，经过重排生成羧基、酸基、环戊二烯等结构，也可以使氯化木素溶出；氯化降解产物四氯苯醌也很容易溶于碱液而形成羟基氯化苯醌。此外，NaOH 还能使氯化过程中产生的二元羧酸的溶解；NaOH 润胀能力使氯化木素容易被溶出，使木素碎片从纤维的细胞壁里顺利扩散出来；NaOH 还会使吸附在纤维上的物质溶解。

碱处理过程中，如果条件过于苛刻，如用碱量太多、温度太高，也会使碳水化合物发生降解。碱性条件下碳水化合物的降解，主要有剥皮反应和碱性水解。碱处理时，添加助剂可以减少碳水化合物降解反应的发生。可以添加的助剂有硼氢化钾（KBH_4）、亚硫酸钠（Na_2SO_3）和过氧化氢（H_2O_2），其作用是还原或氧化碳水化合物的羰基末端基，减少剥皮反应，有些还有加强脱木素的作用。另外，在碱处理的过程中，还可使纸浆中 SiO_2 类型的灰分、脂类物质等溶解出来，提高了纸浆的纯度。

影响碱处理的因素有用碱量、温度、时间和浆浓。用碱量取决于制浆方法、纸浆性质和要求，以及碱处理过程的其他条件。一般情况下，NaOH 相对于纸浆的用量为 1%～5%，终点 pH 在 9.5～11。提高温度可提高木素的溶解速度和溶解量，但温度过高不仅会造成热能消耗增加，还会增加碳水化合物的溶出，普通纸浆漂白中的碱处理温度一般为 60～70 ℃。纸浆浓度提高，可节省蒸汽，加快反应，还可缩小碱处理塔的容积，减少废液排放量。现在的处理工艺，都趋向于中高浓处理，浓度为 8%～15%。

为了提高碱处理的效果，降低纸浆的卡伯值，提高纸浆的强度，可添加氧、过氧化氢进行强化，称之为强化碱抽提，根据所用的强化试剂可分为氧强化（EO）、过氧化氢强化（EP）和氧-过氧化氢强化（EOP）。在碱处理过程中，氧、过氧化氢的加入，可使纸浆中的木素氧化降解而脱除，使纸浆的卡伯值有一定降低。这样有利于减少前段、后段氯化或二氧化氯漂白中氯气和二氧化氯的用量，减少有机氯的排放，并降低漂白成本。

5. 过氧化氢漂白

过氧化氢漂白（Hydrogen Peroxide Bleach，P）是利用 H_2O_2 在 pH 为 10～11 的碱性条件下漂白纸浆。过氧化氢漂白不使用含有氯原子的化学试剂，漂白过程也不会产生对环境和产品有害的污染物，因此成为全无氯漂白的重要方法。

H_2O_2 是一种弱氧化剂，它与木素的反应主要是与苯环侧链上的羰基和双键，使其氧化改变结构或将侧链碎解。H_2O_2 与木素结构单元苯环的反应，就是破坏醌式结构的反应，使其变为无色的其他结构，导致苯环氧化开裂最后形成一系列的二元酸和芳香酸。H_2O_2 漂白过程中形成的各种游离基也能参与木素反应，氢氧游离基与浆中残余木素反应形成酚氧游离基，过氧游离基与酚氧游离基中间产物反应生成有机氧化物，再降解成低分子化合物。可见，在 H_2O_2 漂白时，既能减少消除木素中的有色基团，也能碎解木素使其溶出；同时，还有一些低分子量的脂肪酸，如甲酸、羟基乙酸、3，4-二羟基丁酸等溶出。

在温和条件下进行过氧化氢漂白，H_2O_2 对碳水化合物的反应较轻。但过氧化氢漂白过程中，H_2O_2 分解生成的氢氧游离基（HO·）和氢过氧游离基（HOO·）都能与碳水化合物反应。HOO·能将碳水化合物的还原性末端基氧化成羧基；HO·既能氧化还原性末端基，也能将醇羟基氧化成羰基，形成乙酮醇结构，然后在热碱溶液中发生糖苷键的断裂。H_2O_2 分解生成的氧在高温碱性条件下，也能与碳水化合物作用。因此，化学浆 H_2O_2 漂白后，纸浆黏度和强度均有所降低。若漂白条件剧烈，如高温 H_2O_2 漂白，又没有有效地去除浆中的过渡金属离子，漂白过程中形成的氢氧游离基过多，碳水化合物会发生严重的降解，必须严格控制好工艺条件。

在漂白时可添加络合剂，如 EDTA、HEDP 等，使浆料中的过渡金属离子失去活性，避免对漂白的负面影响。

6. 过氧酸漂白

过氧酸由浓酸与过氧化氢溶液反应而生成，常见的过氧酸有过氧甲酸（Peroxyformic Acid，P_f）、过氧醋酸（Peracetic Acid，P_a）和过氧硫酸（Persulfuric Acid，P_s）。过氧酸既可作为脱木素试剂，也可作为漂白剂和木素活化剂。过氧酸的亲电性和亲核性都比过氧化氢强，因此比过氧化氢更能有效脱除木质素。

过氧酸处理纸浆是在酸性条件下进行的，与木素既可发生亲核反应，又可发生亲电反应。过氧酸的亲电反应，导致羟基化和对苯醌的形成，亲电加成反应，导致芳基醚键的断裂；过氧酸与羰基基团进行亲核反应，使其结构进行重排，与木素芳环的亲核反应，使苯环开裂并进一步降解溶出。

过氧酸具有较强的脱木素能力，因此可以取代或强化氯化，将（CD）（EO）DED 流程改为 P_s（EO）DED，实现了无元素氯漂白。

7. 氧气漂白

氧气漂白也叫氧碱漂白，或氧脱木素（Oxygen Delignification，O），是在碱性条件下，向纸浆中通入氧气（O_2）进行漂白的方法。未漂浆中残余木素的 30%～50%可以在碱性条件下用氧去除而不会引起纤维强度的损失，而且漂白废水中不含氯，可用于漂前浆料的洗涤，洗涤后可送到碱回收系统处理和燃烧，使有机物生物质能和烧碱得到回收利用。氧脱木素是 TCF 漂白不可缺少的重要组成部分，也是大多数 ECF 漂白的重要组成部分，成为纸浆漂白技术的一个发展方向。

分子氧作为脱木素试剂，是利用其具有两个未成对的电子对有机物具有强烈的反应性。O_2 是一种相对较弱的氧化剂，要保证 O_2 与木素反应有适当速度，须加碱活化木素，即将酚羟基和烯醇基转变成具有活性的酚盐和烯酮基。因此，氧气漂白通常是在碱性条件下进行的。

分子氧在氧化木素时，通过一系列电子转移，本身逐步还原。根据体系 pH 的不同而生成过氧游离基（$\cdot O_2^-$）、氢过氧阴离子（HOO^-）、氢氧游离基（$HO\cdot$）和过氧离子（O_2^{2-}）。这些氧衍生的基团，在木素降解中起着重要作用。氧脱木素过程中的反应，既有亲电反应、又有亲核反应，既有离子反应、又有游离基反应。游离基反应快，主要作用是脱木素，使木素碎片化；离子反应慢，主要作用是破坏发色结构，提高纸浆白度。

氧脱木素过程中，碳水化合物的降解反应主要是碱性氧化降解反应，其次是剥皮反应。在碱性介质中，纤维素和半纤维素会受到分子氧的氧化作用，在糖单元 C_2 位置（或 C_3、C_6 位置）上形成羰基。在氢氧游离基攻击下，C_2 位置形成羟烷基游离基，再受分子氧的氧化作用生成乙酮醇结构。C_2 位置上具有羰基，会进行羰基与烯醇互换，从而发生碱诱导 β-烷氧基消除反应，导致糖苷键断裂，使纸浆的黏度和强度下降。在 C_3 和 C_6 位置引入的羰基能活化配糖键，通过 β-烷氧基消除反应产生碱性断裂。乙酮醇的氧化，在 C_3 和 C_6 位置上同时引入酮基，此二酮结构能被亲核剂（如氢过氧阴离子）进一步氧化成二元羧酸，也可通过碱的作用重排成为含羧基的呋喃结构。

氧脱木素一般是在碱性介质中并在 100 ℃ 以上条件下进行的，因此碳水化合物或多或少会发生一些剥皮反应。氧化降解产生新的还原性末端基，也能发生剥皮反应，剥皮反应的结果是降低了纸浆的得率和聚合度。但是氧脱木素过程中剥皮反应是次要的，在氧化条件下碳水化合物的还原性末端基迅速氧化成醛糖酸基。

在氧碱体系中，碳水化合物还原性末端基氧化成羧基不是直接的，而是复杂的系列反应。其关键的一步是与羰基相邻的位置形成负碳离子及其后的氧合作用，产生氢过氧化物，然后通过形成二氧四环结构而裂解成甲酸和分子量较小的醛糖酸；或经氢过氧阴离子消除生成1,2-二羰基结构，然后重排转变成相应的醛糖酸；二羰基失衡变为甲酸和少一个 C 原子的醛糖。新产生的还原性末端基也可发生剥皮反应。

氧脱木素废液中，60% ~ 70%为溶出的木素。除了少量的低分子量木素产物外，如乙酰香草酮，这些木素仍以聚合物形式存在。碳水化合物的溶出要少得多。溶出的木素和碳水化合物碎片会发生一定程度的氧化反应，产生各种脂肪酸、甲醇和二氧化碳。

8. 臭氧漂白

臭氧（O_3）是氧气的一种同素异形体，常态下为淡蓝色气体。臭氧有强氧化性，其氧化电势为 2.07 eV，氧化能力高于氧（1.23 eV）、氯（1.36 eV）和二氧化氯（1.5 eV），可在较低温度下发生氧化反应。臭氧能与木素、苯酚等芳香化合物反应，与烯烃的双键结合，还能与杂环化合物、蛋白质等反应，也可破坏分解细菌的细胞壁。基于臭氧具有的氧化、除臭、脱色及杀菌消毒作用，已广泛应用于化工、制药、制浆、废水处理、食品加工保鲜和医疗保健等领域。

臭氧可与木素发生反应，无论酚型还是非酚型木素结构，都能引起木素结构中苯环碳碳键的断裂，进而连续降解。臭氧还会断裂苯环侧链上的烯烃键和醚键生成各种脂肪酸，从而实现木素氧化降解，达到漂白目的。然而，臭氧是非选择性氧化剂，在与木素反应的过程中也能降解碳水化合物。氧化碳水化合物还原性末端基为羧基，氧化醇羟基成为羰基，氧化配糖键使其断裂。研究表明，臭氧漂白过程产生的自由基是降解纤维素的主要原因，自由基的产生源于臭氧在水中的分解以及与己烯糖醛酸、木素间的反应。在臭氧漂白过程中生成的自由基与纤维素和半纤维素上的醇羟基发生作用，生成羰基。臭氧是一种较强的氧化剂，能与木素、苯酚等并在聚糖链上形成乙酮醇结构，导致碳水化合物在后续碱漂过程中发生分子链断裂。纤维素和半纤维素的降解会导致纸浆黏度的下降，从而导致纸浆质量的下降。然而，研究人员发现，无元素氯漂白工艺引入臭氧漂白技术，纸浆黏度有所降低，但强度没有降低，可见黏度并非表征纸浆强度的合适指标。实际上，臭氧对纤维的攻击较均匀，不会影响纤维的完整性，更容易与纤维节点和无定型区作用，使纤维交联和卷曲。

臭氧可用于纸浆漂白工艺，通常需要消耗电能和氧气在现场进行制备，得到臭氧和氧气的混合物，臭氧的体积分数一般为 8% ~ 14%。为降低臭氧的生产成本，臭氧中氧气需进行分离，经纯化、除湿后回用至臭氧发生器。目前，国际先进的臭氧发生器生产能力已达到 750 ~ 1 000 kg/h，可满足年产 65 万吨规模的纸浆漂白生产需求。

9. 连二硫酸盐漂白

常用的连二硫酸盐主要有连二硫酸钠（$Na_2S_2O_4$）和连二硫酸锌（ZnS_2O_4），它们都是较强的还原剂。连二硫酸盐漂白过程中不会造成木素的降解溶出，是一种常用的保留木素式漂白方法，主要用于高得率纸浆的漂白。

连二硫酸盐的漂白作用是利用其还原性，在纸浆漂白体系中离解成次硫酸根游离基（$SO_2^- \cdot$），$SO_2^- \cdot$ 通过电子转移变为 SO_2 和 SO_2^{2-}，$SO_2^- \cdot$、SO_2 和 SO_2^{2-} 都是还原性物质，可与纸浆中木素上的苯醌基团、双键基团等发色基团发生还原反应，使之变成无色的产物从而提高纸浆的白度。

（四）影响漂白的因素

1. 纸浆种类及性质

不同方法制备的纸浆，其木素及其他色素的含量、结构等的不同，漂白的难易程度不同。高得率纸浆颜色深，纸浆中的木素、色素含量高，木素溶出困难，纸浆漂白难度大，应采用木素保留式的漂白方法，改变木素中发色基团的结构，使其失去发色作用。化学纸浆，经过蒸煮后浆料中的木素含量较少，因而漂白相对容易。硬度不同的化学纸浆，其漂白性能不同，高硬度纸浆木素含量，漂白难度大。

2. 漂剂种类及用量

漂白剂的种类很多，其漂白性能及漂后浆料性质都有较大的差异，同时对环境也有较大的影响。漂剂用量通常是根据未漂浆的种类、硬度，以及漂后浆的白度和强度等要求来确定。漂剂用量不够，漂白不够彻底，纸浆白度达不到要求；漂剂用量过多，非但浪费，还会增加碳水化合物的降解，造成漂损增加、强度下降，也增加了污染物的排放。

3. pH

不同的漂白试剂，其漂白作用和方式不同，都有各自适宜的 pH。pH 不仅影响漂白剂的作用效率，还会影响漂白过程中碳水化合物的降解，因此漂白生产中应严格控制漂白体系的pH。生产上通常采用烧碱或硫酸调节纸浆的 pH，碱性漂白时用烧碱进行调整，酸性漂白用硫酸进行调整。

4. 金属离子

纸浆中存在的过渡金属离子，如铁、锰、铜、钙等，对氢氧基的形成有催化作用，会加速碳水化合物的氧化降解，造成漂剂消耗增加，纸浆得率和强度下降。为了消除过渡金属离子的影响，可通过酸处理去除纸浆中存在的金属离子，还可通过添加镁盐保护剂，如 $MgSO_4$、$MgCO_3$、$Mg(OH)_2$、MgO 或镁盐络合物。这些保护剂通常用在氧漂、过氧化氢漂白等中。另外，还可通过添加乙二胺四醋酸（EDTA）和二亚乙基三胺五醋酸（DTPA）等络合剂，以消除金属离子对漂白的干扰。

5. 漂白温度

提高温度可以加快漂白反应速度。因为温度升高，可以加快漂白剂与木素和色素的化学反应，也可加速漂白剂向纤维内部渗透和反应产物的扩散溶出。因此，在生产上可在一定范围内提高漂白的温度，以缩短漂白时间、提高生产效率。但是，温度升高也会加剧漂白剂与纤维素的化学反应，造成漂损增加、强度下降；也有可能造成漂白剂无效分解，增加了漂白剂消耗和环境污染。漂白温度通常根据漂白剂的性质和要求来确定。

6. 纸浆浓度

纸浆浓度低，漂白体系中的水量多，有利于漂白剂与浆料的均匀混合，提高漂白反应的均匀性。但是，在漂白剂用量不变的情况下，体系中漂白剂的浓度降低，从而导致漂白速度减慢。同时，纸浆加热时会消耗更多的蒸汽。因此，在保证纸浆与漂剂均匀混合的情况下，应尽可能低提高漂白过程中纸浆浓度。目前，漂白生产中纸浆的浓度大多在 8% ~ 15%，为中浓漂白。

7. 漂白时间

在其他条件确定的情况下，适当延长漂白时间，可降低漂白剂残留，漂后纸浆白度有一定的提高；但是，若过度延长时间，特别在漂白剂剩余量很少的情况下继续漂白，纸浆的白度不会提高还有可能降低，同时还可能造成纸浆强度的下降。这是因为，在漂白剂浓度很低的情况下，残留的漂白剂无法脱除木素，但与纤维素的反应加快。不同的漂白试剂，反应快慢不同，应根据漂白剂的性能，确定合适的漂白时间。

（五）漂白设备

目前，纸浆漂白已普遍采用多段连续漂白的工艺技术，漂白系统的主要设备包括混合器、输送设备、漂白装置和洗浆机等。随着这些设备的发展，漂白工艺条件也得到不断完善，漂白效率显著提高。

1. 混合器

混合器的主要作用是将纸浆与漂白所用的各种化学药剂、蒸汽等介质混合均匀，并送入后续的漂白装置中，如图 4-90 所示。混合器的结构和种类与漂白条件，特别是漂剂状态和纸浆浓度有很大关系。目前，随着漂白技术向中高浓、低污染方向发展，漂白系统已普遍采用中浓混合器，传统的低浓混合器已趋于淘汰。

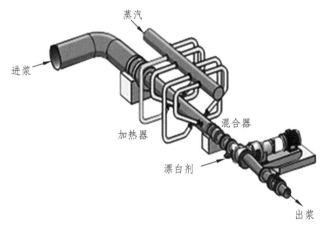

图 4-90　中浓混合器的应用示意图

中浓漂白时纸浆浓为 8% ~ 15%，在这个浓度范围内，纤维之间会形成牢固的网络结合，浆料为非牛顿流体，在纤维之间以及纤维与管壁间产生较大的摩擦，造成浆料输送以及与漂白剂混合的难度加大。因此，中浓混合器中都设置了湍流发生器，提高浆料的流变性，促进浆料与漂白剂的快速均匀混合。从机械结构和工作原理来看，中浓混合器主要分为离心式和直通式两大类。

图 4-91 所示为一种离心式中浓混合器，其机械结构和工作原理与离心浆泵相似，纸浆、漂剂和蒸汽等物料，在抽吸力作用下进入叶轮中心，高速旋转的叶轮产生搅拌作用和离心力作用，可使物料快速均匀混合，然后在离心力的泵送作用下送入后续设备。

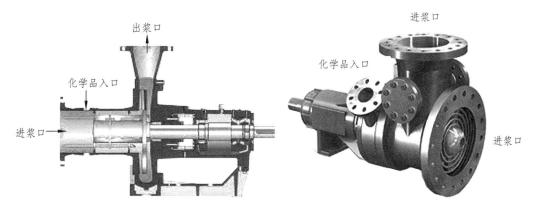

图 4-91　离心式中浓混合器

图 4-92 所示为直通式中浓混合器，浆料的进出口为水平设置，这种混合器安装在中浓浆泵之后。漂白剂、蒸汽等介质从进口端加入，浆料在浆泵的作用下穿过混合器，混合室中高速旋转的转子产生的剪切应力，使物料快速均匀混合。

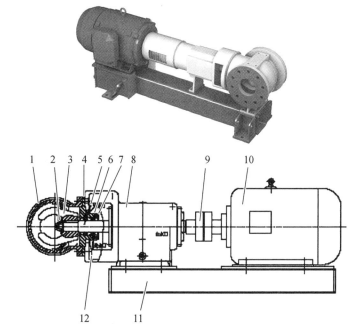

1—混合室；2—紧固螺栓；3—转子；4—后盖；5—主轴；6—机械密封；7—机封端盖；
8—轴承座总成；9—轴承；10—电机；11—底座；12—机封。

图 4-92　直通式中浓混合器

2. 中浓浆泵

中浓浆泵是漂白系统中的重要设备，其作用是在漂白系统中进行纸浆输送，并提供纸浆与漂白剂、蒸汽等其他介质混合所需的压力。随着漂白技术向中高浓发展，目前的漂白系统已普遍采用中浓浆泵，其工作浓度可达 12%~18%。

纸浆在 12%~18%浓度时，其流动性急剧下降，泵送的难度很大。因此中浓浆泵不是一台简单的泵，而是一套纸浆输送系统。如图 4-93 所示，中浓纸浆泵送系统通常由储浆立管、浆泵和真空泵组成。储浆立管的作用是储存一定量纸浆，保证系统连续运行；真空泵的作用是抽出中浓浆泵中心气体，防止气蚀现象出现，促使纸浆进入中浓浆泵中。

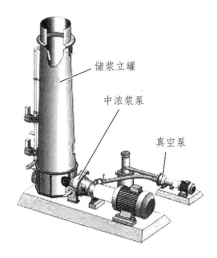

图 4-93 中浓纸浆泵送系统的组成

中浓浆泵为离心泵，与低浓泵的主要区别是在叶轮前端设置了湍流发生器，另外在泵体中心设有排气管与排气泵相连，其结构如图 4-94 所示。

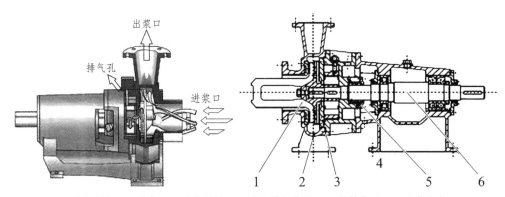

1—湍流叶轮；2—泵壳；3—泵体隔板；4—真空抽气装置；5—轴封装置；6—主轴总成。

图 4-94 中浓浆泵的结构

中浓浆泵依靠湍流发生器对纸浆施加剪切力，破坏纤维网格结构，使得原本处于塞流状态的纸浆形成强烈的湍流状态，具有了流动性；还起到将空气从纸浆中分离出来的作用，进而可以使用常规半开式离心泵进行浆料输送，常见的湍流发生器如图 4-95 所示。

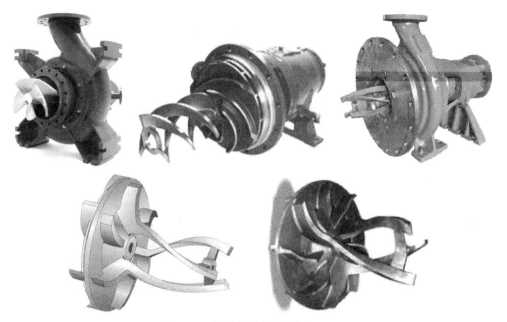

图 4-95 湍流发生器的形式

3. 漂白装置

漂白装置是纸浆进行漂白反应的容器，目前多采用垂直安装的圆柱形容器，因此也叫作漂白塔。根据漂白的条件，如酸碱性、漂白浆浓、压力和温度等的不同，漂白塔的材质、耐压要求不同。

通常，根据漂白塔内纸浆流向的不同，将其分为升流式、降流式和升浆流式漂白塔，如图 4-96 所示。不同形式的漂白塔，适用于不同的漂白介质，其生产控制也不同。升流式漂白塔从底部进浆、顶部出浆；降流式漂白塔从顶部进浆，底部出浆；升降流漂白塔由前段的升流塔（管）和后段降流塔构成。降流式漂白塔适用于常压、液态不易挥发的漂剂；升流式漂白塔适用于高压、气态反应快的漂剂；升降流漂白塔适合于常压、气态易挥发的漂剂。

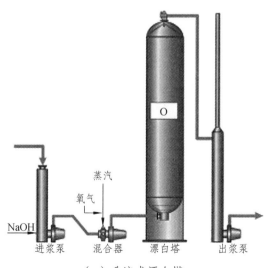

（a）升流式漂白塔

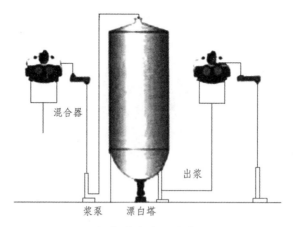

混合器

出浆

浆泵　漂白塔

（b）降流式漂白塔

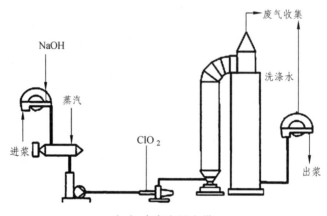

NaOH

蒸汽

进浆

ClO_2

废气收集

洗涤水

出浆

（c）升降流漂白塔

图 4-96　漂白塔的形式

无论哪种形式的漂白塔，其结构都是由中部圆柱形塔体，和上下端的进浆装置和卸浆装置组成，如图 4-97 所示。塔体通常为圆柱状，根据漂白的反应条件和要求，可选用不同的材料。

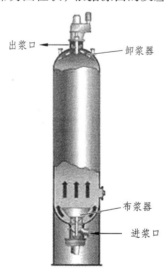

出浆口　　卸浆器

布浆器

进浆口

图 4-97　漂白塔的结构

图 4-98 所示为一种圆盘式浆料分配器,分配盘通过漂白塔底的传动系统进行旋转,分配盘上有突出圆盘的倒流片。浆料在浆泵的作用下,从圆盘中心进浆孔送入,在导流片的作用下均匀地分布到漂白塔的横截面的各个位置。

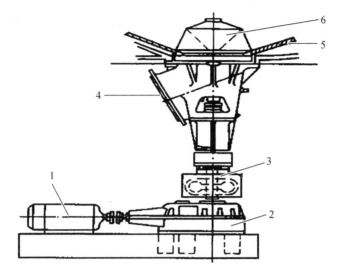

1—传动电机;2—减速机;3—联轴器;4—进浆口;5—导流片;6—分配盘。

图 4-98　转盘式浆料分配器

图 4-99 所示为一种转臂式浆料分配器,它是一个可以旋转的进浆管,在塔底传动装置的驱动下,沿水平方向缓慢旋转。转臂分配器又和塔外的进浆管相连,纸浆通过进浆管进入分配器,随着分配器的转动,使浆料均匀分布到漂白塔中。

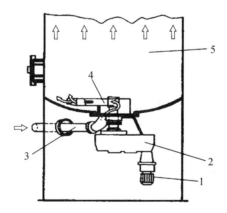

1—传动电机;2—减速机;3—进浆管;4—转臂;5—塔体。

图 4-99　转臂式浆料分配器

图 4-100 为升流式漂白塔的卸料装置。漂白塔内不断上升的浆料,到达漂白塔顶区域后,在卸料器的作用下,从漂白塔的不同位置朝中心汇集,然后通过塔顶中心位置的出浆管排出。耙形卸料器通过转动的耙齿产生的推动作用,使浆料朝中心移动。伞形卸料器通过转动的伞形导流片的推动作用,使浆料朝中心移动。

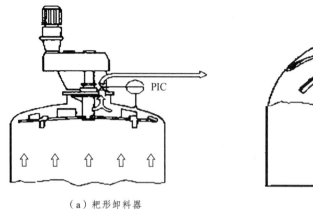
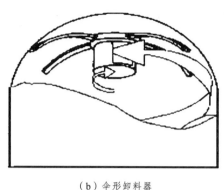

（a）耙形卸料器　　　　　　　　　　　（b）伞形卸料器

图 4-100　卸料器的形式

四、纸浆精制

精制是溶解浆生产上的特有工序，其主要目的是脱除浆料中残余的半纤维素，提高 α-纤维素含量。另外，通过精制也可以脱除木素、树脂、灰分等杂质，并改善纤维素的反应性能。漂白虽然能够有效去除纸浆中的残留木素，但在半纤维素去除方面能力还欠缺，因而精制成为溶解浆生产中必不可少的工序。纸浆精制常采用的方法包括筛分、碱精制（即碱处理）、酸精制（即酸处理），以及生物酶、机械等预处理。在生产上可根据需要，将精制工序设置在漂白工序之中进行。

（一）筛　分

纸浆中的非纤维状细胞，通常为薄壁细胞和表皮细胞等，它们的形状多种多样，有圆形的、圆柱形的、椭圆形的、枕形的和细长纺锤状的，这些细胞也称为杂细胞。木材纤维原料杂细胞含量很少，如红松含 1.8%，落叶松 1.5%；而非木材纤维原料杂细胞含量较多，如慈竹含 47.3%，稻草含 54.0%，麦草含 37.9%。

杂细胞在植物生长过程中起着光合、呼吸、贮藏、保护和分泌等作用，其中的纤维素含量较少，木素、半纤维素、金属离子等成分含量高。当杂细胞含量较多时，将导致竹纤维的纤维素含量较少、纯度下降。纤维细胞相对较长、非纤维细胞相对较短，因此可通过筛分将非纤维细胞和细小纤维筛除，就可提高纸浆纤维素含量。

（二）碱处理

氢氧化钠可有效溶解浆料中的半纤维素，因而碱处理（Caustic Extraction）是进一步提高纤维素含量的有效手段，碱处理的工艺方法包括冷碱处理（Cold Caustic Extraction, CCE）和热碱处理（Hot Caustic Extraction, HCE）。

冷碱处理一般在常温（30 ~ 40 ℃）下，用 5% ~ 10%的氢氧化钠溶液浸渍浆料 45 min 左右，可有效地溶解其中残余的半纤维素，使 α-纤维素含量提高。热碱处理是在 100 ℃ 以上（115 ~ 135 ℃）的条件下，采用 5% ~ 13%的用碱量对浆料（绝干浆）进行 45 min 左右的处理，可去除其中的残留木素和半纤维素，提高 α-纤维素的含量。

相对来讲，冷碱处理对提高 α-纤维素含量更有效。这是因为在低温条件下，碱液对纤维的作用只是润胀及半纤维素的物理溶解；而在高温条件下，强碱作用会对纤维素产生损伤。但是，冷碱处理对碱液的消耗很大，生产上需增设碱液回收系统。

（三）酸处理

在酸性条件下，抗碱性的半纤维素和木素能够得到明显地去除，使浆料的 α-纤维素含量提高。因而对预水解硫酸盐浆料来说，残余的半纤维素对碱的稳定性较好，但可采用酸精制（Acid Extraction，A）将其去除。浆料经过酸处理，在脱除半纤维素的同时，还可以起到酸洗的效果，降低浆料的灰分以及金属离子含量。这是因为在酸性条件下，浆料中的小分子纤维素、半纤维素发生酸水解，水溶性增加而溶解出来。另外，各种金属离子在酸性条件下，也会溶解出来使浆料得到纯化。

酸处理通常用硫酸，在 pH=3、温度 90 ~ 150 ℃ 的条件下处理浆料 60 ~ 90 min。

（四）酶处理

用于溶解浆精制的生物酶主要包括纤维素酶和半纤维素酶。从分子层面来讲，纤维素酶可以有效地降解纤维素分子链，降低纤维素的黏度和分子量。从纤维形态来看，纤维素酶更偏好作用于比较脆弱的纤维表面，这种特殊的作用方式，可以随机地增加纤维表面的孔洞，疏松纤维紧致的结构，提高纤维的润胀性能，最终增加溶解浆的反应活性。

常用的半纤维素酶有甘露糖酶和木糖酶。由于生物酶的专一性，半纤维素酶可以有效去除纸浆料中的半纤维素，提高溶解浆的纯度，升级溶解浆的品质。针叶木原料中含有较多的聚甘露糖，阔叶木含有较多的聚木糖，因此在处理纤维纸料浆时，应根据原料来调整这两种半纤维素酶的用量。

酶处理也可以明显改善溶解浆的性能，提高溶解浆的品质。用于处理溶解浆的生物酶主要包括纤维素酶和半纤维素酶。纤维素酶处理主要用于提高溶解浆的反应性能，而半纤维素酶处理则用于提高溶解浆的纯度。

（五）其他处理

纤维素分子间和分子内部的氢键结合，使纤维素结构非常致密，化学药品很难进入结晶区与纤维素链上的羟基反应。除了前面提到的碱抽提、酸抽提和酶处理等能改善溶解浆反应性能外，离子液体处理、微波处理、电子辐射和机械处理等手段也能改善其反应性能。在这些方法中，机械处理较易实现工业化，生产上可使用盘磨机处理浆料，通过机械作用使纤维细胞壁变得松弛、孔隙增加，有利于半纤维素、低分子量纤维素及其他杂质的去除；同时机械处理也可使纤维素的分子适当降低，以改善其反应性能。

纸浆生产出来后，将其加工成纸和纸板的过程包括打浆、配浆、纸料调制、纸料流送和纸页抄造等工序，如图 5-1 所示。

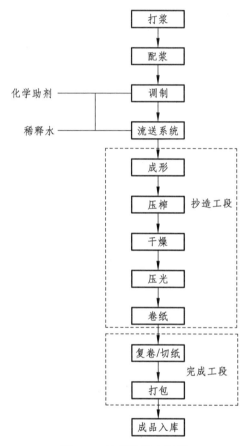

图 5-1　抄纸的基本过程

第一节　打　浆

制浆系统所制备的纸浆纤维比较粗糙，可能含有一些未分散的纤维束，纤维粗长、表面光滑、质地硬挺、富有弹性，这样的纤维表面积太大、缺乏结合性能。若用这样的纤维抄纸，所生产的纸张匀度差、强度低，难以满足使用要求。

打浆，也叫磨浆或叩解，是利用打浆设备处理纸浆悬浮液，对纤维产生剪切、摩擦、挤压等机械作用，使其具有适应在造纸机上成纸所要求的特性，并使所生产的纸张能达到预期的质量性能要求。打浆过程中的工艺控制和打浆效果，要使纸浆纤维适应纸机的抄造要求和成纸的性能要求。同一纸浆可以生产成百上千种纸张，就是通过不同的打浆工艺，采用不同类型的纸机进行抄造。竹浆属中等长度纤维，可用来生产书画用纸、生活用纸、文化纸、包装纸等多种纸张。

一、打浆理论

打浆是抄纸前纸浆的重要处理工序，通过打浆可使纸浆纤维形态和细胞壁中的微细纤维发生变化，从而引起纤维理化性质的变化，以满足抄纸的要求。

图 5-2 所示为打浆过程中纤维形貌的变化，其中 A 为原浆，B、C、D、E、F 为不同打浆程度纤维的形貌。可以看出，经过打浆处理，纤维发生了切断、分丝、压溃等多种变化，随着打浆作用加强，纤维的这些变化不断加深。在生产上主要通过控制浆料的打浆程度，以满足纸张的性能和纸机的运行要求。

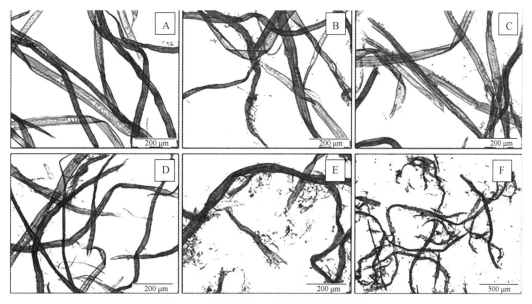

图 5-2　打浆过程中竹纤维的形貌变化

（一）竹浆的细胞组成和纤维细胞壁结构

1. 竹浆的细胞组成

竹子为禾本科植物，其结构中除了纤维细胞外，还有 40%（面积比）左右的非纤维细胞。经过制浆过程，竹子中各种细胞彼此分离，混合在一起成为竹浆，因此竹浆中除了纤维细胞外，还有许多非纤维细胞。

如图 5-3（a）所示为硫酸盐竹浆，由长纤维、细小纤维和非纤维细胞混合而成；图 5-3（b）~ 图 5-3（f）是硫酸盐竹浆筛分之后的纤维细胞、薄壁细胞、表皮细胞、导管细胞和石细胞的形态。纸浆中非纤维细胞的存在，对竹浆的打浆性能和成纸性质有重要影响。

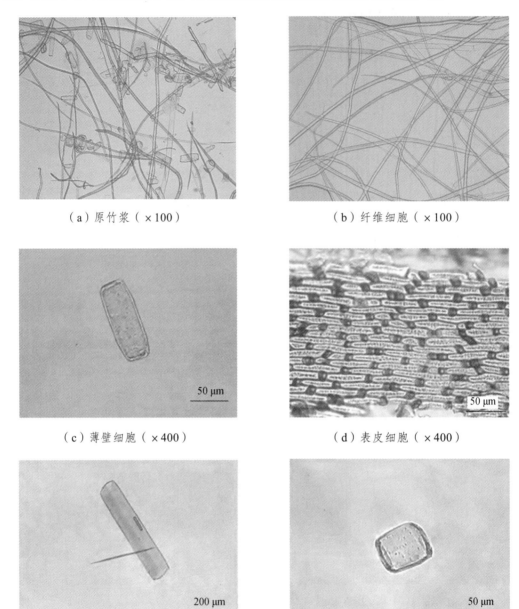

（a）原竹浆（×100）　　　　　　　　（b）纤维细胞（×100）

（c）薄壁细胞（×400）　　　　　　　　（d）表皮细胞（×400）

（e）导管细胞（×100）　　　　　　　　（f）石细胞（×400）

图 5-3　竹浆及纤维细胞和非纤维细胞的形态

2. 竹纤维细胞壁的结构及打浆过程的变化

通过电子扫描显微镜进行观察，可观察到竹纤维细胞壁结构，如图 5-4 所示。在竹纤维的横截面上，细胞壁有明显的分层，从外向里分别为胞间层（Middle Lamella，简称 ML）、初生壁（Primary Cell Wall，简称 P）和次生壁（Secondary Cell Wall，简称 S），纤维中间的空腔为细胞腔（Lumen，简称 L）。

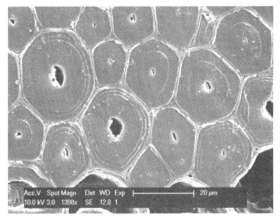
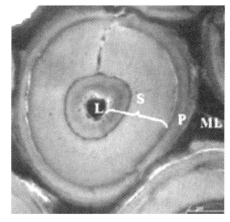

（a）多根纤维　　　　　　　　　　（b）单根纤维

图 5-4　竹纤维细胞壁横截面的电子扫描图

在竹纤维细胞壁中，纤维素、半纤维素和木素三大物质的存在方式是不同的。纤维素以晶体的方式存在，半纤维素和木素为无定形物，填充在纤维素晶体单元之间，将纤维素晶体单元黏结在一起。在纤维细胞壁的胞间层、初生壁和次生壁中，三大物质的分布密度不同，因而纤维细胞壁出现了扫描电镜（见图 5-4）中的分层结构。

图 5-5 所示为纤维素形成纤维细胞壁的方式。纤维素最小的晶体单元称为原细纤维（Elemental Fibril），其横截面的尺寸约为 3.5 nm × 3.5 nm，有 36 条纤维素分子链，纤维素分子通过氢键紧密、严格地结合在一起，形成较为规则的晶体结构。若干个原细纤维在半纤维素的黏结作用下，形成直径为 10 ~ 20 nm 的微细纤维（Micro Fibril）。微细纤维在细胞壁中定向排列，在由木素和半纤维素所形成的复合体（LCC）的黏结作用下，组成了细胞壁的细纤维（Fibril）单元，细纤维的直径为 30 ~ 50 nm。在纤维细胞壁的不同部位，细纤维的排列方式不同，细胞壁因此而形成更细的分层，如图 5-6 所示。

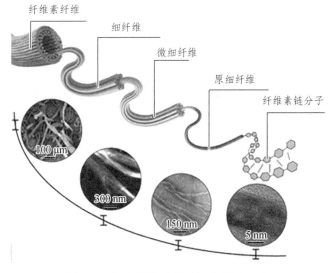

图 5-5　纤维素组成纤维细胞壁的方式

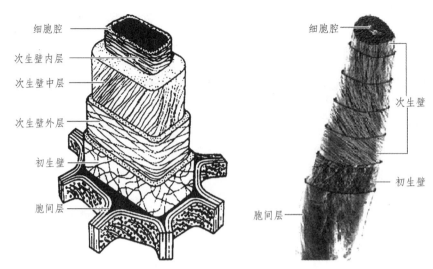

图 5-6　竹纤维细胞壁结构

竹纤维的胞间层（ML）是相邻细胞间的连接层，其厚度为 $1 \sim 2$ μm，所含纤维素极少，主要组分是木素和少量半纤维素。胞间层中木素和半纤维素的黏结作用，将相邻的细胞紧密连接起来，从而使竹子具有较高的机械强度。

初生壁是纤维细胞壁的外层，与胞间层紧密相连，其厚度很薄，一般为 $0.1 \sim 0.3$ μm。与胞间层相比，初生壁中纤维素含量较多，半纤维素和木素含量较少。初生壁中的细纤维以不规则网状方式排列，细纤维间被大量的木素和半纤维素所填充，将细纤维黏结在一起。初生壁是一层多孔薄层，不吸水、但能透水，不易润胀，像套筒似的禁锢在次生壁外，阻隔次生壁与外界接触，并阻碍纤维的润胀和细纤维化。

次生壁是纤维细胞壁的主体，其化学组成以纤维素为主，含有少量的半纤维素和木素。由于其中细纤维的排列方式不同，次生壁细分为次生壁外层（S_1）、次生壁中层（S_2）和次生壁内层（S_3）。

S_1 层由若干层细纤维的同心层构成，厚度较薄为 $0.1 \sim 1.0$ μm。S_1 层是 P 层与 S_2 层的过渡，其化学组成与 P 层相似，细纤维的排列方向几乎与纤维轴向垂直，以 $70° \sim 90°$ 的缠绕角不规则地交错缠绕在纤维细胞壁上。S_1 与 P 结合比较紧密，微细纤维的结晶度较高，对化学和机械作用的阻力较大，S_1 和 P 都会限制 S_2 的润胀和细纤维化，故打浆时也需要其该层破除。

S_2 层由许多细纤维的同心层构成，是纤维细胞壁的主体，其厚度最大为 $3 \sim 10$ μm，约占纤维细胞壁的 $70\% \sim 80\%$。S_2 层纤维素和半纤维素的含量高，木素的含量少，细纤维的排列为单一螺旋取向，缠绕角为 $0° \sim 45°$，几乎和纤维轴向平行，是打浆的主要作用对象。

S_3 层由层数不多的细纤维同心层构造，厚度很薄约为 0.1 μm，在纤维细胞壁中所占比例不到 10%，木素含量低、纤维素含量高，其化学性质稳定，细纤维的排列与次生壁外层相似，与纤维轴向的缠绕角为 $70° \sim 90°$。S_3 层处在纤维细胞壁的最里层，对打浆和成纸的影响不大，在打浆中一般不考虑。

竹子中有很多细胞壁很厚的纤维细胞，称之为厚壁纤维（Thick Walled Fiber）。这些纤维的次生壁自外至里依次由厚（宽）层、薄（窄）层交替排列而成，最厚纤维的有 8 层之多。厚层染色较浅，细纤维的缠绕角为 $0° \sim 20°$，与纤维纵向几乎平行，用 L（Longtitudinal）表示；薄层染色较深，细纤维的缠绕角为 85°～90°，与纤维纵向接近垂直，用 T（Transverse）表示。根据层次的顺序及细纤维的取向，研究人员提出了如图 5-7 所示的结构模型。

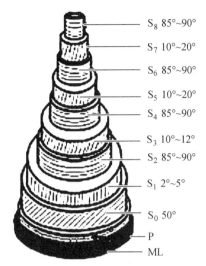

图 5-7　竹材厚壁纤维细胞壁结构模型

制浆过程中，纤维彼此分离主要发生在胞间层。胞间层富含木素，化学法制浆通过蒸煮试剂与木素发生化学反应将其溶出；机械法制浆则通过化学试剂或热作用，使木素部分溶出或软化，降低了胞间层的黏结作用，然后通过机械撕裂作用，将纤维彼此分开。由于胞间层和初生壁较薄，且这两层的结合比较牢固，因此在很多情况下，纤维相互分离的时候，也会造成初生壁的脱出和破裂。

打浆过程中，纤维细胞壁的变化主要发生在次生壁的 S_1 和 S_2 层，细胞壁各层细纤维的排列和走向，与细胞轴向的缠绕角大小，对打浆的影响很大。缠绕角小的细纤维容易分丝帚化，缠绕角大的细纤维分丝帚化困难。研究表明：竹浆纤维比木浆纤维容易打浆，且打浆时纤维润胀、体积膨胀的方向（向外层）与木浆纤维（向胞腔）明显不同，这是由竹纤维与木纤维次生壁外层细纤维的取向不同所造成的。

（二）打浆的作用

1. 打浆过程及纤维受力

打浆机磨浆元件的相对旋转，磨片上的磨齿重复性地相遇、重叠和分离，对纤维产生的作用如图 5-8 所示。

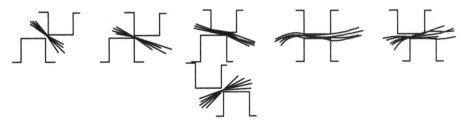

1—纤维进入；2—边缘对边缘；3—边缘对表面；4，5—表面对表面；6—磨浆结束。

图 5-8　磨浆过程纤维受力示意

两磨齿在相遇、重叠和分离的不同位置，对纸浆纤维产生不同形式的机械作用。在磨齿相遇的过程中，磨齿前端的工作面形成"剪刀"，随着磨齿间距缩小，对纤维产生剪切作用，几乎垂直作用于纤维上，将纤维横向切断使长度下降。磨齿相遇后重叠面增大，剪切力转变为挤压力和摩擦力，对纤维产生压溃和研磨作用，促进纤维细纤维化。磨齿完全重叠后又相互分离，随着磨齿分离对纤维的挤压力减弱、消除，纤维回弹。

2. 打浆过程纤维的变化

如图 5-9 所示，打浆过程是一个综合作用，在机械力作用下纤维会发生多方面的变化，主要表现在：①纤维发生横向切断，细胞壁发生位移和变形，细胞壁的 P 层和 S_1 层破除，产生纤维碎片；②纤维吸水润胀横向尺寸增大，沿纵向细纤维化、产生细丝；③打浆过程还会发生扭曲、卷曲、压缩和伸长等变形；④非纤维细胞由于细胞壁很薄，纤维素含量很少，且本身强度很小，因此在打浆过程中更容易变成碎片，不会发生像纤维细胞的分丝帚化的变化。

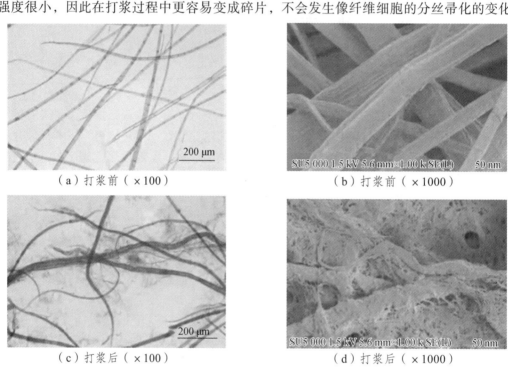

（a）打浆前（×100）　　　　　（b）打浆前（×1000）

（c）打浆后（×100）　　　　　（d）打浆后（×1000）

图 5-9　竹纤维打浆前后细胞壁的变化

1）P 层和 S_1 层的破除

竹纤维的 P 层和 S_1 层都比较薄，木素含量较多、不易发生润胀，打浆时候容易破裂、脱落。P 层和 S_1 层破裂后，内部的 S_2 层暴露出来，对内层的束缚作用消除，利于 S_2 层润胀和细纤维化。不同的制浆方法，纸浆纤维 P 层和 S_1 层的完整程度不同，破除的难易不同。碱法制浆对 P 层和 S_1 层的破坏较轻，P 层和 S_1 层比较完整，打浆时破除 P 层和 S_1 层需消耗较多动力；而亚硫酸盐法制浆对 P 层和 S_1 层破坏严重，P 层和 S_1 层的结构薄弱，打浆时破除 P 层和 S_1 层比较容易。

2）纤维横向切断

切断是指纤维横向发生断裂的变化，是纤维受到打浆设备的剪切力和纤维之间相互摩擦造成横向断裂的结果。切断可以发生在纤维的任何部位，但主要发生在纤维节点上和纤维与髓细胞的交叉处，因为这些部位比较脆弱。

纤维的切断与润胀有一定关系，润胀充分的纤维具有良好的柔韧性，不容易被切断；反之，润胀不好的纤维硬挺，则容易被切断。纤维切断后，切口断面增加，有利于水分的渗入，促进纤维发生润胀。纤维被切断后，在断裂处留下锯齿形断面，还有利于纤维的细纤维化。长纤维经适当切断，可以提高纸张的匀度和平滑度，但过度切断会降低纸张的强度，特别是撕裂度。竹浆纤维属于中长纤维，可根据纸张要求合理控制纤维的切断。

3）细胞壁的位移和变形

在打浆设备的机械力作用下，纤维 S_2 层中的细纤维同心层会产生弯曲、变形和位移，使细纤维之间的间隙扩大，水分子更容易渗入，为纤维的润胀创造有利条件，使纤维变得柔软，将对 P 层和 S_1 层的破除起到促进作用。

4）细纤维化

细纤维化包括外部细纤维化和内部细纤维化。外部细纤维化是指纤维纵向分裂、两端帚化，纤维表面分丝起毛，分离出微细纤维，像绒毛附在纤维表面，增加了纤维比表面积，能促进纤维间的氢键结合。内部细纤维化是指纤维发生润胀后，次生壁的同心层间产生滑动，使纤维的刚性下降、弹性减弱、塑性增强，纤维变得柔软可塑。细纤维化有利于纤维的结合，提高成纸的强度、紧度和匀度等性能，对纸页的性能影响很大，是打浆的重要作用之一。

5）吸水润胀

"润胀"是指线性高分子化合物在吸收液体的过程中，伴随着体积膨胀的一种物理现象。植物纤维也会发生吸水润胀，打浆过程中水分子进入纤维内部的孔隙以及纤维素的结晶区。水为极性分子，进入纤维内部的水分子与纤维素中的羟基产生氢键结合，这种作用不仅发生在纤维素结晶区表面，还可逐步进入结晶区内部。"挤入"到纤维内部的水，会"撑大"纤维内部的孔隙，所以纤维的横向尺寸增大，即发生了润胀。打浆过程中纤维吸水润胀不仅表现在体积的增大，内部纤维素以氢键结合水分子后，纤维素分子间的氢键结合被破坏。因此，纤维吸水润胀后其内聚力下降，内部组织结构变得松弛，纤维的比容和表面积增大，纤维变得柔软可塑，甚至产生油腻的感觉，有利于细纤维化，提高成纸强度，使透气度下降。

6）其他变化

打浆过程中，纸浆纤维还会产生纤维碎片，以及纤维扭曲、卷曲、压缩和伸长等变化。随着打浆进行，纤维逐步润胀、表面起毛，P 层和 S_2 层破裂，细纤维不断脱落，成碎片悬浮在浆料中。碎片增多，会降低浆料的滤水性，但有利于成纸匀度的提高。

（三）打浆效果的表征

经过打浆，纤维的变化不仅表现在其尺寸大小和形貌特征，同时纤维的理化性质也会发生变化，因此在科学研究和生产控制时要通过多个参数才能较全面地反映打浆效果。

1. 打浆度

纸浆打浆的效果（程度）用打浆度来表示，常有的表示方法有肖伯尔打浆度（Schopper Riegler，SR）和加拿大标准游离度（Canadian Standard Freeness，CSF）。我国普遍采用肖伯尔打浆度，北美国家采用加拿大标准游离度，所用仪器和测定原理相似，但两者检测所用浆量和结果表示方法不同。打浆度越高、游离度则越低，两者之间可以相互换算。

不管是肖伯尔打浆度，还是加拿大游离度，反映的是纸浆滤水性质，可综合反映纸浆纤维切断、分裂、润胀和水化等打浆作用的效果。打浆度主要的缺陷就是不能确切地反映纸浆的性质，因为影响纸浆的滤水性的因素很多，而这些因素对纸页性能的影响并不是都成线性关系。如纤维的细纤维化，会降低纸浆的脱水性、提高打浆度，有利于改善纸页的强度；而纤维发生切断，也会降低纸浆的脱水性、提高打浆度，有利于提高纸页匀度，但并不利于提高纸页的强度。因此，可以采用纤维的切断或细纤维化两种不同的打浆方式达到相同的打浆度，但纸浆的性质和成纸性能却完全不同。所以，在生产中仅凭打浆度来评价打浆是不够的，还应测定纤维的长度和其他指标。

2. 纤维长度

纤维长度测定常用的方法有显微镜法和湿重法。

将纸浆染色稀释后制片，在显微镜下用测微尺测量纤维长度。这种方法能直接反映纤维的长度和宽度，还能直接观察纤维形态和纸浆组成等，能够较全面地鉴定纸浆质量，但花费时间长，不适合在生产中使用。现在，纤维长度测定越来越多地使用 Kajaani 纤维分析仪或 FQA（Fiber Quality Analyzer）纤维质量分析仪，这些仪器测定纤维长度和粗度既快速又准确，还可以检测纤维长度和粗度的分布情况。

湿重法是一种适用于生产中测定纤维长度的快速方法，是利用纤维越长，在框架上挂住的纤维越多，称重越大的原理，以质量间接地表示纤维的长度，单位为克（g）。框架挂在打浆度仪上，测定打浆度的同时，进行纤维湿重的测定。因影响纤维挂浆量的因素很多，所以这种方法不够精确，也只能用于相同稳定的生产条件，通过对比方法反映出打浆情况和纸浆性质变化。由于纤维湿重法操作快捷，在生产上使用很广泛。

3. 保水值

保水值（Water Retention Value，WRV）用来反映纤维的润胀和细纤维化程度。测定方法是把一定质量的纸浆放入小玻管中（现已改用镍网），将小玻管放入高速离心机内，经高速离心处理后把游离水甩出，使纤维只保存润胀水，然后取出称量其湿重，再进行烘干称量其干重。

$$WRV = \frac{W_1 - W_2}{W_2} \times 100\% \tag{5-1}$$

式中　　WRV——保水值，%；

　　　　W_1——湿浆质量，g；

　　　　W_2——干浆质量，g。

二、竹浆的打浆特性及成纸性能

（一）竹浆的打浆特性

图 5-10 所示为竹浆、麦草浆和阔叶木浆 PFI 磨的打浆特性。

从图 5-10 可以看出：在相同打浆转数时，竹浆的打浆度介于麦草浆和阔叶木浆之间，可见竹浆打浆的难度介于麦草浆与阔叶木浆之间。与阔叶浆相比，竹浆含有较多的细小纤维及杂细胞，包括薄壁细胞、石细胞、导管、表皮细胞及纤维碎片等；另外，与麦草浆相比，竹纤维细胞壁的 S_2 层为厚、薄多层交替结构，分丝帚化较难，这些特点使竹浆具有独特的打浆特性。

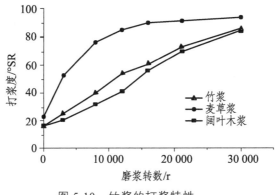

图 5-10　竹浆的打浆特性

　　竹浆中非纤维细胞的存在，一方面导致浆料打浆度快速上升，另一方面却阻碍了细纤维化。非纤维细胞的比表面积较大、细胞壁较薄，在打浆机械作用下容易破裂，暴露出较多的微细纤维和羟基，能结合更多的水分子，在打浆过程中比纤维更容易破裂和吸水润胀，造成打浆度上升、吸水性增强。因此，竹浆在打浆初期，打浆度快速上升，主要是由非纤维细胞迅速破裂导致浆料滤水性降低所致。竹浆中非纤维细胞的含量高达 40%左右，这些杂细胞在打浆过程中容易破裂而吸收打浆设备的机械能，从而减轻了纤维细胞的机械作用，造成打浆过程中纤维细纤维化过程缓慢。

　　竹纤维的细胞壁厚、腔小，纤维僵硬挺直，打浆过程中容易被切断，使纤维长度下降快，促进打浆度的上升，这是打浆度上升较快的另一原因。竹纤维的超微结构与其他植物纤维不同，纤维细胞壁的 P 层及 S_1 层薄而结构松弛，打浆时纤维外部容易起毛，壁层片状剥离，这对增加纤维结合力很有好处，但也容易造成纤维自身强度下降。另外，竹纤维的 S_2 层为由厚（宽）层和薄（窄）层交替叠加的多层结构，虽然整体较厚，但不管是厚层还是薄层，其厚度仍比较小。S_2 层的这种结构，在打浆过程中只需较少的功率，就可使纤维 S_2 层分层、脱落，使打浆度上升。竹纤维壁上的微纤维异向性大，薄层上作近横向排列；厚层上作近轴向排列，与纤维轴的交角较大约为 30°。这种结构，打浆时不易出现纵裂分丝帚化，这一点不必过分强求。因此，竹浆的打浆，以轻刀慢速高浓揉搓为宜，这样可以形成较好的内帚化，并尽量保留纤维长度。

（二）打浆对纸页性质的影响

　　纸页是由纤维堆积而成的薄层材料，纤维之间产生的结合力赋予纸页一定的强度，并影响纸页的其他性质。通过打浆，改变了纤维形态，影响纸页中纤维的排列状况及相互作用，从而对纸页的强度和性质产生重要影响。

1. 纤维间的结合力

1）结合力的种类

纸页的强度由多种因素所决定，主要取决于纸页中纤维相互间的结合力、纤维本身的强度，以及纸页中纤维的分布和排列方向，其中最重要的因素是纤维结合力。纤维间的结合力有四种，包括氢键结合力、化学主价键力、极性键吸引力和表面交织力。其中，主价键力，是纤维素分子链葡萄糖基之间的键力；极性键吸引力，为分子之间的范德华吸引力，这两种键力一般是固定不变的。不像棉、麻等长纤维，对于竹纤维这种中长纤维来说，纤维间表面交织力较小，对纸页强度影响不甚重要。所以，氢键大小对纸页强度的影响非常重要，而经过打浆使纤维发生变化，产生更多的游离羟基，增加了纸页成形时氢键的数量。

氢键是分子间作用力的一种，是一种永久偶极之间的作用，氢键发生在已经以共价键与其他原子键结合的氢原子与另一个原子之间（X—H⋯Y），通常发生氢键作用的氢原子两边的原子（X、Y）都是电负性较强的原子。如图 5-11 所示为水分子间的氢键，实际上是相邻分子间 O 与 H 原子间的作用。氢键既可以是分子间氢键，也可以是分子内的。其键能最大为 200 kJ/mol 左右，一般为 5~30 kJ/mol，比一般的共价键、离子键和金属键键能要小，但强于静电引力。

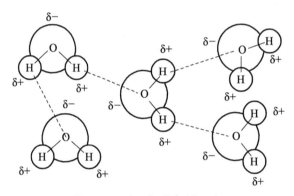

图 5-11　分子间的氢键示意

纤维中的纤维素和半纤维素分子中均含有游离羟基（-OH）。纤维在打浆过程中，当 P 层及 S_1 层破除之后水分子会进入纤维内部，水分子可与羟基形成氢键结合，使水分子吸附到纤维表面，形成极性水分子的胶体膜。纤维的润胀引起纤维变形并破坏原有的氢键结合，使纤维产生更多新的游离羟基，使纤维内聚力下降而变得柔软可塑，更有利于纤维靠拢和形成氢键结合。

打浆时纸浆的浓度较低，纤维间的距离远远大于 2.8 Å（1 Å=0.1 m），纤维之间是不能直接以氢键相结合的。但是，由于水分子的存在，极性的水分子与纤维上极性羟基形成氢键结合，在两个纤维之间形成"水桥"。这种通过水分子偶极子形成的水桥连接，是一种无规则的、松散的氢键结合，所连接的水是自由水，可以通过真空抽吸或重力过滤而脱除。

浆料在纸机上形成纸页后，经过压榨进一步脱出水分，使纤维之间的距离靠近，纤维之间形成了比较有规则的单层水分子形成的氢键。这种水桥所连接的水分子是结合水，它与纤维的结合比较牢固，仅仅靠抽吸和过滤作用已不能将其脱出，只能通过加热干燥才能去除。

纸页经过加热干燥进一步脱除水分，水分蒸发时，纤维受水的表面张力作用，使纸页收缩，纤维进一步靠拢，从而使纤维素分子之间的羟基距离缩小到 2.8 Å 以内时，纤维素分子中羟基的氢原子与相邻纤维羟基中的氧原子产生了 O—H⋯O 形成的氢键结合如图 5-12 所示，使纤维之间相互结合，从而使纸页具有强度。水分子在浆料中的这三种不同的结合形式，是由于氢键结合的形式不同。未经干燥的湿纸幅，是纤维-纤维-纤维，通过水桥连接的氢键结合。而经过干燥后的纸张是纤维-纤维之间直接连接的氢键结合。而纸料中纤维-水-水-纤维的连接，是通过偶极性水分子松散连接的氢键结合。

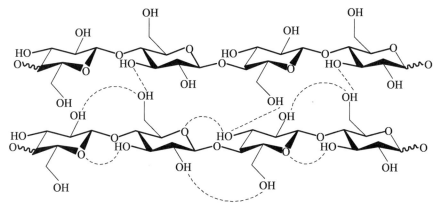

图 5-12　纤维间的氢键结合示意

纤维素分子的羟基相当多，假如一根微细纤维由 300 ~ 500 个葡萄糖基组成，每个葡萄糖基上有 3 个羟基，则共有 900 ~ 1 500 个羟基，因此由无数的微细纤维相互间形成氢键所产生的键力是很强的。实际上并不是所有的羟基，都能形成氢键结合。研究表明，纤维内部的羟基只有 0.5% ~ 2%能够形成氢键结合，而 98%以上的羟基是以结晶或无定形区的形式组成的氢键结合，它只体现了纤维本身的强度。而只有游离出来的羟基形成的氢键结合，才能体现纸页的强度。

氢键结合的条件，有游离羟基，两羟基之间的距离在 2.8 Å 以内。纤维的吸水润胀和内外部细纤维化，都会使纤维的羟基增加，促进了纤维间的氢键结合，从而提高纸页的物理强度。

2）影响纤维结合力的因素

影响纤维结合的因素很多，除抄纸前打浆的影响因素外，纤维的种类、化学组成、长度、宽度和物理性质等，纤维在纸页中的排列和使用添加剂等因素也有密切关系。

（1）纸浆种类的影响。化学竹浆在制浆过程中脱出了大部分木素，成纸时纤维的结合力较强，纤维间的结合力比得率高的机械浆、化学机械浆高。另外，竹种不同，纤维细胞含量及纤维形态不同，纤维的结合力也不同。纤维含量高、纤维粗长的竹种所制成的浆料的纤维结合力强。

（2）纤维长度的影响。纤维长度有打浆前和打浆后两种，打浆后纤维长度更能反映对纸页性质的影响，打浆过程中纤维长度的控制根据纸张的性质要求来定。过长的纤维抄造成形困难，且成纸的匀度、紧度和强度都很低，特殊的纸张必须用长纤维的话，就要采用斜网纸机抄造。在满足纸页匀度、紧度的前提下，纤维长度越大，成纸的机械强度越强，这是因为越长的纤维，相互间的结合点越多，从而增加了纤维间的结合力。

（3）纤维素含量的影响。纤维素是纤维的主要化学成分，纤维中的纤维素含量和纤维素聚合度，会影响纤维间的结合。纤维素含量高、聚合度大的纤维，其本身强度高，纤维间的结合力强，成纸的强度高；反之，纤维间的结合力弱，成纸的强度低。因此，强度和紧度要求大的纸种，如复写纸、电容器纸、印钞纸等，应选用纤维素含量高、聚合度大浆料（如针叶浆、棉浆）。

（4）半纤维素含量的影响。半纤维素分子量较小，且分子中含有支链，分子的排列不够整齐，不会产生晶体结构，分子中的游离羟基很容易与水分子结合。半纤维素含量高的纸浆，打浆过程纤维的润胀和细纤维化容易，有利于纤维间的结合和成纸强度的提高。但半纤维素含量过高，会降低纸浆的滤水困难，成纸发脆、强度降低。

（5）木素含量的影响。木素含量高的纤维亲水性差，质地挺硬，打浆过程中纤维容易切断，不易润胀和分丝帚化，因此纤维间的结合力差，成纸的紧度、强度小。这是因为木素主要分布在纤维的 P 层和 S_1 层，木素含量高的纤维 P 层和 S_1 层结构牢固，不易破除，阻碍了 S_2 层的暴露及分丝帚化，不利于纤维结合力的提高。所以，机械浆、化学机械浆纤维间的结合力小，成纸强度低，质地疏松。

（6）添加剂的影响。在纸浆中添加亲水性的物质，如淀粉、蛋白质、羧甲基纤维素、植物胶等，会增加纤维间的结合力。这是因为，这些物质的结构中含有极性羟基，能增强纤维的氢键结合，使纤维之间的结合更牢固。反之，在纸浆中加入松香、石蜡和填料等疏水性的物质，则会阻碍纤维间的结合，降低纸页的强度。这是因为，这些疏水性物质填充在纤维之间，会阻碍纤维间氢键的形成，使纤维的结合力下降。

2. 打浆对竹浆及成纸性质的影响

打浆度用纸浆滤水的快慢表示，来反映纸浆的细腻程度。其数值越大、滤水越慢，纸浆细纤维化越好；数值越小、滤水越快，纸浆纤维越粗糙。随着打浆度的变化，纤维形态及其他性质随之变化。

图 5-13 所示为打浆过程中浆料湿重和保水值的变化，随着打浆进行，打浆度升高，浆料的纤维湿重降低、保水值增加。比较竹浆、麦草浆和阔叶浆的打浆性质可以发现：竹浆的纤维湿重高于阔叶浆和麦草浆，说明纤维长度大于阔叶浆和麦草浆，应具有较高的成纸强度；竹浆的保水性介于麦草浆和阔叶浆之间，浆料应具有较好的滤水性，具有较好的抄造性。

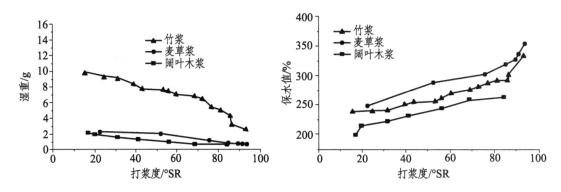

图 5-13　打浆过程中竹浆性质变化

图 5-14 所示打浆过程中成纸抗张强度、撕裂强度、耐破强度和耐折度的变化，随着打浆度提高，成纸的抗张强度、耐折强度、耐破强度不断提高；但是，当打浆度超过 40°SR，成纸的撕裂度降低，这主要是由于纤维的长度下降造成的。

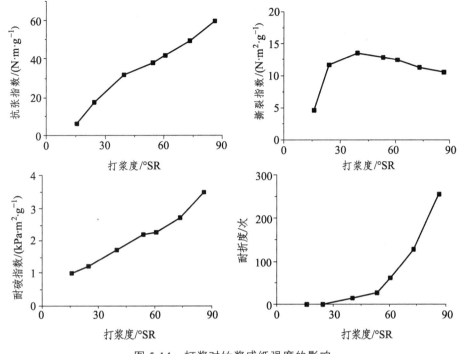

图 5-14　打浆对竹浆成纸强度的影响

三、打浆工艺

纸张的种类很多，每种纸有不同的性质和要求。生产中应确定合适的打浆方式，制订并掌握好打浆的主要工艺条件，认真执行操作规程，才能达到保证质量、提高产量、降低电耗和充分发挥设备效率的目的。由于使用的纸浆种类和打浆设备不同，即使生产同一产品，不同生产线采用的工艺条件也不会完全相同。

（一）打浆方式

为了说明打浆的情况和要求，以表示纸料的特性，根据纤维在打浆中受到不同的切断、润胀及细纤维化的变化情况，将打浆方式分为 4 种类型：长纤维游离状打浆、短纤维游离状打浆、长纤维黏状打浆和短纤维黏状打浆。游离打浆，是以降低纤维长度、疏解分离纤维为主要目的的打浆方式；黏状打浆，是以纤维吸水润胀、细纤维化为主要目的的打浆方式。长纤维打浆，是指尽可能保留纸浆纤维长度的打浆方式；短纤维打浆，是指尽量对纤维进行切断的打浆方式。

不同的打浆方式只表明打浆的方向和作用，在实际生产中 4 种打浆不可能截然划分。游离状打浆过程中纤维不可避免地有一定程度的润胀和细纤维化；黏状打浆虽以细纤维化为主，但纤维也会受到一定程度的切断；长纤维打浆过程中，纤维也会受到切断作用，使其长度降低；短纤维打浆后的纸浆中，也或多或少地含有长纤维。

（二）浆料特性

4 种打浆方式的浆料纤维形态如图 5-15 所示，不同的打浆方式适用于不同的纸张。

（a）长纤维游离状打浆

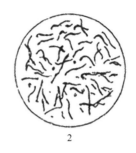

（b）短纤维游离状打浆

（c）长纤维黏状打浆

（d）短纤维黏状打浆

图 5-15　打浆方式及纤维形态

长纤维游离状打浆以纤维疏解分散为主，尽可能将纤维分散成单根纤维，尽量保持纤维长度，只需适当切断，不要求过多的细纤维化。浆料的脱水性好，成纸的吸收性好，透气性大。因纤维长，成纸的匀度欠佳，纸面不甚平滑，不透明度高，有较好的撕裂度和耐破度，纸张的尺寸稳定性好，变形性小。这种纸料多用于生产机械强度较高的纸种，如牛皮包装纸、电缆纸和工业滤纸等。

长纤维黏状打浆要求纤维高度细纤维化，良好的润胀水化，纤维柔软可塑，有滑腻性，并尽可能地避免纤维切断，使纤维保持一定的长度。这种纸料因打浆度高，脱水困难，纤维长，上网时容易絮聚，影响成纸匀度，需采用低浓上网。但成纸强度高，吸收性小，变形大，可用来生产高级薄型纸，如仿羊皮纸、字典纸、电话纸、防油纸和描图纸等。

短纤维游离状打浆要求纤维有较多的切断，避免纸浆润胀和细纤维化。这种纸料脱水容易，成纸的组织均匀，成纸的纸质疏松、强度不大、吸收性强。这种浆料适于抄造吸收性强、组织匀度要求高的纸种，如滤纸、吸墨纸、钢纸原纸和浸渍绝缘纸等。

短纤维黏状打浆要求纤维高度细纤维化，润胀水化，并进行适当切断，使纤维柔软可塑有滑腻感。这种纸料上网脱水困难，成纸均匀，有较大强度，适合抄造卷烟纸、电容器纸和证券纸等。

（三）打浆方法

不同的打浆方式，应采用不同的打浆方法。打游离浆，要求打浆时间短，迅速对纤维进行切断，尽量减少纤维润胀和水化。打浆的浓度要低，压力要大。所采用的磨齿少而薄，以一次下重刀为宜。打黏状浆，为了使纤维尽量细纤维化，润胀水化，避免遭受过多的切断，打浆时间要长，首先轻刀疏解分散纤维，然后分多次下刀，逐步加重打浆压力，打浆浓度应高一些，磨齿要密而厚。

（四）影响打浆的因素

影响打浆的因素很多，如打浆比压、磨浆间隙、打浆时间、纸浆浓度、打浆温度、浆料pH及添加物等。这些因素之间都有内在联系，每个因素的变化不仅影响到其他因素，而且还会影响到打浆的质量、产量和电耗。

1. 打浆比压

打浆元件在单位面积上产生的压力，称为打浆比压。打浆比压可通过式（5-2）计算。

$$p = \frac{F}{A} \tag{5-2}$$

式中　p——打浆比压，Pa；

$\quad\ \ F$——打浆元件产生的压力，N；

$\quad\ \ A$——打浆元件的接触面积，m^2。

打浆比压反映了打浆过程中纤维受到磨浆元件机械作用的强弱，其大小与磨齿参数、磨浆间隙、纤维数量等因素有关。打浆比压是决定打浆效率的主要因素，合理的打浆比压是保证打浆质量、缩短打浆时间、降低电耗的关键。

提高打浆比压有利于纤维切断和压溃，加快打浆度提升，但完整纤维的比例降低。所以，打游离状浆时可迅速缩小刀距、快速提高比压，在纤维充分润胀之前，用比较大的机械力，快速将纤维切断；而打黏状时应逐步缩小刀距、缓慢提高比压，用较长的时间、较弱的机械力，使纤维得到充分润胀和细纤维化。

在一定范围内提高打浆比压，虽然动力消耗增加，但可以缩短打浆时间（间歇打浆）或增加打浆通过量（连续打浆），从而增加产量，使单位产品的动力消耗下降。因此，生产中在保证产品质量的前提下，应让设备满负荷运行，以增加比压来满足打浆方式的要求，充分发挥设备的生产能力，达到降低电耗的目的。生产上，打浆比压是通过测量电机电流的方法进行控制的，电机的负荷高，比压大。

2. 磨齿形状

厚而圆钝的磨齿，对纤维产生的研磨作用强，有利于纤维的分丝帚化；薄而锋利的磨齿，对纤维产生的剪切力大，有利于纤维的切断。齿沟浅而窄，打浆过程中，纤维受磨齿作用的时间延长，打浆作用加强；齿沟深而宽，打浆过程中，纤维在齿沟内的时间较长，打浆作用减弱。为了延长浆料在盘磨机内的停留时间，防止浆料顺齿沟直通排出，可在磨片上设置挡坝（也称封闭圈），可防止浆料发生"短路"。

3. 纸浆种类

不同的纤维原料、不同的制浆方法，其纤维的化学组成、结构形态和理化性质均不相同，打浆过程中纤维发生的润胀、切断、帚化程度不同，对成纸的性质有重要影响。

纤维细长、长宽比大的纸浆，打浆后纤维有较大的结合面积，成纸强度高；纤维粗短、长宽比小于45，打浆困难，成纸强度低。适当的细小纤维含量，能增加纤维结合力、改善纸页匀度；细小细胞含量过多，打浆形成碎片，打浆度上升快、浆料滤水性差，成纸强度下降。

纸浆中 α-纤维素含量高、半纤维素含量低，纤维润胀缓慢，打浆过程中打浆度的提升缓慢，打浆困难。半纤维素分子链短、有支链、羟基多，容易吸水润胀，因此打浆过程中打浆度的提升较快，打浆容易。研究发现，半纤维含量为 3.5% ~ 4.0% 的浆料，打浆容易、成纸强度好；半纤维素含量低于 2.5% 的浆料，打浆困难、成纸强度低；半纤维含量超过 4.5% 的浆料，打浆容易、成纸强度低。浆料中的木素含量多，会阻碍纤维的润胀，纤维硬而脆，成纸强度低。

4. 纸浆浓度

在其他条件不变的情况下，纸浆浓度增加单位体积浆液中的纤维含量增多，单根纤维承受的机械作用降低，但纤维之间的摩擦力增强。因此，打浆过程中纤维的切断减少，细纤维化增多，有利于成纸强度的提高和单位产品动能消耗的降低。

打浆时纸浆浓度的取决于打浆设备的类型，10% 以下为低浓打浆，10% ~ 20% 为中浓打浆，20% ~ 30% 为高浓打浆。随着纸浆浓度升高，打浆设备的结构更加复杂、要求更高。目前，打浆生产主要以低浓和中浓为主。

5. 通过量

在纸浆浓度和打浆负荷不变的条件下，纸浆通过量增加，则通过速度加快，单根纤维在磨浆区的停留时间缩短，受到打浆作用的机会减少，因而打浆质量下降，打浆度降低、纤维湿重增加，成纸性质也会发生变化。为了保证打浆效果，在通过量增加的同时，可以通过增加能耗输入进行调节。目前，新型打浆机都配备有自动控制系统，可通过增加功率输入，来提升打浆效果。

6. 打浆温度

打浆过程中，由于纤维与纤维、纤维与磨齿之间的相互摩擦产生热量，引起浆料温度升高。温度升高的幅度随打浆条件不同而有差异，游离状打浆时间较短，温度升高不明显；黏状打浆时间较长，温度升高明显。研究发现，在 20 ~ 30 ℃ 温度范围内，提高打浆温度，打浆度上升较快，成纸强度高；在 40 ℃ 以上的温度下打浆，虽然打浆度上升加快，但成纸强度下降。这是因为，在适宜的温度范围内，提高温度有利于纤维润胀，促进细纤维化；而温度过高时，会引起纤维脱水，使润胀效果降低，纤维切断加剧。所以，生产中应根据季节和地区不同，合理控制浆料温度。在夏季，如果浆料温度过高，应采取措施降低温度。

7. pH

在酸性条件下打浆，打浆度上升缓慢，成纸强度低，纸质发脆；在碱性条件下打浆，打浆度上升较快，成纸强度高，纸质柔韧。这是因为在碱性环境中，纤维素中低分子部分容易发生剥皮反应产生降解，利于水扩散进入纤维内部，促进纤维润胀，降低纤维内聚力。增加纤维的柔韧性，减少纤维的切断，促进纤维的帚化，从而提高了成纸强度。生产中，可根据浆料的性质，添加适量的 NaOH 调节 pH，在弱碱性条件下进行打浆。

四、打浆设备

打浆设备的种类较多，根据工作方式不同可分为间歇式和连续式两大类。

间歇式主要有槽式打浆机，设备占地面积大、电耗高、效率低；但打浆灵活，可实现高黏度、高叩解度要求的打浆，主要用于特种纸（如电容器纸等）的打浆生产，还用于棉浆、麻浆等超长纤维的预处理。连续式主要有圆锥形磨浆机、圆柱形磨浆机和圆盘形磨浆机，不同类型的打浆机，其结构不同，磨浆元件的作用方式各不相同，因此磨浆原理和性能也有差异。另外，还可根据打浆机的工作浆浓分为低浓（4%～6%）打浆机和中浓（6%～12%）打浆机，现代打浆技术正朝着连续化、大型化、高浓化、高效率和自动化方向发展。

（一）圆盘磨浆机

圆盘（形）磨浆机也称为盘磨机，是目前应用最多、发展最快的一种连续打浆设备。盘磨机打浆质量均匀、稳定、高效，设备体积小、占地少，设备维修、操作简单方便，生产效率高、电耗低；另外，盘磨机以其灵活多样的磨片齿形结构，可满足多种要求的打浆生产，具有很强的适应性。近年来，盘磨机的结构不断改善，新的类型不断出现，随着类型的变化和进料装置的改进，盘磨机的使用范围不断扩大，适用于各种浆料和各种纸张的打浆要求。

1. 盘磨机的结构和类型

盘磨机有一组或两组相对旋转的圆形磨盘，磨盘上固定有带齿的磨片，磨片上有凸出磨片面的磨齿，浆料从磨片中心进入向周边移动，在磨齿的机械作用下实现打浆作用，如图 5-16 所示。

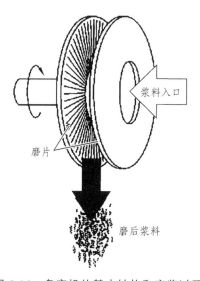

图 5-16　盘磨机的基本结构和磨浆过程

按照盘磨机主轴和磨盘安装的空间方向不同，可将盘磨机分为立式和卧式两类。如图 5-17（a）所示，立式盘磨机的主轴为垂直方向，磨盘平面为水平方向；如图 5-17（b）所示，卧式盘磨机的主轴为水平方向，磨盘平面为垂直方向。其中，卧式盘磨机的应用最为广泛。

如图 5-18 所示，按照转动磨盘的数量，还可将盘磨机分为单盘磨、双盘磨和三盘磨。单盘磨中的两个磨盘，一个静止（静盘）、一个旋转（动盘）；双盘磨中的两个磨盘都旋转，且旋转方向相反。目前，生产上最常用的双盘磨实际上是三盘磨，它有三个磨盘，一个动盘、两个静盘，动盘位于两个静盘之间，动盘两个盘面分别装有磨片，与两只静盘上的磨片形成两个磨区，因而具有较高的生产效率。三盘磨是目前最常用的磨浆设备，行业内习惯称之为双盘磨，本书中没有特殊说明的话，双盘磨指的就是三盘磨。

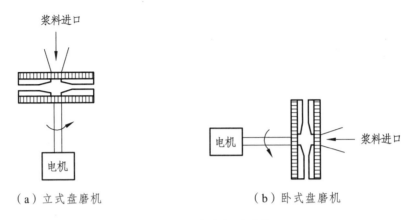

（a）立式盘磨机　　　　　　　　　（b）卧式盘磨机

图 5-17　盘磨机的种类

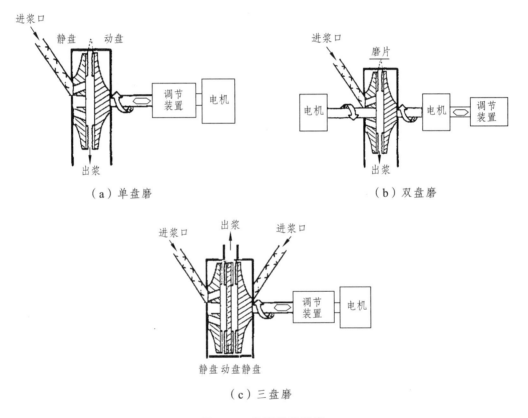

（a）单盘磨　　　　　　　　　　　（b）双盘磨

（c）三盘磨

图 5-18　盘磨机的种类

盘磨机的型号通常以磨片直径来表示，国产设备通常用磨片直径的毫米数表示，如 450 盘磨机磨片的直径为 450 mm；进口设备或国产用于出口项目的设备，通常用磨片直径的英寸（inch）数表示，如 52 吋磨浆机磨片的直径为 52 英寸。随着材料性能机械加工水平的快速提高，盘磨机型号已由最初的 300 盘磨机发展到现在的 600、900 甚至更大的盘磨机。

如图 5-19 所示为双盘磨的结构图，安装磨片的磨盘有三个，分别为固定盘、旋转盘和移动盘。固定盘的位置不动、也不旋转；旋转盘在中间，在主轴的带动下可进行旋转，同时还可在水平方向上移动，以调节磨片间的距离，而调节磨浆压力；移动盘不旋转，但可在调节机构的作用下，沿水平方向移动以调节磨片间距。移动盘与盘磨机的调节装置相连接，调节装置一般为类似于蜗杆涡轮的机构，以调节移动盘的位置。

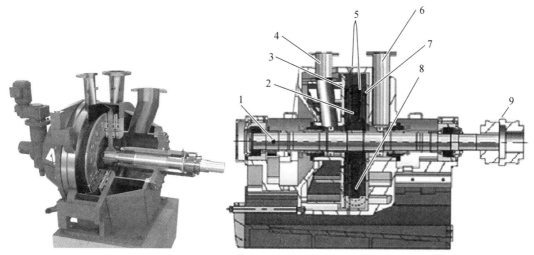

1—主轴；2—磨盘；3—移动盘；4,6—进浆管；5—磨片；7—固定盘；8—浆料出口；9—联轴器。

图 5-19 双盘磨结构

磨片、磨盘和机壳构成盘磨机的磨浆室，磨浆室是盘磨机的核心部分，除了磨浆室，调节机构、传动机构、底座、电动机等也是盘磨机的重要组成部分。为了保证盘磨机的安全稳定运行，大型号盘磨机还配置了先进的软启动装置。盘磨机运行时磨片之间的间隙是重要的工作参数，可通过间隙调节装置进行调整。磨片间隙调节装置有手动机械调节、电机机械调节、液压调节等形式。传统的小型盘磨机一般采用机械调节装置，大型盘磨机都采用了液压调节装置或气压调节装置。液压调节装置都配备的智能控制系统，根据浆料打浆度的要求，设置需求的打浆功率后，由控制系统自动调节磨片间隙，实现打浆生产的自动化控制。

2. 磨片结构和磨齿形状

1）磨片结构

磨片是盘磨机的磨浆元件，浆料在磨片所产生的作用下实现打浆。盘磨机中有一组或两组相互吻合的磨片，如图 5-20 所示。小直径磨片为完整的圆盘形，中间开孔为进浆口；大直径的磨片为扇形，由 4~8 块扇形磨片拼成一只圆盘形磨片。磨片上有一些螺孔，可将磨片固定在磨盘上。

2）磨齿形状

磨片的结构和齿形（见图 5-21）关系到盘磨的泵送特性和磨浆效果，甚至决定盘磨能否正常运转。磨齿的相关参数主要有齿宽、齿高，齿沟宽、齿沟深，磨片梯度、磨齿交角和挡坝等，这些参数对纤维的机械作用形式和强度有重要影响。磨齿的设计和选用应根据原浆性质、成浆要求和生产能力等因素综合考虑。

图 5-20　磨片

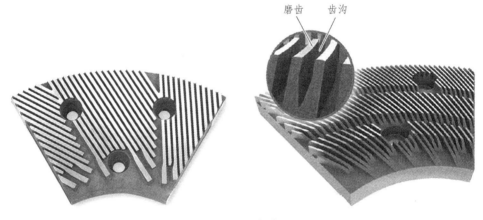

图 5-21　磨齿

　　磨片的齿形分为疏解型和帚化型。疏解型磨齿的横截面通常为正锯齿形和斜锯齿形，帚化型磨齿通常为平齿形和圆弧形齿。以疏解、轻磨为主的磨齿一般为细齿、细沟、浅齿；以切断作用为主的磨齿，采用较小的齿宽；以帚化为主的，采用较大的齿宽；对浓度较高的浆料，采用窄齿、浅齿，以减少浆料在齿沟中的沉积和堵塞。竹浆为中等长度的纤维，且含有较多的非纤维细胞，为避免纤维过分切断，应选用帚化型的平齿。

　　3）磨片材质

　　磨片是盘磨机的重要元件，打浆时磨片在电机的驱动下，机械能通过磨片施加给纸浆纤维从而实现打浆效果。纸浆在浆泵提供的压力和磨片产生的离心力作用下，从磨片（齿）间穿过。反过来，磨片要经受纸浆的冲击和摩擦作用，以及摩擦产生热量而导致温度升高所引起的应力变化等。因而制作磨片的材料应具有耐冲蚀、耐腐蚀、耐磨损的性能，否则会造成磨片的快速磨损或破损，使其寿命缩短。

磨片的材质直接影响磨浆效果、磨片寿命和磨浆能耗，如材质不耐磨、磨片更换频繁，不仅增加设备维修量，而且造成纸浆质量波动，并影响盘磨机的产量和生产成本。用于制作磨片的材料主要有金属材料、无机非金属材料和有机材料三大类。

目前，最常用的是金属磨片。金属磨片有冷硬铸铁磨片、齿面硬化金属磨片和合金钢金属磨片等。冷硬铸铁磨片价格便宜，但耐磨性差、材质脆，寿命较短，正常使用寿命为 30 ~ 60 天。齿面硬化金属磨片，通过在灰铸铁磨片齿面上堆焊耐磨的碳化钨，或通过金属喷涂、渗透、渗氮、硼处理或渗氟等方法硬化磨齿，改善磨齿性能，正常使用寿命可达 60 ~ 90 天，但也增加了磨片的加工成本。合金钢磨片，添加了 C、P、Si 等非金属元素和 Mn、Ni、Co、Ti、Al 等金属元素，并在熔炼工艺、浇铸工艺、变质处理等方面进一步提高，使磨片的耐磨性能和机械强度大幅提高，正常使用的寿命可达半年，甚至一年。

无机非金属磨片主要有陶瓷磨片和砂轮磨片。陶瓷磨片的制作，是将磨料与烧结料经混合、模压和烧结制成，磨料主要有氧化铝、碳化硅、碳化硼、碳化硅硼等。陶瓷磨片在制作过程中可按要求改变其性能，耐磨性能很好、寿命很长，正常使用的寿命可达两年。砂轮磨片用磨料粒子和黏结剂制成，正常使用的寿命为 60 天左右。低浓打浆时对纤维的切断作用较强，当浓度大于 5.5%后切断作用减弱。砂轮磨片节能效果明显，比传统的金属磨片可节约 50%以上的电力。

制作磨片所用的有机材料为高分子材料，目前常用的有工程塑料和硬质尼龙等。使用合成有机高分子材料时，可调整其弹性模量使其与纸浆纤维的弹性模量相近。这样在打浆时对纤维的切断作用小，能有效改进浆料的物理性能，提高成纸的强度和柔软性，使撕裂度、裂断长、耐破度和耐折度与金属磨片相比有明显提高，还能节约电能 30%左右，噪声较弱，磨片正常使用的寿命可达 9 个月。高分子有机磨片还有一个很大的优势，就是磨浆过程不会产生金属粒子和金属离子，对提高电子领域纸张的绝缘性有利。

3. 盘磨机的打浆原理

盘磨机工作时，浆料从位于圆盘中心的入口进入，在进浆压力和磨盘离心力作用下向四周移动，其打浆原理可从流体力学和磨盘机械作用两个方面进行分析。

图 5-22 所示为盘磨机的磨浆原理。从流体力学性能来看，盘磨可视为一种低速、低效的离心泵；从磨片对纤维的机械处理来看，靠磨片对纤维的摩擦和纤维间的相互摩擦。当磨盘旋转时，浆料的质点受到进浆压力和离心力的作用，从盘磨中心沿径向朝四周运动。另一方面浆料随转盘转动，受力方向为沿着磨盘同心圆上任何一点的切线方向，而浆料质点在此两力的作用下，从磨片中心进入，沿螺旋渐开线走向圆周。另外，为了使磨浆均匀，在定盘和转盘上交叉设置几层挡坝（密封圈），当浆料从盘磨中心向四周运动时，碰到挡坝将迫使浆料由定盘转向动盘，然后再由转盘转入定盘，依次反复折向。在浆料运行过程中，由于磨盘的高速旋转，不断地把齿沟中激烈湍动的浆料抛向磨浆面形成浆膜，纤维受到摩擦力、冲击力、揉搓力、扭曲力、剪切力和水力等多种力的综合作用，并使纤维受到热润胀和软化，纤维的初生壁和次生壁破裂、脱除，使纤维被撕裂、切断、分丝、帚化、压溃和扭曲等，随后从出浆口排出。虽然浆料在磨盘中只停留几秒钟，但已经能很好地完成打浆作用。

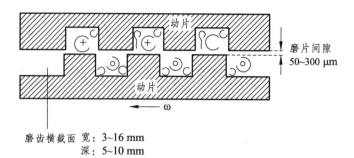

图 5-22　盘磨机磨浆过程示意图

（二）圆锥磨浆机

1. 圆锥磨浆机的结构

圆锥（形）磨浆机也叫作锥形磨浆机，其磨浆元件为一套圆锥形定子和转子，其工作表面与中轴线的角度为 α，锥角为 2α，如图 5-23 所示。

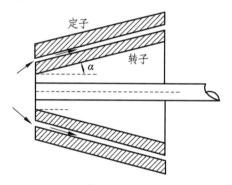

图 5-23　圆锥形磨浆机的基本结构

圆锥形磨浆机的类型也较多，主要根据磨浆元件的数量和锥角的大小不同进行分类。较早的锥形磨浆机是单锥形且锥角较小（ α 为 $5° \sim 10°$ ），随后又出现了中锥角（ α 为 $10° \sim 20°$ ）和大锥角（ α 为 $30°$ 左右）的锥形磨浆机。在 20 世纪 90 年代初期，双锥式的锥形磨浆机诞生了，以其独特的结构、卓越的磨浆性能而备受青睐。而后在 20 世纪 90 年代末三锥形磨浆机开始崭露头角，逐渐受到人们的关注。

目前，比较常用的锥形磨浆机如图 5-24 所示。

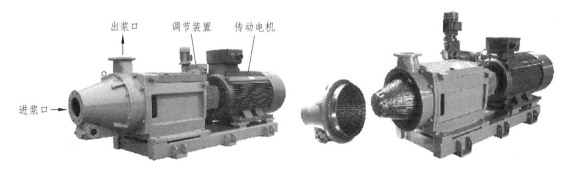

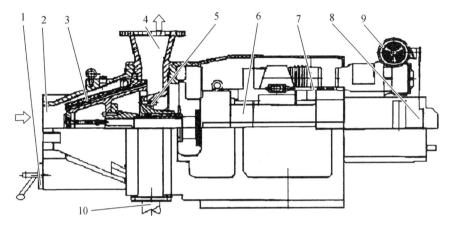

1—异物杂质清理口；2—浆料入口；3—磨齿；4—浆料出口；5—轴封；6—轴承座；
7—限位开关；8—联轴器；9—进退刀减速器；10—清洗口。

图 5-24　锥形磨浆机结构

如图 5-25 所示，锥形磨浆机的磨浆元件为圆锥形，由底刀（定子）和转刀（转子）构成。底刀固定在空心圆锥形壳体的内壁上，底刀内壁圆锥面上有磨齿；转刀固定在锥形转鼓上与转轴相连，转刀的外壁锥面上有磨齿。

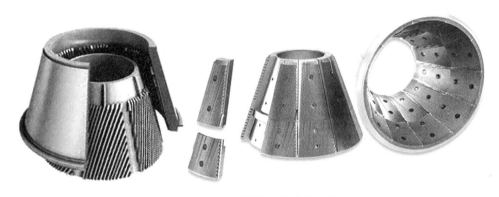

图 5-25　锥形磨浆机的磨浆元件

2. 圆锥磨浆机磨浆原理

打浆时，浆泵把浆料从锥头侧送入，传动电机带动转刀旋转，与底刀产生相对运动，纸浆在进浆压力和离心力的驱动下，在底刀与转刀之间的夹缝中运动，在底刀和转刀磨齿的机械作用下，使纤维发生切断、分丝、压溃等变化。通过调节装置，可使转刀沿轴向移动，从而调节底刀与转刀间距，以改变磨浆压力。与盘磨机相比，锥形磨浆机底刀的锥面在磨浆过程中，阻碍纸浆移动，从而延长浆料的停留时间，提高了打浆效果。

低速锥形磨浆机的转子圆锥角小于 22°，线速度为 8 ~ 11 m/s，这种磨浆机对纤维的切断能力强，进浆浓度低，适合打游离浆。高速锥形磨浆机的转子圆锥角小于 22° ~ 24°，线速度为 11 ~ 20 m/s，这种磨浆机对纤维的帚化能力强，适合打中等黏状浆。水化锥形磨浆机的线速度为 18 ~ 30 m/s，这种磨浆机对纤维的帚化能力更强，适合打高等黏状浆。大锥度磨浆机的磨刀锥度高达 60° ~ 70°，转刀较短，结构牢固，直径快速增加使磨浆线速度快速提高，再加上刀角的影响，对纤维产生很强的切断作用，这种磨浆机主要用于纤维切断兼有纤维离解的作用。

虽然锥形磨的结构在不断地创新优化，磨浆的质量也逐渐提高，但是其磨浆的工作机理本质上是一致的。纸浆在高速旋转的转子带动下产生周向线速度和径向离心力。由于圆锥形的转子大端的周向线速度和离心力比小端的周向线速度和离心力大，这种差异导致大端区的静压力比小端要小。另外，在锥形外壳的轴向定齿纹的束缚和引导下，进入圆锥形转子与外壳之间的浆料具有由小端往大端移动的趋势。因此，一般浆料从转子小端进入，由大端排出。

锥形磨浆机的磨浆过程可以简单概括为，浆料在通过相对运动的转子和定子之后，纤维的初生壁和次生壁产生位移，并接着产生破裂，然后纤维吸水润胀、被切断，最后是细纤维化，使纤维具有良好的柔软性、可塑性和尺寸的合理性。并大大提高了细纤维间氢键结合的机会和结合力，提高了纸的强度。

（三）圆柱磨浆机

1. 圆柱磨浆机的结构

圆柱（形）磨浆机的主要特点是磨浆刀辊为圆柱形，在磨浆刀辊的四周装有可以沿径向移动的定子，刀辊和定子的工作面上有磨齿。

图 5-26 所示为新型圆柱磨浆机，具有双磨区，它由空心主轴、进浆口、出浆口、定子、转子和间隙调节装置等构成的。采用空心主轴 3 供料，主轴 3 右端为进浆口 8，上部为 2 个出料口 5 和 7，通过电动机 1 驱动磨盘间隙调节装置 2 和 4，从而调节圆柱形磨浆区 6 中的磨盘间隙。

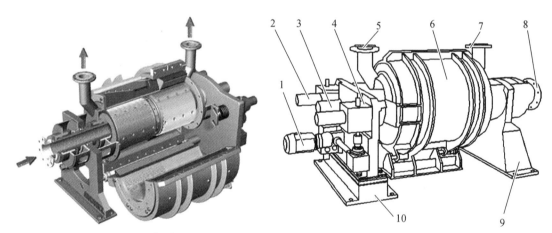

1—调节电机；2，4—磨浆间隙调节装置；3—主轴；5，7—出浆口；
6—磨浆区；8—进浆口；9，10—机架。

图 5-26　圆柱磨浆机结构简图

图 5-27 所示为这种圆柱磨浆机的内部结构，圆柱形定子 6 包络着刀辊 7，从主轴端的空心段进浆口 2 供料，通过转子中部的磨辊出浆口 3，利用离心力和纸浆压力将纸浆均匀的输送到磨浆区，在圆柱式的磨浆区进行充分的加工，最后成浆从出浆口 1 出浆，进入后续工段。

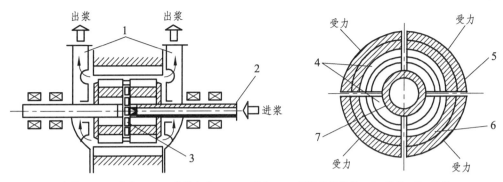

1—出浆口；2—进浆口；3—磨辊出浆口；4—磨齿；5—间隙调节装置；6—定子；7—刀辊。

图 5-27　圆柱磨浆机内部结构

2. 圆柱磨浆机磨浆原理

由于转子刀辊是圆柱形，在高速旋转时要处理的纸浆受离心力的作用产生周向运动和径向离心运动，并依靠纸浆进出口的压差用飞刀辊两端的推浆叶轮来实现纸浆进出磨浆区域。在高速旋转时要处理的纸浆通过进口到达刀辊和定子之间的间隙，然后从出口排出。传动电动机与刀辊直接连接，带动刀辊高速转动。加压流体通过入口对四把定子刀进行加压，是要处理的纸浆在一定的压力下进行磨浆。

（四）打浆设备的应用与操作

1. 打浆设备应用

盘磨机是目前应用最为广泛的打浆设备，绝大多数纸和纸板的生产都可采用盘磨机进行打浆。在工艺设计时，可根据纸料打浆度和纤维形态的要求，通过磨片齿形、磨片间隙、磨浆次数等方面进行调整，满足生产要求。槽式打浆机的产能小、效率低，但打浆操作灵活，可实现长纤维黏状打浆，在一些特种纸张的生产中还有一定应用。圆锥磨浆机和圆柱磨浆机，可用于较高黏度要求的打浆，又是一种连续打浆设备，所以是代替槽式打浆机的最好设备。

2. 打浆设备的操作

槽式打浆机生产中，其操作过程一般根据纸料要求和打浆过程纤维的变化，调节刀辊与底刀间隙以满足打浆要求。降低刀辊位置（加刀）、间隙减小，压溃、剪切作用增强，加快了打浆度提高；提高刀辊位置（升刀）、间隙增加，压溃、剪切作用减弱，打浆度提高减缓。

连续式打浆机，圆盘磨浆机、圆锥磨浆机和圆柱磨浆机，虽然结构不同，但是操作方法基本相同，生产中主要控制浆料浓度、浆料通过量和磨浆元件的间隙。在浆料浓度一定的情况下，磨浆元件间隙减小，磨浆作用加强，电机消耗功率增加。随着控制技术的提高，连续磨浆设备都采用自动控制系统进行操作运行。开机前在控制系统中设置通过量和功率等参数，控制系统就可自动调节磨浆间隙，以稳定打浆度。

第二节　配浆与调制

　　配浆是指将不同种类的纸浆按照一定比例混合的操作。利用不同纤维原料和不同制浆方法生产的纸浆，其纤维形态和成纸性能差异较大，从而可以满足不同纸张的性能和成本要求。

　　调制又称添料、调料，是指在纸浆中加入非纤维性物质的操作，这些物质的添加可改变纸页性质，更好地满足使用要求。植物纤维性能是有限的，随着纸张用途领域扩展，对纸质的要求越来越高，为了使纸张具有更好性能，应加入各种不同的添加剂才能更好地满足使用要求。使用添料具有多种作用：① 改善纸页质量，如通过施胶能提高纸页的抗水性；② 提高纸页强度，如添加增强剂可提高纸页机械强度；③ 提高纸机运行效率，如添加助滤剂改善纸料滤水性，使纸机开得更快；④ 减少纤维消耗降低生产成本，如添加碳酸钙等无机矿物质，以替代部分纤维能降低生产成本。

　　不同种类的纸张，其用途和性能不同所用的添料不同，常用的添料有施胶、加填和染色等，纸料调制中所用的非纤维性化学物质统称为造纸化学品（助剂），根据其功效分为功能化学品和过程化学品。功能化学品用来改善纸页的性能，过程化学品用来改善纸机的运行。

一、配　浆

（一）配浆的目的

　　为了改善纸张的性质，满足造纸机抄造性能的需要，或为了节约优质的长纤维，常常需要用两种以上的纸浆配合起来抄造某一种纸，这就是配浆。配浆时各种纸浆的配比应根据纸的质量要求、设备条件和纸浆的性质、来源来确定。如以化学苇浆为主生产胶印书刊纸时，加入 10%～20%的磨木浆，可以提高纸的不透明度和适印性能。以磨木浆为主生产新闻纸，加入 10%～20%的化学木浆，可以提高纸的湿强度和干强度，有利于造纸机的抄造。在某些需用长纤维纸浆抄造的纸制品中，如纸袋纸、胶版纸等，适当地加入部分草类短纤维浆，不仅可以达到节约长纤维的目的，同时可在一定程度上改善产品的某些性质。

（二）配浆方法

　　配浆的方法有间歇配浆和连续配浆两种。

　　1. 间歇配浆

　　间歇配浆是计量浆池（配浆池）内各种纸浆的体积和浓度，按要求的比例分别送往混合浆池内配浆。这种配浆方法方便灵活，品种经常改变的中小型纸厂多使用这种方法。

　　2. 连续配浆

　　连续配浆是把各种纸浆首先经过浓度调节器稳定浓度以后，分别连续通过配浆箱（配浆箱能够把各种浆料按规定的比例配合在一起）进行配浆。这种配浆方法适用于纸浆品种和质量比较稳定、纸张产品很少改变的大型纸厂。

图 5-28 所示为某造纸企业文化纸生产线配浆系统，该系统以 CENTUM CS3000 分布式控制系统（DCS）为平台，所用的浆种有漂白硫酸盐阔叶木浆（LBKP）、漂白热磨化学机械浆（BCTMP）、漂白硫酸盐针叶木浆（NBKP）和系统的湿损纸浆（WB）、干损纸浆（DB）。配浆过程中，NBKP、BCTMP、LBKP、WB、DB 先在出口处进行简单的浓度处理，然后按一定的设定比例送入混合浆池，再经搅拌器充分混合后送往后续工段进行处理。其中，CIC 为浓度控制器，FIC 为流量控制器，RA 为比值控制器，LIC 为液位控制器。

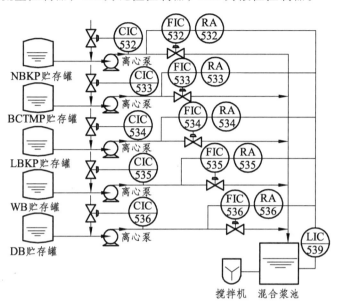

图 5-28　连续配浆流程

二、施　胶

（一）施胶的目的和方法

1. 施胶目的

纸页由植物纤维构成，植物纤维由纤维素组成，纤维素具有较强的吸水性；另外，纤维间的毛细管使纸页具有多孔性，所以未施胶纸页具有很强的吸水性，不适于书写、印刷等。纸页吸水后强度下降，会影响纸页的使用，所以许多纸页在抄造时都要进行施胶，通过添加抗水性物质，使纸页具有延迟流体渗透的性能，达到抗墨水、抗油、抗血、抗水、抗汽等流体浸入的目的。

2. 纸页抗液原理

当水溶液滴到纸面上，首先使纤维湿润，然后沿毛细管向四周渗透扩散，其渗透快慢可用 Washburn 方程式表示。

$$\frac{\mathrm{d}L}{\mathrm{d}t} = \frac{\gamma r \cos\theta}{4\eta L} \tag{5-3}$$

式中　L——浸透深度，m；

t ——浸透时间，s；

γ ——液体比表面自由能，即表面张力，N/m；

η ——液体黏度，Pa·s；

r ——毛细管半径，m；

θ ——液、固间接触角，°。

如何减少液体对纸页的渗透，进而达到抗水的目的？最初的胶膜学理论认为，施胶剂沉积在纸面上，经烘缸干燥在纸面上形成一层胶膜将毛细管封闭，阻碍了液体在纸页中的渗透，从而提高了纸页的抗水性。后来用电子显微镜观察发现，施胶的纸面上并没有被胶膜覆盖，施胶剂是以微粒形式附着在纸页表面，胶粒也并没有将毛细管封闭。

现在的施胶普遍认为接触角理论，施胶剂微粒附着在纸面上，并不是将纸页的毛细管封闭。而使胶粒产生抗水作用的主要原因是，胶粒改变了纸页表面的性质，加大了液体和固体间的接触角，减少了纸页表面对液体的附着力。液固相间接触角的大小，取决于气、液、固三相比表面自由能的大小，即三相间的界面张力相互作用的结果，如图 5-29 和式（5-4）所示。

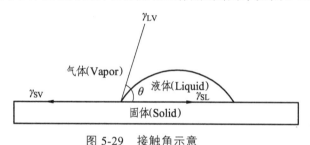

图 5-29　接触角示意

$$\gamma_{SV} = \gamma_{SL} + \gamma_{LV} \cos \theta \tag{5-4}$$

式中　γ_{SV} ——固、气两相间的比表面自由能，N/m；

γ_{SL} ——固、液两相间的比表面自由能，N/m；

γ_{LV} ——液、气两相间的比表面自由能，N/m；

θ ——固、液两相间的接触角，°。

对纤维、液体和空气这三相体系来说，接触角 θ 越接近零时，γ_{SV} 越大，此时液体对纸页的渗透越快，即纸页的抗液性越差。为了提高纸页的抗液性能，可用比表面自由能较低的物质（施胶剂）均匀地分布在纤维表面，降低气、固两间的表面自由能（γ_{SV}），即

$$\gamma'_{SV} < \gamma_{SV} \quad \gamma'_{SV} = A_1 \gamma_{S1V} + A_2 \gamma_{S2V} \tag{5-5}$$

式中　γ'_{SV} ——施胶后纸页综合比表面自由能，N/m；

γ_{S1V} ——纤维的比表面自由能，N/m；

γ_{S2V} ——施胶剂沉淀物的比表面自由能，N/m；

A_1 ——施胶后未被胶料覆盖的纤维表面百分比，%；

A_2 ——施胶后被胶料覆盖的纤维表面百分比，%。

由式（5-5）可知，胶料在纤维表面分布越均匀，暴露于大气中的纤维面积越少，则纸页的综合比表面积自由能越小，纸页的抗液性能越强。所以，良好的施胶效果取决于：① 选用比表面自由能较小的施胶剂，以取得液滴与纤维有较大的接触角，增强纸页抗拒液体的润湿

和渗透能力。②胶料沉淀物应高度分散，并均匀分布，尽量增大胶料的覆盖面积。③胶料沉淀物应牢固地附着在纤维表面，获得稳定的比表面自由能。一切施胶方法均应达到这些要求方能取得良好的施胶效应。

根据施胶度的大小，纸张可分为重施胶、中等施胶、轻施胶和不施胶 4 种，不施胶的纸有生活用纸、吸墨纸、卷烟纸、滤纸等。

3. 施胶方法

施胶的操作方法有纸内施胶和纸面施胶两种。纸内施胶也叫作浆内施胶，是在抄纸前在浆料中添加施胶剂；纸面施胶也叫作表面施胶，是将施胶剂涂刷在已成形的纸面上。纸内施胶和纸面施胶虽然都有提高纸页施胶度的共性，但纸面施胶还能提高纸页的表面强度、机械强度和平滑度等。

4. 施胶效果的检测

测定纸和纸板施胶效果的方法有墨水划线法、表面吸收重量法（可勃）、表面吸收速度法（液滴法）、浸没法（吸收质量法）液体渗透法和毛细管吸收高度法等，常有的方法为划线法和表面吸收重量法。

墨水划线法，是利用墨水在纸面上划线，考察墨水在纸面上的扩散、渗透情况，模拟人们在纸上书写的情况，因此该法适用于衡量书写纸的施胶效果。将墨水装在划线器中在纸上划线，风干后不渗透也不扩散时线条的最大宽度（mm）来表示施胶度。线条宽度越大，施胶度越高，纸张的憎液性越强。

可勃法（Cobb 法）利用纸和纸板的表面吸水，测定单位面积的纸和纸板在一定压力、温度下，在规定时间内所吸收的水量，即为纸和纸板表面吸水量，以 g/m^2 表示。可勃法常用于测定防潮渗透型的纸袋纸和其他包装纸和纸板的抗水性。

（二）纸内施胶及操作

1. 纸内施胶剂的种类

纸内施胶剂的种类较多，目前常用的有松香类施胶剂和反应型施胶剂。施胶剂不能直接使用，通常是先将其分散在水中制成乳液。乳液制备的工艺不同，施胶剂乳液的性质有较大差别。

松香类施胶剂是以松香为原料加工而成的施胶剂。松香是一种天然有机酸，其分子式为 $C_{19}H_{29}COOH$。松香不溶于水，松香类施胶剂是采用不同方式将松香乳化分散在水中所形成的乳液。分散松香的方法不同，可以制成多种形式的松香施胶剂，如皂化松香胶、强化松香胶、分散松香胶等。乳液中的松香微粒（粒径小于 5 μm）常常会带有电荷，分散方式和乳化剂不同，松香微粒的电荷种类不同，通常情况下带负电荷；如果选用阳离子乳化剂，可以制备阳离子松香胶，其微粒带有正电荷，可直接与带负电荷的纸浆纤维结合。通过施胶，使松香微粒均匀沉淀在纤维表面，而改变水分子在其界面上的张力，起到抗水作用。大多数松香类施胶剂的施胶采用硫酸铝作为沉淀剂使松香微粒与纤维结合，在 pH 低于 5.5 的酸性条件下才能使松香微粒充分沉淀。这种"酸性施胶"的浆水体系加强了生产设备的腐蚀，缩短设备使用寿命；还限制了碳酸钙等不耐酸的无机填料使用，并降低了纸页的耐久性。

反应型施胶剂，如烷基烯酮二聚体（Alkyl Ketene Dimer，AKD）和烯基琥珀酸酐（Alkenyl Succinic Anhydrides，ASA），在不需要铝盐和较高 pH（8.5～9.5）的条件下，可与纤维上的羟基结合，使纤维获得抗水性能。因此，这类施胶剂也叫作中性施胶剂。采用中性施胶剂，就可用廉价的碳酸钙填料，还能消除设备的酸性腐蚀，并提高了纸页的耐久性。所以，反应型施胶剂成为目前施胶较多的纸内施胶剂。反应型施胶剂乳液中的微粒也带负电荷，为了促进胶粒与纤维的结合，生产上通常使用带正电性的沉淀剂，如阳离子淀粉和阳离子聚丙烯酰胺等。

2. 纸内施胶的原理

纸内施胶是在纸页成形之前，将施胶剂添加到纸料悬浮液中。在媒介剂（沉淀剂）的作用下，施胶剂微粒附着在纤维表面，经过成形施胶剂留着在纸页上，最后在干燥过程中随着水分的蒸发，施胶剂微粒在纸页表面定向排列，实现施胶效果。

3. 纸内施胶的实施

纸内施胶的方法有两种，即配料池间歇施胶和流送系统连续施胶。

间歇施胶通常在配料池中进行。先将纸浆放入配料池中，根据浓度和体积计算纸浆绝干量，然后确定施胶剂和辅料的量，再称（量）取施胶剂和施胶辅料，按照先后次序放入配料池中搅拌均匀。施胶剂和辅料往往带有不同的电荷，因此在投放时要有一定的先后次序，并留有一定的时间间隔，否则在施胶剂还未与纸浆纤维均匀混合的情况下添加辅料，会造成施胶剂的絮聚而降低施胶效果。

连续施胶是在纸机流送系统的管道中进行。施胶剂和施胶辅料通过计量泵连续注入管道中，浆料在管道中的高速流动可与施胶剂和辅料快速混合。采用连续施胶时，施胶剂和辅料不能在同一处加入，否则会造成施胶剂絮聚而降低施胶效果。

4. 影响施胶效果的因素

施胶效果不仅与施胶剂、媒介剂用量有关，还与浆料性质和施胶环境如 pH、浓度、温度和时间等有关，这些因素影响了施胶剂在纤维表面的分布。

1）浆料的种类和性质

不同原料和方法制成的浆料，纤维形态、化学组成等性质不同，对施胶效果有较大影响。半纤维素含量高的浆料，纤维表面暴露的羟基较多，成纸中可产生更多的氢键结合，容易施胶。木素含量高的浆料，具有较高的疏水性，容易施胶。打浆度高的浆料，纤维细小、比表面积大，较易形成致密的纸页，容易施胶。因此，高得率纸浆比化学纸浆容易施胶，本色浆比漂白浆容易施胶，非木浆比木浆施胶容易。

2）胶料的种类和性质

不同的施胶剂，所含疏水基的多少不同，从而影响施胶效果。对于相同的浆料，要达到相同的施胶效果，效果好的施胶剂，其用量相对较少。对于松香类施胶剂来说，游离松香含量越高，施胶效果越好。因此，分散松香胶比皂化松香胶的施胶效果好，白色松香胶比褐色松香胶的施胶效果好。相同类型的施胶剂，胶粒越小比表面积越大，施胶过程中覆盖纤维的表面积越多，施胶效果越好。

3）施胶 pH

施胶体系的 pH 会影响纤维、施胶剂和媒介剂的性质和相互作用，还会影响填料及其他助剂的性质，从而影响施胶效果。松香胶施胶适宜的 pH 为 4~5，在这个条件下，可防止游离松香的皂化，同时硫酸铝水解后主要以$[Al(H_2O)_6]^{3+}$的形式存在，能有效促进胶粒与纤维的结合。但在弱酸性环境中，碳酸钙填料会发生分解，同时影响加填和施胶效果。另外，弱酸性环境下，设备的腐蚀也会加重。所以，中性、碱性施胶成为主要的施胶方式。

4）阴阳离子

施胶体系中的一些离子，可与施胶剂或媒介剂发生作用，对施胶效果产生负面影响，导致施胶效果下降。钙、镁阳离子可与负电性的施胶剂微粒结合形成沉淀，从而降低施胶效果或使其失效；硫酸根、草酸根等阴离子可与媒介剂中的阳离子络合，影响胶粒在纤维表面的沉积，从而降低了施胶效果。浆料洗涤不净、填料及助剂使用、白水循环等原因，都会造成施胶体系中的阴、阳离子含量过高，生产中应根据具体原因，采取适宜的方法，以消除或减弱阴阳离子对施胶的负面影响。

5）施胶温度

适宜的施胶温度为 20~25 °C，由于纸机系统的白水循环利用使纸料的温度升高。温度太高（超过 35 °C）时，施胶剂微粒会发生凝聚，颗粒增大、稳定性降低，降低纤维覆盖面积、并造成网毯堵塞污染，不仅使施胶效果下降，还会造成纸幅断头影响纸机运行。另外，较高温度下，合成施胶剂及其他助剂发生水解，纸料中还会滋生细菌并产生酸性物质，也会对施胶产生不利影响。

6）抄纸条件

纸机湿部的留着率高，施胶效果好；留着率低，施胶效果差；纸页成形及压榨产生的两面差较大时，纸页反面的施胶度差。干燥过程中升温太快，使纸页中水分急剧蒸发，将破坏胶料在纤维上固着，严重时会造成胶料黏附于烘缸上，使施胶效果下降，并增大纸页两面差。

（三）纸面施胶及操作

纸面施胶也叫作表面施胶，是指在纸页表面均匀地涂覆适量胶料的工艺过程，施胶量通常为 0.5~5.0 g/m^2。

1. 表面施胶的作用

通过表面施胶在纸页表面涂饰一层胶（涂）料，经过干燥在纸页表面形成涂层，能改变纸页的多项性能：① 胶料可以填平纸页表面的空隙，大大提高纸页的平滑度等表面性能。② 通过表面施胶在纸页表面形成的涂层可以封闭纸面的空隙，可以通过选用适当的胶料进一步提高纸页表面的憎水性或憎油性。③ 涂层还可以提高纸页的表面强度、减少纸页在印刷时的掉粉现象，并使纸页具有良好的耐久性和耐磨性能，提高纸页的光泽度等，综合改善纸页的印刷性能。④ 此外，表面施胶还可以提高纸页的物理强度，如提高纸页的表面强度、耐折度、耐破度和抗张强度等。由此可见，表面施胶不仅仅能提高纸页的抗液性能，还可改善纸页的其他性能；另外，表面施胶减少了胶料流失，因此其应用越来越广泛。

2. 表面施胶剂的种类

用于表面施胶的施胶剂主要有淀粉及其改性产品、聚乙烯醇、纤维素衍生物、合成胶等。淀粉是一种天然高分子碳水化合物，其资源丰富、价格低廉、种类繁多，是一种常用的表面施胶剂。常用的淀粉有土豆淀粉、木薯淀粉、红薯淀粉和玉米淀粉等。淀粉本身黏度高，流动性差，易产生凝聚现象，因此需要对淀粉进行改性，使其在较高浓度时仍具有较低的黏度，并保持良好的黏合力、满足纸页施胶的要求。淀粉改性的方法很多，包括氧化、酸水解、酶转化、糊精化、醚化、接枝共聚等。改性后可制成氧化淀粉、醚化淀粉、酶转化淀粉、非离子型羟烷基淀粉、阳离子淀粉、阴离子型磷酸酯淀粉和阴离子型羧酸酯淀粉等。

羧甲基纤维素（CMC）是用溶解浆与烧碱、氯乙酸经醚化制成的一种纤维素衍生物，它是一种白色粉末状、粒状或纤维状物质，无臭、无味、无毒。常用的是羧甲基纤维素的钠盐，其基本性质取决于取代度，即在醚化反应中纤维素上的羟基被羟甲基取代的比例。聚合度是羧甲基纤维素的另一个重要指标，它表示纤维素分子链的长度，常用黏度表示。低黏度（$0.025 \sim 0.05\ \mathrm{Pa \cdot s}$）的增强效果好，价格也相对便宜。用作表面施胶剂时，制成浓度为 0.25%、pH 为 $7 \sim 8$ 的溶液。羧甲基纤维素可与聚乙烯醇、聚丙烯酰胺和聚醋酸乙烯等混合使用，进一步改善纸页表面施胶效果。

聚乙烯醇（PVA）是聚醋酸乙烯酯经水解制成的高分子聚合物，为白色粉末，无臭、无味、无毒，易溶于水。按分子量大小和水解度的高低，可分为多种性质差别较大的产品，水解度越高抗水性越强。聚乙烯醇具有良好的胶黏强度和成膜性，作为表面施胶剂可以单独使用，也可与其他施胶剂配合使用。如聚乙烯醇中配加淀粉、硼砂，可防止胶液过度渗入纸内，提高成膜性；添加脲醛、碳酸铵，可以提高纸页的抗水性；添加石蜡、树脂酸，可以改变胶料的流动性和黏结力；添加海藻酸钠，可提高纸页的保水性能。

合成胶乳是通过化学方法合成的高分子聚合物，然后再通过乳化制成水包油型乳液，目前常用的有羧基丁苯树脂、聚丙烯酸树脂、醋酸乙烯树脂等。合成胶乳胶黏、抗水、增强的作用，可与淀粉、聚乙烯醇等互配使用，以取得更好的施胶效果。

3. 表面施胶的方法

表面施胶是将配制的胶料通过一定的方式涂饰在纸页表面，涂饰的主要设备设施有辊式施胶机、槽式施胶机、烘缸施胶和压光机施胶。生产上应根据纸页及胶料性质、涂饰量、纸机的类型和车速等因素选取合适的施胶方法。表面施胶后，纸页的含水量增加，所以施胶过后的纸页还需烘干。

4. 影响施胶效果的因素

影响表面施胶效果的主要因素有纸页性质、胶料组成、施胶定量和后续处理等。① 纸页的纤维组成、组织结构等性质对施胶效果有重要影响。组织结构均匀的纸幅，可均匀吸收胶料从而形成连续均匀的涂层，施胶效果稳定良好；紧度较小的纸页，其结构疏松、吸收性强，能吸收较多的施胶剂，可提高施胶效果。② 表面施胶具有提高机械强度和改善表面性质的综合作用，其效果取决于施胶剂的组成。聚乙烯醇、淀粉、合成胶乳，能够提高纸页表面强度的作用；而 AKD 等施胶剂则能提高纸页抗水性。因此，可根据纸页的用途和性能，配制合适的施胶剂。③ 在纸页性质、胶料组成不变的情况下，施胶定量增加、胶层增厚，施胶的效果提高，但施胶成本提高。④ 表面施胶之后，干燥速度、压光条件等，也会影响施胶效果。

三、加　填

加填是向纸料中加入填料的调制工序。造纸填料通常为白色不溶于水的细小颗粒物质，因而填料加入可改善纸张的性质，能更好地满足使用要求并节省纸浆，降低产品成本。

（一）填料及选用

造纸所用填料的种类较多，可分为天然填料和人造填料两大类，通常都为无机矿物质。天然填料有滑石粉、高岭土、研磨碳酸钙等；人造填料有硫酸钡、钛白粉、沉淀碳酸钙等。

造纸填料应具备如下性能：纯度高，颗粒细腻均匀，以增加覆盖能力和填料留着率。白度高、亮度大、无杂质、有光泽，以改善纸张的光学性能。折光率较高，散射系数较大，以提高纸张的不透明度。不易溶于水、稳定性好，以减少流失减轻对白水系统影响。化学性质稳定，不易受酸碱作用，不易发生氧化和还原，以提高纸张的耐久性。资源丰富、供应充足，加工容易、运输方便，以降低纸张的生产成本。

普通文化用纸和包装用纸等，通常选用滑石粉和研磨碳酸钙，既可满足改善纸张性能的要求，还能明显降低生产成本。卷烟纸、字典纸、生活用纸，最好选用沉淀碳酸钙，能较好地提高纸张的不透明度，增加纸页的吸水（油）性和柔软性，而对纸张物理强度的影响较小。钛白粉、硫酸钡等填料，其性能优异但价格偏高，仅用于照相原纸、装饰原纸、证券纸等特种纸张的加填。

（二）填料的作用

不加填料的纸张，纤维之间有许多细小的空隙，纸页表面粗糙、凹凸不平，影响印刷质量，使印迹色泽深浅不一、模糊不清、手感性差。使用填料以后，填料分散于纤维之间并将空隙填平，从而改进纸页的可塑性和柔软性，能更好地进行压光处理，使压光后的纸页更加平滑、均匀、手感性好，提高其印刷性能。填料的折光率和光亮度比纤维大，能有效提高纸页的不透明度、白度和亮度。纸页的不透明度由光线的折射率决定。当介质疏松折射面积较大时，光线会发生多次折射，纸页则不透明；若纸页的结构紧密，折射面积较小时，纸页就具有透明性。在纸张中添加填料，增加了光线的折射能力，使纸张的不透明度提高。填料还能吸附树脂，防止纸浆中的树脂凝聚，可消除纸机系统的树脂障碍。经加填的纸张，由于填料颗粒分散在纤维之间，使纸张的组织结构疏松多孔，减少了纤维间相互交织和氢键结合，造成纸页物理强度下降。

通过加填可以达到如下目的：① 改善纸页的光学性能。加填可提高纸页的不透明度和亮度，改善纸页的外观，解决纸张的透印问题。② 改进纸页的物理性能和印刷性能。加填可以改进纸张的匀度和平滑度，提高纸页柔软性、改善纸页手感，提高纸张的吸收性和吸墨性，使纸张具有更好的适印性并降低纸张的保水性和变形性。③ 满足纸张特殊性能。加填可以赋予纸张特殊性能，如卷烟纸添加碳酸钙，可调节其燃烧速度；导电纸添加炭黑，可提高其导电性能；阻燃纸添加氧化铝，可提高其阻燃性能。④ 节省纸浆降低生产成本。填料的相对密度大，价格便宜，在纸中代替部分纤维，可节约纸浆纤维；另外，加填还能改善纸张的干燥，可减少蒸汽消耗、提高纸机车速、降低生产成本。

（三）填料的使用方法

加填方式可分为间歇式浆内添加和连续式网前箱添加两种。

间歇式浆内添加是将填料直接在纸机前备浆系统的配料浆池或水力碎浆机中，通过机械搅拌作用与纸浆混合。这种加填方法操作简单方便，但填料与纸浆接触时间长，造成 pH 变化对施胶、染色产生不利影响，由加填引起的纸张质量的波动不易及时调整，纸料经过除渣器时填料流失严重。

连续式网前箱添加，是将填料加入网前箱与纸浆混合。这种加填方式操作麻烦，添加前先将添加制成分散液，添加时要求连续均匀；但这种加填对施胶影响较轻，填料不经过除渣器流失少，延长除渣器的寿命，由加填引起的质量波动可及时调整。

无论哪种加填方式，都要保证调料悬浮液均匀一致，容器中填料时不能停止搅拌，否则填料沉淀固结后，再启动搅拌器时易造成损坏。使用填料时须经 80 目以上的滤网过滤以去除粗大颗粒及其他杂质，否则会引起除渣器排渣口堵塞和成形网损伤，并在纸面出现砂粒，产生砂眼、空洞等纸病，引起纸幅断头等。加填时必须注意填料计量，如填料用量变化将引起纸张质量波动。

四、染色及调色

染色是指生产彩色纸张时，通过添加色料改变纸浆颜色的操作，如彩色皱纹纸、彩色包装纸等产品生产中，都需要进行染色。调色是指在基本颜色不变的情况下，对产品色相进行调整的操作，如生产白色纸张时，添加荧光增白剂可使纸张显得更白。经调色还可以消除纸张的杂色，使色相调和，并使每一批产品的色泽保持一致。

（一）染色及调色原理

纸张颜色是否鲜艳美观，主要依靠颜色的合理调配。颜色主要有红、黄、蓝三原色，其他各种颜色都可以用这三种原色按不同的配比进行调配，调配方法如图 5-30 所示的色相调配图。

图 5-30　色相调配图

三原色表现出不同的色调特征，黄色能使色泽鲜艳光亮，红色能加深色调，蓝色能使色泽变浅。调色可根据三原色的基本特性，将不同比例的色料混合。三原色等量混合可得灰色或黑色；两原色相配可得间色，如红配黄得橙色，黄配蓝得绿色，红配蓝得紫色。复色又称再生色，由两种间色混色而成，如橙和绿相配时橙多得橙黄色，绿多得嫩绿色；紫与绿相配，绿多得深绿色，紫多得茄紫色，依此类推。

如色调过深可用相对的间色使原色减浅，如染红色过深可加绿色使之减淡，反之如染橙色过深可加蓝色使之减淡，这是因为相对色相具有互相吸收所反射光的作用。另外，如染色过淡或调色中带有杂色，可用相邻并相反的原色或间色进行校正。

（二）色料的种类及性质

色料可分为颜料和染料两大类。

颜料不溶于水，实际上是一种有色的填料。颜料与纤维之间无亲和力，其染色的效果主要取决于颜料的粒度和在纸页中的分散情况。颜料分天然颜料和人造颜料两种，天然染料如赭石，是一种无机棕色颜料；人造颜料如群青、铁黄等，可以是无机的，也可以是有机的。颜料的耐光性较强，而对酸、碱和氯的耐久性因产品种类不同而不同。颜料的染色性能一般不如染料，使用量较多容易产生两面差，因此在纸张染色中应用较少。

染料分为天然染料和人造染料两种。天然染料着色力不强，在阳光照射下容易变色，在纸张染色中已很少使用了。人造染料又称合成染料，其品种繁多、颜色广泛，可根据需要随意选用。人造染料能溶于水，着色力强、用量少，染色成本低，染色操作简单。人造染料通常包括碱性染料、酸性染料、直接染料和荧光增白剂。

1. 碱性染料

碱性染料又称阳离子染料或盐基染料，是一类具有氨基碱性基团的有机化合物。阳离子染料可溶于水，在水溶液中电离，溶于水中呈阳离子状态，生成带正电荷的有色离子的染料。

碱性染料的阳离子很容易与带负电荷的基团结合而使纸浆纤维染色，具有强度高、色光鲜艳、耐光牢度好等优点，是造纸中最常用的染料。但碱性染料耐光性、耐热性较差，对酸、碱和氯的抵抗力较弱，因此容易褪色。溶解碱性染料不宜使用硬度高和碱性的水，否则会产生色斑，通常可加 1% 的醋酸，pH 为 4.5 ~ 6.5，用 70 ℃ 以下的热水溶解后使用。

碱性染料对木素的亲和力极大，所以对本色浆和高得率纸浆容易染色，即使不添加明矾等媒染剂也容易获得深而鲜艳的颜色，但对纤维和漂白浆的亲和力弱，必须添加媒染剂才能取得较好的染色效果。若用碱性染料进行混合纸浆染色时应特别注意，防止染色不匀产生色条现象，染混合纸浆应先染漂白浆，待其着色后再加本色浆或高得率浆，以增加漂白浆的染色时间，减少色斑。另一个办法是混合浆加胶、加矾后再加染料，这样也能减少染料对本色浆和高得率浆的亲和力，提高染色均匀性。

常用的碱性染料有盐基金黄、盐基亮绿、盐基槐黄、盐基玫瑰红和盐基品蓝等。

2. 酸性染料

酸性染料又称阴离子染料，是一类具有苯羟基或磺酸基的酸性有机化合物，分子中含有酸性基团，因此呈酸性、负电性，在酸性、弱酸或中性条件下适用。酸性染料和颜色一般都是自身有颜色，并能以分子状态或分散状态使其他物质获得鲜明和牢固色泽的化合物。其染色离子是酸根与钠离子、钾离子和铵根离子等阳离子结合而成，极易溶于水，水的硬度大小和纸浆温度高低对染色影响不是很显著。

酸性染料与纸浆纤维没有亲和力，需要借助矾土作媒染剂，才能促使染料与纸浆纤维结合，所以用酸性染料必须在矾之前先将染料加入纸浆中，使染料与纤维均匀混合后再加矾土和其他辅料。酸性染料的最佳染色 pH 为 4.5 ~ 4.7，所以适合于酸性施胶纸张的染色。混合纸浆的染色适合采用酸性染料，因着色均匀不会产生色斑。

常用的酸性染料有酸性皂黄、酸性薯红、酸性品蓝和酸性绿等。

3. 直接染料

直接染料是能在中性和弱碱性介质中加热煮沸，不须媒染剂的帮助，即能染色的染料。直接染料是一类含有磺酸基团的偶氮化合物，在热水中的溶解度比酸性染料差，不溶于冷水，而能溶于 50 ℃ 以上的热水，水的硬度对直接染料有影响。

直接染料凭借与纤维之间的氢键和范德华力结合而成，与纤维碱有很强的结合力，因而可以直接对纤维染色，如与纸浆混合不匀，部分纤维会优先染色出现色斑。直接染料会与铝离子、硫酸根等离子产生絮聚，降低染色效果，在施胶纸张生产中应在施胶之前进行染色，这样可防止染料凝聚和染色不匀的缺陷。直接染料特别适合于不施胶纸张的染色，染色 pH 为 4.5 ~ 8.0，染色温度 50 ℃，染色效果好。因脲醛树脂不能吸收直接染料，经脲醛树脂处理的纸张不能采用直接染料。直接染料的着色力与鲜艳度都远不如碱性染料，而耐热性、耐光性则优于碱性染料和酸性染料。为了加强染色，可在加直接染料之后再适当配加碱性染料。

常用的直接染料有直接品蓝、直接湖蓝、直接枯黄、直接大红和直接猩红等。

4. 荧光增白剂

荧光增白剂是一种荧光染料，又称白色染料，是二氨基二苯乙烯的衍生物或盐类，是含有共轭双键结构的有机化合物。

荧光增白剂不仅能反射可见光，还能吸收紫外光，并将其转化为可见的蓝色或红色的荧光，因此被荧光增白剂处理过的纸浆纤维能反射比原来更多的可见光线。反射的荧光能抵消纤维中的微黄色，起到补色效应。对漂白浆产生显白效果，能取得更高的亮度。这是一种光学作用，对纸浆并不起漂白或染色的作用。荧光增白剂能产生这种作用是由于本身的化学结构中，含有共轭双键结构的有机化合物，主要是能激发荧光的氨基磺酸类基团；同时还有能吸收紫外光的芳香胺、脂肪胺或其衍生物的基团，还有能增强牢固性能的三聚氰氯基团。

荧光增白剂只对漂白浆有增白作用，对于未漂浆、含有大量木素的机械浆和白度低于 65% 的纸浆不起增白作用。荧光增白剂的用量与纸浆的白度有关，白度越高效果越好，通常用量为 0.06% ~ 0.12%，用量高于 0.12%时增白效果不再增加。荧光增白剂耐酸性较差，硫酸铝对增白有不利影响，浆料 pH 低于 5.4 时增白效果下降。铁离子对增白作用也有不利影响。

荧光增白剂可用于浆内，也可用于表面施胶和涂布。近年来的研究发现，荧光增白剂有致癌作用，因此禁止在生活用纸和食品用纸中使用。

（三）染色操作

生产染色纸首先要确定染色配方，选用单一染料或将几种染料混合在一起，以取得满意的色调。然后取少量纸浆进行染色和调色试验，再根据小型试验结果在生产上予以实施并做必要的调整。

通常情况下，同类型的染料可以混合使用，酸性染料与直接染料两者化学结构和性质接近，也可以混合使用。而碱性染料与酸性染料、直接染料不能混用，否则会生成色淀导致染色不匀。在实际生产中使用酸性染料或直接染料时，为了提高色调常加少量碱性染料。在使用多种染料染色时，混合染色与先后染色的染色效果相差较大，应予以注意。

染色方法可分为纸内染色和纸面染色两类。纸内染色又分为间歇染色和连续染色；纸面染色有压光染色、浸渍染色和涂布染色等方法。

1. 纸内染色

纸张的染色大多数采用纸内染色，将溶解好的染料液，在打浆机、水力碎浆机、配料池或流送系统加入浆料中，使纸浆纤维染色。染料的溶解和稀释很重要，一般先用少量的水将染料调成糊状，在充分搅拌下用热水进行稀释；或采用间接加热的方法提高染料液的温度，以加速染料的溶解，然后过滤备用。对染料加热不可直接通蒸汽，因为蒸汽会产生局部高温，导致染料分解，生成不溶解的色淀，在纸面上出现色斑。不同染料的溶解条件和染料加入的程序应根据产品说明执行。

纸内染色的方法应用简单，能使染色达到纸内，纸张染色均匀。但造纸白水含有染料造成流失和白水处理难度增加，纸页还会出现两面差。

间歇式纸内染色是常用的方法，将计量好的染料液加入配料池中，按一定程序进行着色和充分混合后送往纸机抄造。连续式染色是向连续运输的浆料中连续注入染料液，染料与浆料在流动过程中得到充分混合后着色。

2. 纸面染色

纸面染色的优点是色料流失少，很容易通过改变染色剂种类来改变纸张的颜色。这种方法染色的均匀性较差，在纸的断面处可看到原纸本色，但对包装纸等普通纸张完全可以满足要求。

浸渍染色是使原纸通过色料槽而着色，然后在烘缸上干燥。有时色液可与表面施胶剂混合使用；有时可另外配置一套染色装备，称涂布上色，属于加工纸范畴。浸渍染色常用于皱纹色纸及其他薄型色纸的生产。

压光机染色与压光机纸面施胶相似，在压光辊上使纸张与染料接触，这种方法多用于纸板和厚纸的染色。有时由于受压光机操作的影响，色料局部受磨损脱落，在纸面上出现露底白斑的纸病。

（四）影响染色的因素

影响染色的因素很多，除了染料性质、染料溶解外，浆料性质、染色工艺等也会对纸张染色有较大的影响。

1. 纸浆种类和性质

不同纸浆对色料有不同的亲和力，这与纤维性质和木素含量有关。碱性染料对木素有较大亲和力，故适宜于对高得率纸浆进行染色；直接染料对纤维素有较大亲和力，因而适合于化学纸浆的染色。木浆染色比非木浆慢，所以混合浆料染色时，经常会产生色斑或色筋，应根据浆料的组成采用不同的染色工艺和条件。

2. 打浆情况

提高浆料的打浆度，纤维的比表面积增大，对染料的吸附作用增强，有利于纤维与染料的结合，从而提高染色效果。

3. 施　胶

施胶剂和施胶辅料对染色有一定的阻碍作用，所以施胶会影响染色效果。这主要是施胶剂和施胶辅料对染料有较强的吸附作用，阻碍了纤维对染料的吸附。为了避免施胶对染色的影响，可在施胶前先进行染色。

4. 填　料

许多填料对染料都有亲和力。对含有填料的纸浆染色时，由于部分染料被填料吸附，使成纸的色泽稍浅，颜色也不均匀。因此，薄型彩色纸一般不加填料。为减少填料对染色的不良影响，染色过程中可先加染料再进行加填。

5. pH

每种染料都有其最合适的 pH 范围，因此染色时应严格控制浆料的 pH，这是取决最佳染色效果的重要因素。多数染料在 pH 为 $4.5 \sim 5.5$ 时留着率最大，但也有一些染料的最佳 pH 不在此范围内，如一些碱性染料（刚果红）则宜在 pH 为 $6.0 \sim 6.5$ 时加入。通常可通过控制纸机网下白水的 pH 达到最好的染色效果。

6. 温　度

提高染色温度能增进浆料的染色效果，特别对直接染料更为明显，如直接红 4B 在 24 ℃时染色，着色程度为 35%；当温度提高至 44 ℃ 时，着色程度可达 90%。纸机干燥部的加热可能会造成变色，如某些酸性染料受热后，在纸面上易产生块状色斑，某些直接染料在高温下会有褪色倾向。为此，生产色纸时要注意控制染色后的干燥温度曲线。

7. 其他化学试剂

若纸浆中残留有氧化、还原性化合物，会不利于染色。因此，漂白浆中不应带有残氯。另外，钙离子对多数染料都有不良影响，如果生产用水硬度较大，可加少量硫酸铝，然后再进行染色。其他抄纸助剂，如助留助滤剂、增强剂等，也有可能会影响染色效果。

五、其他抄纸助剂的使用

在抄纸生产中除施胶、加填和染色工序使用非纤维性化学试剂外，还越来越多地使用其他化学试剂。随着纸张的用途扩大，新的纸种层出不穷，对纸张质量和性能的要求不断提高；为了保护环境和节约资源，降低能耗、水耗、电耗的要求不断提升；由于优质纤维供应紧张，用劣质纤维替代优质纤维生产高质量纸张，生产的难度不断加大；为提高单台纸机产量，纸机车速不断加快。在这些情况下，采用传统造作工艺，使用单一纤维抄纸已越来越难以适应生产要求，从而带动了造纸工业对抄纸助剂的开发和应用。

（一）抄纸助剂的作用

抄纸助剂被誉为造纸的"工业味精"，即使用量很少（只需耗用浆量万分之几至千分之几）也能很好地满足生产的需要；使用效果良好，有些功效是用其他方法难以达到的。使用助剂一般并不需用特殊设备，其工艺方法简易可行，且经济效益显著。现在抄纸助剂的应用非常普及，从浆料的处理到成纸的整饰，几乎所有工序都离不开抄纸助剂。抄纸助剂已成为增加品种、提高产量、改善质量、降低成本、优化系统、提高效益的重要措施，是造纸工业中不可缺少的一环。

抄纸助剂的种类很多、品种繁多，用途很广，通常以用途和作用进行分类。抄纸助剂的主要作用有：

（1）提高纸机生产效率。如使用助滤剂，可以加快纸机湿部脱水，降低纸幅进入干燥部的含水量，有利于纸机车速的提高，从而提高纸机的产量。生产有色纸时，为了着色均匀和牢固，可使用媒染剂和扩散剂。在施胶时，若加入增效剂，可以增加施胶效果。

（2）改进成纸质量赋予纸张特殊性能。如高透纸要求强度高、透气性好，浆料不能进行高强度打浆，为了提高成纸强度，常常通过添加高性能增强剂来实现。生活用纸要求质地柔软如棉，擦拭时又不能起毛，常常添加柔软剂。在纸浆中添加炭黑可以提高成纸的导电性能。相片纸使用时需经受化学药品多次冲洗和日晒雨淋，生产时应用湿强剂。

（3）减少纤维流送降低消耗。如抄纸时在系统中添加助留剂、絮凝剂等，可以提高填料和细小纤维的留着，起到减少流失、节约原料、减轻污染的多种作用。

（4）优化纸机湿部环境消除生产障碍。如亚硫酸浆料含有的树脂，在纸机湿部积累，会引起粘网、粘毯、粘缸，以及亮点、透点、洞眼等质量问题，添加树脂控制剂，能消除浆料中的树脂带来的麻烦。添加防腐剂，可防止纸机湿部系统滋生细菌，避免细菌所引起的问题。纸浆在流送过程中，由于空气的引入产生泡沫，对纸机操作和纸张质量产生危害，为了消除泡沫所带来的危害，可应用消泡剂和脱气剂。

（5）改进生产操作。如使用毛毯清洁剂，可以加速毛毯洗涤，保持毛毯清洁。在涂料中加入胶黏剂，可以提高涂布纸的质量。加入分散剂可以降低涂料的黏度便于生产操作，使涂布均匀。

（二）常用抄纸助剂

1. 分散剂

纸页的特性在很大程度上取决于纤维特性、纤维分布的均匀性及纤维间的结合状况。纸料是一种悬浮液，其中的纤维、填料等水不溶性组分，在分散体系中不够稳定，有自行聚集的趋势；而且不同组分之间因不相容性而尽量远离，这样就难以得到组织均匀、强度良好的纸张。特别是用长纤维、打浆度低的纸料抄纸时，纤维更容易絮聚，为此常常使用分散剂来解决这一问题。

分散剂能使纤维在水中悬浮分散而不絮聚，改善纸页成形，提高成纸均匀性。纤维在水中的分散情况是影响纸页匀度最重要的因素之一，如果纤维以单根形式存在液体中并保持均匀分散，则能抄造出组织良好的纸张；如果纤维絮聚成聚集状态，纸页会出现云彩花状不均匀结构，给纸页成形带来困难并影响最终质量，这对于薄页纸和一些匀度要求较高的特种用纸更为重要。

分散剂的作用可赋予纤维表面更多的负电荷，使纤维相互之间的排斥力增大，从而构成了稳定的带阴性电荷的悬浮液。分散剂吸附在纤维表面，相当于在纤维表面附着了一层薄薄的润滑膜，起到了水溶性润滑剂的作用，减少了纤维摩擦力，减少了纤维间相互黏着的机会，使纤维相互滑过而不致缠结。分散剂的加入使纸料悬浮液的黏度增加，限制了纤维在水中的运动自由度，使纤维不相互接触，减少了纤维间絮聚，提高纤维分布均匀性。

分散剂的种类较多，按照化学成分划分，主要有表面活性剂类、无机盐类和水溶性高分子类，常用的分散剂有聚氧化乙烯（PEO）、纤维素衍生物（如羧甲基纤维素钠）等，其中聚氧化乙烯的使用最为广泛。

2. 干强剂

干强度是指风干纸页的强度性质，通常情况下纸页的强度都是指干强度。生产中提高纸页干强度的主要方法是打浆，但过度打浆也会造成强度的下降，并且增加电力消耗，还会引起纸页其他性能的负面变化。因此，可以根据需要使用干强剂（增干强剂），在其他性能保持不变的情况下，提高纸页的干强度。

在纸料中加入干强剂可以提高纸页的干强度，干强度的提高可达到以下目的：在纤维原料不变的情况下，使用干强剂可改善纸页的机械强度、提升纸页品质。在满足产品机械强度要求的前提下，可以更多地使用短纤维和填料，或降低纸页定量，起到合理利用纤维资源的作用；有利于打浆度的降低，可缩短打浆时间、减少电力消耗、降低蒸汽消耗。

干强剂通常为一些高分子聚合物，可分为天然胶、合成树脂两大类。天然胶包括淀粉、明胶和纤维素衍生物等，是以天然生物质材料加工而成的产品。合成树脂包括聚丙烯酰胺、聚乙烯醇、脲醛树脂、酚醛树脂、醋酸乙烯等，是通过化学方法合成的高分子材料。

干强剂，如淀粉、聚乙烯醇等，是通过多种机理发挥增强作用的。首先，这些增强剂为水溶性高分子聚合物，能够参与纤维表面纤维素分子的氢键结合，增加纤维间在结合区域自然形成的氢键数量，能够提高纤维间的结合。其次，这些水溶性高分子聚合物，也具有一定的分散作用能改善纸页成形，产生更均匀分布的纤维之间的结合。此外，在纸页滤水成形的过程中，增强剂还能加强细小纤维的留着，改善湿纸页的固结。

3. 湿强剂

湿强剂是指能够提高纸页湿强度的化学助剂，湿强度是指纸页湿润后的强度性质。对一些特殊用途的纸张，湿强度是一项重要的技术要求。如生活用纸、地图纸、果袋纸、钞票纸等，在使用时都有可能被打湿的情况，为了湿润后纸张仍能保持一定的强度，这类纸张应具有一定的湿强度。纸页的强度主要来自于纤维间的氢键结合和纤维间交织作用，当纸页被水润湿后，极性更强的水分子将破坏氢键与纤维上的羟基结合，纤维被水润湿后摩擦力减弱引起纤维滑动，使纸页的强度急剧下降。

湿强度是纸页被再润湿后所能保留的强度，决定湿强度大小的因素主要是防止纸页再润湿和氢键被破坏的程度。施胶在某种程度上影响纸页的湿强度，然而要取得较高的湿强度还是要依靠湿强剂的作用。湿强剂或是在纤维表面形成交联网络减少纤维吸水润胀，或是在纤维间产生不溶性的胶黏作用，或是在纤维间产生共价键结合使纸页获得高强度。所以，湿强剂的性质和用量是决定纸张湿强度的主要因素。

用于抄纸的湿强剂有两大类，即甲醛树脂（如脲醛树脂和三聚氰胺甲醛树脂）和聚酰胺多胺表氯醇树脂，前一类为酸熟化热固性湿强剂，后一类为碱熟化热固性湿强剂。使用热固性湿强剂可取得较为满意的增湿强效果，热固性湿强剂的使用和增湿强过程分单体合成、缩合和熟化三个阶段。根据使用条件的不同，在酸性条件下缩合成聚合物或酸性条件使用的湿强剂称酸熟化热固性湿强剂，在中、碱性条件下缩合或使用的湿强剂称碱熟化热固性湿强剂。

湿强剂多为胺基、聚胺或酰胺树脂，可通过如下途径提高纸页的湿强度：① 通过胺基反应基团，强化纤维与纤维间的结合；② 高分子聚合物沉积于纤维之间，与纤维构成网状结构的无定形交织，限制了纤维间的活动，也相应地限制了纤维的润胀和纸页伸缩变形等；③ 湿强剂吸附在纤维表面或深入纤维内部，与纤维上的部分羟基缩聚产生对水不敏感的共价化学键；④ 分布在纤维表面的湿强剂，热固化后形成缠结纤维的聚合物网络将纤维聚集起来，具有持久不变的不溶于水的性质。

4. 助留剂和助滤剂

在抄纸过程中，提高细小组分留着的助剂叫作助留剂，改善纸料（页）脱水的助剂叫作助滤剂，兼有助留和助滤作用的助剂叫作助留助滤剂。纸页成形过程中，每形成 1 t 纸要脱除 60 ~ 350 t 水，滤水过程中还会带走一些细小纤维和填料等。因此，这一过程中加快水分滤出、减少细小组分流失，是提高纸机运行效率、降低综合生产成本、改善产品质量的关键。

使用助留助滤剂具有如下作用：① 提高填料和细小纤维的留着、减少流失，改善白水循环、减轻污染；② 提高纸页网面平滑度，改善纸页两面差，提高纸页的印刷性能；③ 提高网部脱水能力，从而提高纸机车速。

助留剂和助滤剂可分为三类，即无机类化合物、改性天然有机物和合成高分子聚合物。无机类化合物，如硫酸铝、铝酸钠、聚合氯化铝等，仅有助留作用，效果欠佳，现很少使用。改性天然有机物，如改性淀粉、羧甲基纤维素等，仅具有一定的助留作用。合成高分子聚合物，如聚丙烯酰胺、聚乙烯亚胺、聚胺和聚酰胺等，兼有助留和助滤作用，因此成为助留助滤的主流产品。

纸料中细小组分的助留是通过如下方式实现的：① 纤维及大多数填料都带负电荷，加入阳离子型助留剂后，能将其所带电荷中和，当系统中的 Zeta 电位逐渐趋向等当点时，减少了纤维与填料之间的排斥力，从而使填料等细小组分留在纸页中。② 阳离子聚合物的强阳电荷会抢先吸附部分纤维和细小组分，形成局部区域性阳电荷，这些纤维和细小组分的局部阳电荷也可吸附表面仍为阴电荷的纤维和细小组分，产生嵌镶结合而使细小纤维和填料留着。③ 具有足够链长的高分子聚合物，可在纤维、填料粒子等孔隙间架桥，形成凝聚，使细小纤维和填料与长纤维凝聚而提高留着。

纸料中水分的助滤是通过如下方式实现：阳离子型助剂能降低纤维、填料等的表面电荷，致使纤维和填料中充满水的结构受到破坏，使它们表面定向排列的水分子被扰乱而容易释放出来。一方面阳离子型助剂能促进细小组分的凝聚，比表面积降低，结合水量减少，使流体阻力减小；另一方面，由于纤维与细小组分凝聚，减少了湿纸页内微孔结构的堵塞，增加了纸页的渗透性能。

5. 消泡剂

纸料中的化学组成比较复杂，通常含有一些起泡性的物质（如皂类化合物），在搅拌、流送过程中，若有空气混入则容易产生泡沫。纸料中的泡沫不仅导致亮点、空洞等纸病，还会造成断头等而影响纸机运行。生产上除了加强纸浆洗涤、正确使用化学品外，还可根据需要使用适量的消泡剂。

消泡剂的种类很多，通常由多种组分配置而成，而一种组分又可在不同的消泡剂中使用，所以消泡剂很难进行准确分类。抄纸常用的消泡剂主要有：烃类消泡剂，一般不单独作为消泡剂使用，常与乳化剂等组分制成乳液。其扩散能力强，消泡速度快，但抑泡作用较差，多用于制浆工序中。有机硅类消泡剂，常用聚硅氧烷类化合物，又称硅油，是一种不挥发性油状液体。有机硅消泡剂表面张力低、用量少、挥发性低，具有化学惰性、无生理毒性；与烃类、醚类、醇类消泡剂不同，它既具有很强的破泡能力，又具有很强的抑泡功能，在破坏起泡的同时，还可防止气泡的产生，因此有机硅消泡剂在各类消泡剂中综合效果最好。

6. 防腐剂

纸料中存在着丰富的利于细菌滋生的营养物质，如碳水化合物和蛋白质等，在适宜的温度和湿度等条件下，细菌就会迅速繁殖，尤其在环境温度较高的季节，细菌繁殖更为迅速，将引起纸浆腐烂而产生腐浆。抄纸系统若出现腐浆，不仅产生多种纸病使产品质量下降，还会影响纸机的正常运转甚至造成停机。纸料中出现腐浆会产生亮点、空洞等纸病，使纸页尘埃增多，造成废品率上升。腐浆与其他物质结合，形成黏性沉积物，黏附于成形网和压榨毛毯上，使纸机湿部的脱水能力下降，严重时出现纸幅断头，影响纸机正常生产。

为了防止腐浆出现而影响生产，除了加强抄纸系统的清洗外，还可通过使用防腐剂抑制细菌的滋生。防腐剂的作用主要是通过杀死细菌或使其繁殖能力降低，防止细菌滋生使纸料不出现腐浆。防腐剂可使细菌中的蛋白质变性，消灭细菌活性而使其细胞死亡；也可使细菌的细胞遗传基因发生变异或干扰细胞内部酶的活力使其繁殖和生长能力降低，从而抑制细菌的生长。

抄纸生产所用的防腐剂应具有如下性质：① 高效、快速、广谱杀菌和抑菌能力，使细菌在短时间内被杀死或失去繁殖和生长能力；② 低毒、易分解和一定的溶解性，使用后可在一定条件下自行分解，不致或很少对环境造成危害，对产品使用者不会造成危害；③ 无刺激性异味，对操作环境无污染，对操作者不会造成危害；④ 对细菌有较长时间的效能，细菌不会在短时间内产生耐药性而对其失去作用。

抄纸使用的防腐剂主要有无机防腐剂和有机防腐剂两类。无机防腐剂因具有氧化性或还原性而具有杀菌作用，如次氯酸盐、二氧化氯、亚硫酸及其盐等，杀菌消毒能力较强，但化学性质不够稳定，易分解，作用不持久且有异味，所以多用于对设备、仪器和水的消毒。有机防腐剂具有高效低毒、自然降解等优点而被较多使用，主要包括有机硫、有机溴和含氮硫杂环化合物。有机汞、有机锌类防腐剂虽有很高的杀菌效果，但因有剧毒已被禁止使用。氯酚衍生物类虽有良好的杀菌效果，但也有一定毒性而被限制使用。

防腐剂的选用应根据生产条件、纸料性质和系统 pH 等因素来确定，应尽可能选用杀菌谱较广的防腐剂。如长期使用，应考虑两种或多种防腐剂交替使用，避免微生物产生耐药性。如生产与食品接触的纸种时，应考虑其毒性和最大容许使用量。注意 pH 的影响，一般对嗜碱性细菌，要选用酸性防腐剂，嗜酸性细菌要选择碱性防腐剂。防腐剂的杀菌和抑菌作用与其使用浓度和作用时间有关，同一种防腐剂，使用浓度高、作用时间长可以杀灭细菌，使用浓度低、作用时间短则只能起到抑制作用。另外，同一种防腐剂对不同的细菌的作用也不完全相同，对某种细菌可起到杀灭作用的防腐剂对另一种细菌可能只有抑制作用。防腐剂的使用方法，可在配料池中间歇添加，也可在纸机流送系统连续添加。

第三节　竹浆抄纸

一、抄纸的方法及过程

将纸浆加工成纸页的过程称为抄纸，其方法有手工抄纸和机器抄纸两种，于是纸张也分为手工纸和机制纸。手工抄纸由于生产能力小，劳动效率低，目前除了生产具有传统风格的纸种，如宣纸、大千纸、毛边纸、连史纸等传统书画纸外，其他的纸和纸板都采用机器抄造，抄造纸和纸板的机器称为造纸机。

纸张抄造的方式可分为湿法和干法两种。湿法抄纸是将纤维分散在水中制成悬浮液，然后经过滤水成形，再经压榨、烘干等工序制成。干法抄纸通常以空气作为介质使纤维成为悬浮体系，经沉淀成形，再经压榨、整饰等工序制成。干法抄纸所用纤维一般为特殊纤维，所生产的产品叫作无纺布。所以，通常情况下所说的抄纸，指的是湿法抄纸。无纺布产品和纸张产品，从属于不同的技术领域。在大规模工业生产中，绝大多数的纸和纸板都是采用湿法抄造的，属造纸技术领域；而无纺布的干法制造，则属非织造技术领域。

传统和主流的纸张都是湿法抄造的，水不仅是纤维输送和纸页成形的介质；特别是在纸页强度的形成上，还发挥着巨大作用。湿法造纸过程中，水分子在纤维间架起的"水桥"使羟基相连，干燥过程中大量水分子逃逸后纤维间产生氢键，形成了一定的结合力，使纸页具有一定的机械强度。

湿法抄纸的生产过程包括纸料处理、纸机抄纸和成品完成三个环节。

二、纸料处理

经过打浆和调制后的纸料，还不能直接抄纸。其主要原因有：一是纸料浓度太高，一般为 5% 左右，纤维之间极易絮聚、分布不匀，难以形成组织均匀的纸幅，在进入纸机前需将其浓度稀释到 1% 以下。二是纸料中可能含有一些杂质，对成纸的质量以及成形网、压榨辊毯、干燥烘缸和压光辊等，会产生损伤。因此，纸料送入纸机前应进行处理，这一过程称为纸机流送系统。流送系统还可控制送入造纸机网部的纤维量，以调节纸页的定量；另外，为了防止一些抄纸助剂的水解失效，有些化学助剂可在抄前流送系统连续添加，以缩短抄纸助剂与水的接触时间，提高助剂的使用效率。

通常将纸机前纸料处理的过程称为流送系统，其基本流程如图 5-31 所示，主要包括纸料的稀释、筛选、净化等环节。

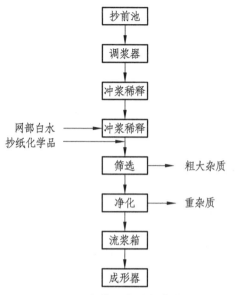

图 5-31　流送系统的基本流程

（一）纸料稀释

1. 纸料稀释目的

抄前池中纸料的浓度一般为 3%～5%，浓度这样高的纸料，在当前生产技术和设备条件下，既不能使纤维均匀分散，也难以除掉其中的杂质，因此需要用水进行稀释，使纸料成为低浓度的良好分散液，不仅有利于成形，还有利于筛选和净化。稀释后的浓度要求，主要取决于纸机成形器的类型，但通常都在 1%以下。浓度降低后，纸料流送的体积增加，不仅加大了管道、浆泵、筛浆机和除渣器的型号，还增加了系统生产运行中的能耗，所以要合理确定纸料浓度。对于上网浓度要求太低的系统，如上网浓度在 0.3%以下的薄页纸，可采用两级稀释，第一级先将纸料稀释至 0.5%左右，进行筛选净化去除杂质，然后再进行第二级稀释至 0.3%以下，进一步稀释后纸料上网抄纸。这样，可减少筛选净化设备的负荷，降低流送系统的生产能耗。

2. 纸料稀释的方法

纸料稀释一般都使用网部白水，这样不仅可以节约清水，还可回收利用白水中的填料和细小纤维等，减少原辅材料浪费和污染物排放。纸料稀释的方法有调浆箱稀释和稀释泵稀释两种，纸料稀释也叫"冲浆"，所以习惯上将稀释泵也叫冲浆泵。

如图 5-32 所示，调浆箱稀释法设施简单，投资较少；但浆料浓度波动大，整个系统敞开，容易造成纸料的污染，还会吸收较多的空气产生泡沫，对抄纸生产和纸张质量产生不利影响。因此，调浆箱稀释法主要用在小型、低速纸机的生产中。随着纸机车速提高、产量增加和产品质量要求的提高，纸机供浆系统的流量增加、稳定性要求提升，需采用稀释泵稀释的方式才能满足要求。

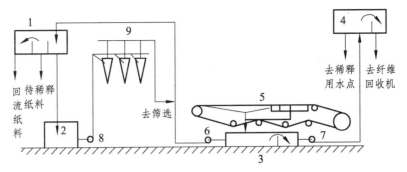

1—调浆箱；2—稀释池；3—白水池；4—白水收集箱；5—纸机网案；
6，7—白水泵；8—冲浆泵；9—除渣器。

图 5-32   调浆箱纸料稀释流程

图 5-33 所示为采用稀释泵进行纸料稀释处理的流程。抄前池纸料和白水同时进入冲浆泵的入口，在冲浆泵叶轮的搅拌作用下，可使纸料与白水快速均匀混合，实现纸料快速稀释。利用冲浆泵进行浆料稀释，可加快浆料的稀释速度，增加纸料供应量，满足大型纸机的生产需求；还能有效减少空气的混入，减轻气泡的影响，提高产品的质量。

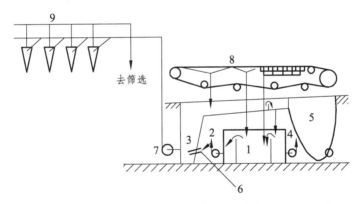

1—稀白水池；2，4—稀白水泵；3—浓白水池；5—伏辊池；6—纸料进口；
7—冲浆泵；8—纸机网案；9—除渣器。

图 5-33   冲浆泵纸料稀释流程

（二）筛选净化

在纸浆的打浆、调制等生产环节中，不可避免地混进一些杂质，如生产环境、填料带入的非纤维性杂质；管道、浆池及相关设备中，残浆干燥后形成的浆团（疙瘩）等纤维性杂质。这些杂质送上纸机，不仅对纸页质量产生影响，还有可能对纸机设备产生损伤。因此，纸料送入纸机前，应进行筛选净化处理。

筛选作用是去除纸料中相对密度小而体积较大的杂质，如浆团、纤维束、竹屑等，其工作原理是利用几何尺寸及形状的差异来选分杂质。净化作用是去除纸料中相对密度大而体积较小的杂质，如砂粒、金属屑、煤渣等，其工作原理是利用密度差异来选分杂质。纸料筛选和净化处理的浓度等条件相同，所以在设计生产流程时通常将两者结合在一起。

图 5-34 所示为纸机流送系统筛选净化流程，通常先进行净化，然后进行筛选，这样可防止较硬重杂质对筛浆机的磨碎和破坏。该流程中纸料净化为一级三段流程，每段（级）使用型号相同的除渣器；筛选采用一级二段，一级为压力筛，二段选用跳筛。在大型纸机中，为了防止空气混入，二段筛选最好也选用压力筛。

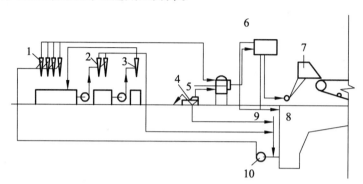

1——一段除渣器；2——二段除渣器；3——三段除渣器；4——跳筛；5——压力筛；6——高位箱；
7——流浆箱；8——白水池；9——回流；10——冲浆泵。

图 5-34　纸料筛选净化流程

纸料筛选一般都采用压力筛，能有效去除粗大杂质。净化一般采用锥形除渣器，为了提高净化效率，应采用小型号（尺寸小）的锥形除渣器。压力筛、除渣器的结构和工作原理，在第四章中已经介绍，此处不再赘述。

（三）纸料除气

生产系统中纸料在搅拌、泵送等环节，很容易将空气带入，因此纸料中常常含有空气。纸料中的空气以两种状态存在，一种是游离态，另一种是结合态。游离在纸料中的空气，存在纤维之间，可附着在纤维表面或存在于纤维细胞腔中；结合态空气是指溶解在水中的空气，两种形式的空气在纸料中可以相互转化。

空气在水中的溶解度很低，纸料中的空气大多数以游离状态存在。游离空气改变了纸料的相对密度，使纸料纤维变轻浮起来而产生泡沫，影响纸料的可压缩性和滤水性。游离空气分散在纸料中会形成气泡，在抄纸过程中，不仅会产生一些纸病，还会造成纸幅断头影响纸机运行。

纸料产生泡沫的原因很多，如浆料洗涤不干净、纤维润胀不完全、纸料中含有过量的水溶性物质、不恰当地搅拌以及输送泵的压头不当而导致空气混入。为此，生产上应加强浆料的洗涤，去除产生泡沫的杂质；另外，可采用封闭式纸料流送系统和除气装置，还可使用消泡剂进行消泡。

图 5-35 所示为一种带有除气装置的网前流送系统，经锥形除渣器净化后的纸料，通过集浆管送入除气筒。除气筒为一水平安装的直径较大的圆柱筒，纸料进入除气筒时压力释放，纸料中的空气（气泡）便会从纸料中散发出来聚集在筒体上部。然后通过管道送入表面冷凝器，表面冷凝器的真空作用产生的抽吸作用，将储气筒收集的空气吸走，然后再通过真空泵排出。

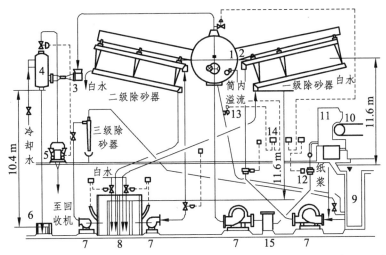

1—集气筒；2—集浆管；3—文丘里管；4—表面冷凝器；5—真空泵；6—水封槽；7—浆泵；8—尾浆收集槽；
9—白水池；10—胸辊；11—流浆箱；12，13，14—压力控制装置；15—缓冲罐。

图 5-35　带有除气装置的流送系统

（四）化学品添加

有些抄纸化学品，如 AKD 施胶剂、PAE 湿强剂、PEO 分散剂、助留助滤剂和染料等，与纸料较长时间接触后，会发生水解或吸附白水中的阳离子垃圾而絮聚，导致药品效果严重下降甚至失效。为此，这些化学品可通过在线方式连续添加，能有效防止副反应的发生，提高化学品作用效率。液体化学品，一般直接用计量泵抽出，在流送系统管道某位置送入，通过纸料在管道内的湍动使化学品均匀分散其中，生产中可根据效果通过流量进行调节。固体化学品，在添加之前先配置成一定浓度的分散液，然后通过计量泵送入流送系统。化学品的添加位置，应根据其性质、作用，以及与其他化学品的协同或干扰等因素综合确定。

三、造纸机及抄纸过程

将符合抄纸要求的纸料悬浮液经滤网脱水成形、机械挤压脱水和烘干干燥等过程而抄制成纸的机器，称为造纸机。造纸机包括完成抄纸工艺过程的成形、压榨、烘干三个主要部分，并配有必要的整饰、卷取及传动装置，以及供浆、浆料及白水循环、真空、通风排气、损纸处理和润滑、自控等辅助系统。

（一）造纸机的种类和型号

造纸是中国古代四大发明之一，早在公元 105 年，蔡伦总结西汉之后麻纤维造纸的使用，采用树皮、麻头、破布、旧渔网等原料，对造纸工艺进行了改进，进而发明了造纸术。

造纸术传入欧洲后，18 世纪初荷兰式打浆机出现，标志着机器造纸的开始。1799 年，法国人罗伯特（Louis Nicolas Robert）申请一项无电动机驱动的手工造纸机专利，之后在英国福德尼尔兄弟（Henry and Sealy Fourdrinier）开办的造纸厂应用，1803 年通过技术改良制成连续型纸长网造纸机，在 1805 年成功地制造出了第一张机制纸，1806 年福德尼尔申请了长网纸机（Fourdrinier Machine）专利。1809 年，英国人迪金森（John Dickinson）制造出世界上第一台圆网纸机，并用于生产。之后，两种造纸机的其他重要部分也得到快速发展和完善，1820年，克兰普顿用火加热铁板圆筒进行烘纸；1828年，寒丁发明了压辊；1863年，贺立欧克纸发明了五辊超级压光机；1872年杰克逊发明了用虹吸管排除冷凝水的蒸汽加热烘缸。这样，前后用了近百年时间逐步完善了圆网纸机和长网纸机的结构。

进入20世纪后造纸机继续改进。50年代出现了新型的流浆箱、夹网纸机、和聚酯成型网等。60年代可控硅直流电机调速系统开始广泛应用于造纸机，电子技术用于检测、控制和记录造纸过程参数，如机器的速度、浓度、温度和流量，纸和纸板的定量、厚度、干度和张力等。80年代纸机幅宽接近10 m，速度接近1 000 m/min，日产量超过500 t。

现在，大型造纸机的抄宽可达11 m，工作车速达2 000 m/min以上，日产纸量上千吨，整台机械的质量达千吨以上，长度达百余米。

1. 造纸机的种类

通常，造纸机是按照其成形部的结构形式进行分类，主要分为长网造纸机、圆网造纸机和夹网造纸机三类。目前出现的新型纸机，如顶网纸机、叠网纸机和超成形纸机等，都是在这三种纸机基础上发展起来的；而扬克纸机，则是按照其独特的干燥装置来命名的。另外，还可根据所产纸品来分类，如新闻纸机、文化纸机、卫生纸机、电容器纸机、卷烟纸机等；或根据产品的厚度来分类，如薄页纸机、厚页纸机、纸板机等。

圆网造纸机（Cylinder Paper Machine，或 Vat Paper Machine）的成形装置为圆网成形器，其结构相对简单，根据成形器和干燥烘缸配置数量不同，形成多种类型的圆网纸机，如单（圆）网单（烘）缸纸机、双（圆）网双（烘）缸纸机（见图5-36）和多圆网多（烘）缸纸板机等。

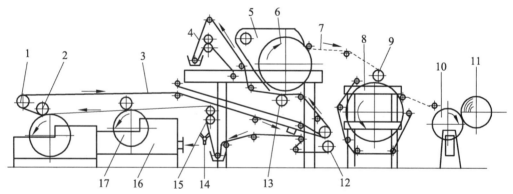

1—回头辊；2—伏辊；3—下毛毯；4—上毛毯；5—通风罩；6—第一烘缸；7—纸幅；8—第二烘缸；
9—光压榨；10—卷纸机；11—纸卷；12—压榨辊；13—托辊；14—打毯辊；
15—毛毯洗涤压榨辊；16—圆网槽；17—圆网笼。

图5-36 双网双缸造纸机结构

圆网纸机结构简单、占地少，投资费用省，适合诸如纸绳原纸、打字纸等定量低的特殊纸张生产，还可根据纸页要求灵活配置成形器和干燥烘缸的数量。但传统圆网成形器由于临界速度低，使车速提高受到很大限制目前很少使用。新的喷浆式、压力式、真空式、超成形圆网成形器的出现，解决了传统圆网成形器的这些问题，运行车速每分钟达到数百米，大大提高了纸机的生产能力。

图5-37所示为长网造纸机（Fourdrinier Paper Machine）的结构，其主要特征是由无端成

形网构成传送带式的成形装置。与圆网纸机相比，长网纸机组成复杂、结构庞大，一般由流浆箱、网案部、压榨部、干燥部、压光机、卷纸机等组成。长网纸机的车速快、产能大，一般都配置较多的烘缸，成为目前应用最多的一类造纸机。生产新闻纸等大宗产品的造纸机多属高速造纸机，其产量大，车速已超过 1 200 m/min，幅宽可达 10 m 左右。随着技术发展，叠网造纸机也用于纸板的生产中。叠网造纸机的网部，是由多个网案组成，为多长网纸机。

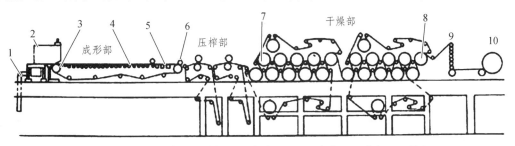

1—布浆器；2—流浆箱；3—胸辊；4—成形网；5—吸水箱；6—伏辊；7—烘缸；
8—冷缸；9—压光机；10—卷纸机。

图 5-37　长网造纸机结构

图 5-38 所示为夹网成形器，其成形器由两张对称但非水平安装的成形网构成，流浆箱将纸料喷入两张网形成的楔形成形区进行滤水成形，因而取名夹网成形器（Gap Former）。夹网成形器两面脱水，在一定程度上克服了长网、圆网成形器单向脱水的缺点，使成纸两面具有接近相同的性能，纸幅外表面具有较好的纤维交织状态，物理性能和定量都更均匀；与传统单面脱水相比，还可以使脱水速度增加 4 倍左右。如今，经过半个多世纪发展，夹网成形器已有上百种，能够生产定量为 $15 \sim 350 \text{ g/m}^2$ 各种文化纸及生活用纸，如印刷纸、涂布原纸、餐巾纸、卫生纸等。

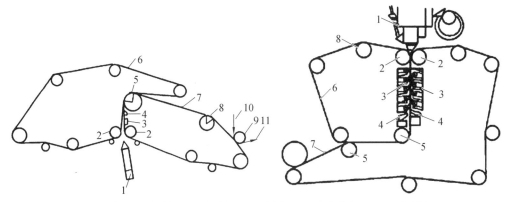

1—流浆箱；2—成形辊；3—成形板；4—刮水板；5—真空伏辊；6，7—成形网；
8—真空辊；9—引纸辊；10—毛毯；11—纸幅。

图 5-38　夹网成形器结构

如图 5-39 所示，扬克纸机（Yankee Paper Machine）是指配有扬克烘缸（Yankee Dryer）干燥装置的纸机。扬克干燥装置的烘缸直径较大，通常为 3 m，甚至更大，这样通过一个烘缸就可完成纸页干燥；在湿纸幅与烘缸接触处设有压（托）辊，将纸幅紧压在缸面，并挤出纸幅中的部分水分，使纸幅的贴缸面获得非常高的平滑度和光泽度；生产皱纹纸（如生活用纸）的时候，可在出纸侧设置起皱刮刀。

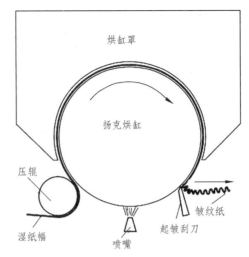

图 5-39　皱纹纸扬克干燥装置结构

　　扬克纸机主要用来生产单面光（如有光纸）和生活用纸，为了提高干燥速度，一般都配有高效率的烘缸罩。大多数扬克纸机配有一个烘缸，但也有个别纸机配有两个烘缸。扬克纸机的成形装置可以选用普通圆网（见图 5-40）、长网（见图 5-41）和夹网（见图 5-42）。目前，高速生产生活用纸的纸机，普遍采用夹网成形器。

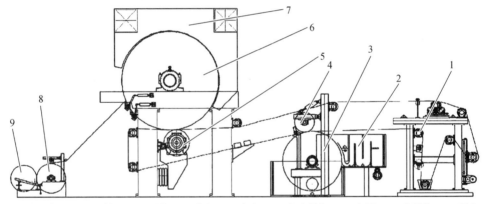

1—洗毯装置；2—网槽；3—圆网笼；4—伏辊；5—托辊；6—扬克烘缸；7—气罩，8—卷纸机；9—纸卷

图 5-40　圆网扬克纸机结构

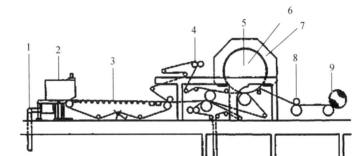

1—布浆器；2—流浆箱；3—长网成形器；4—压榨装置；5—扬克烘缸；6—进汽装置；7—热风罩；8—整饰辊；9—纸卷。

图 5-41　长网扬克纸机结构

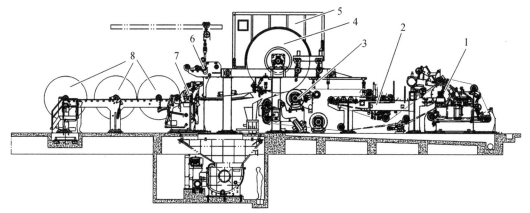

1—夹网成形器；2—压榨装置；3—托辊；4—扬克烘缸；5—气罩；6—卷纸辊；7—卷纸装置；8—纸卷。

图 5-42　夹网扬克纸机结构

2. 纸机的型号

造纸机的型号通常以抄纸幅宽和运行速度来划分，如 3150/550 型纸机，3150 代表了纸机幅宽（mm），550 代表了纸机车速（m/min）。幅宽指的是纸机生产时最大净纸宽度，是纸机设计时的重要参数，通常取常规产品宽度的整数倍。在纸机其他条件相同时，幅宽越大、产能越多，但纸机各种辊件的要求和价格会增加。车速是纸机正常生产时的运行速度，纸机车速的设计依据纸料性质、产能要求，在其他条件相同的情况下，车速越快、产能越多，但纸机的造价也会增加。

现在，随着各个领域的技术发展，造纸的幅宽、车速越来越大，目前世界上最宽的纸机幅宽已超过 10 m，最快的纸机车速可达 2 000 m/min 以上。

（二）抄纸及造纸机相关术语

1. 纸机产能

造纸机的产能，是指一定时间里（天或年）造纸机所生产的成品纸质量（t），通常用 t/d 或 t/a 表示。式（5-6）为造纸机每小时产能的计算方法：

$$Q = \frac{0.06 U B_m q K_1 K_2 K_3}{1\,000} \tag{5-6}$$

式中　Q——纸机的每小时产能，t/h；

　　　U——纸机车速，m/min；

　　　B_m——抄纸宽度，m；

　　　q——纸页定量，g/m²；

　　　K_1——纸机的抄造率，%；

　　　K_2——纸机的成品率，%；

　　　K_3——纸机的利用率，%。

2. 纸机车速

纸机车速是指纸机运行时产纸的速度，由于纸机的网部、压榨部、干燥部和卷纸部等部位线速度是不同的，为了确切表示，通常用卷纸缸（即纸卷）的线速度表示，其单位一般为 m/min，即每分钟所抄造的纸幅长度。

不像一台简单机器，造纸机是一套非常庞大、复杂的系统，在纸机设计、制造、运行时，常用不同的速度来反映其性能，如① 工作车速：指纸机生产一种纸张时稳定运行的速度。② 最高车速：在各种条件优化后，纸机生产所能达到的最快速度。③ 设计车速：从机械设计和零构件强度角度来考虑，纸机所能达到的最快速度。④ 爬行车速：在纸机检修或待料不能正常生产的情况下，纸机整体或部分以特别低的速度空运转，通常为 10~25 m/min。

3. 抄纸宽度

抄纸宽度简称抄宽，又称为纸幅宽度，指卷纸机实际生产的纸幅宽度，常以毫米（mm）为单位。卷纸机的纸幅为毛纸，其幅边不整齐，因此宽度要比成品纸幅的宽度大。净纸宽度是指切除毛边后成品纸幅的宽度（mm）。

抄纸宽度与净纸宽度之间的关系为

抄纸宽度=净纸宽度+纸卷两边窃取的宽度=净纸宽度+（2×20~25 mm）

4. 纸机轨距

轨距是纸机的一个重要结构参数，是指安装纸机机架底轨或底板的中心距离，以毫米（mm）为单位。通常情况下，纸机机架上各种辊件两边轴承的中心距，或其他部件两边支撑装置的中心距，都与纸机的轨距相同。

5. 传动方位

按照传动系统的方位不同，将纸机分为左手机和右手机。在我国按照惯例，观察者站在卷纸机之后，面向纸机湿部望去，如果传动系统设置在观察者的右侧，称为右手（Y 型）纸机；如果传动系统设置在观察者的左侧，称为左手（Z 型）纸机。通常，右手纸机的操作工人用右手引纸，左手纸机的操作工人用左手引纸。

6. 运行效率

生产中除非计划停机，很少出现纸机全部停机的情况。纸机整体或部分带料运转和空转，都有可能造成浆料、人工和水、电、汽等的消耗，如果在没有产品产出的情况下，会降低纸机的运行效率，增加成本、降低效益。为了综合反映纸机的运行效率，常用抄造率、成品率和合格率来衡量。

抄造率指卷纸机所生产出来的纸卷质量（t/d）与纸卷重量和损纸（包括压榨部的湿损纸和烘干部的干损纸，但不包括网部切边进入伏辊池中湿纸边的质量）总重量之比，以百分率表示，如式（5-7）所示。

$$抄造率（\%）=\frac{纸机抄造量}{纸机抄造量+抄造损纸量}\times100\% \qquad (5-7)$$

卷纸机所出的纸卷，要经过复卷、切纸才能制成成品纸，根据成品纸的质量好坏，成品纸还要被分为合格品和不合格品，合格品又被划分为一等品、二等品等不同等级。

成品率是成品纸产量与纸机抄造量之比，以百分比表示，如式（5-8）所示。

$$成品率（\%）=\frac{成品纸产量}{纸机抄造量}\times100\%$$ （5-8）

合格率是合格品产量与成品纸产量之比，以百分比表示，如式（5-9）所示。

$$合格率（\%）=\frac{合格品产量}{成品纸产量}\times100\%$$ （5-9）

抄造率、成品率、合格率通常称为纸机运行"三率"，要提高纸机运行效益，应加强全面管理，使三率水平同时提高，才能有效提高纸机的综合效益。

（三）造纸机的组成及其工作原理

造纸机是指将纸料制成纸页的分部联动全套设备系统的总称，其组成包括由流浆箱、成形部、压榨部、烘干部、压光部、卷取部和传动部等构成的主机部分，以及供汽、供水、供电、真空、润滑和控制等辅助系统。

1. 流浆箱

流浆箱是"流送系统"与纸机"成形装置"的接合部，将流送系统与纸机相连。流浆箱的作用是把合乎要求的纸料，按照造纸机成形装置的要求送到成形网上去，为纸页成形提供良好的前提条件；沿造纸机幅宽方向均匀地分布纸料，保证压力均布、速度均布、流量均布、浓度均布以及纤维定向可控性和均匀性；有效分散纸浆纤维，防止纤维絮聚，按照工艺要求，提供和保持稳定的上浆压头和浆网速比。

如图 5-43 所示，对于圆网纸机来说，其网槽具备流浆箱的作用；而对于长网纸机和夹网纸机，流浆箱则是纸机一个单独的装置。

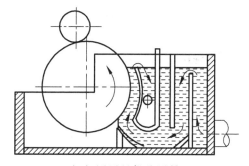

（a）圆网纸机的网槽

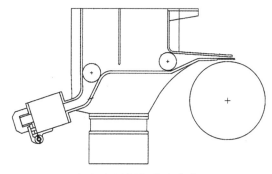

（b）长网纸机的流浆箱

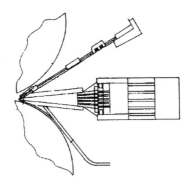

（c）夹网纸机的流浆箱

图 5-43　纸机流浆箱示意

图 5-44 所示为长网纸机的流浆箱，是由特殊板材所围成的不同形状箱体，主要由布浆器、匀浆器和堰（唇）板三个功能部件构成。纸料通过进浆总管沿纸机横向导入，进浆总管与箱体通过布浆器相连，纸料通过布浆器沿纸机纵向进入流浆箱。流浆箱中设置了多种形式的匀浆器，不仅消除了纸料的脉冲还可防止纤维絮聚，最后纸料从上下堰板的狭缝中喷出落在成形网上，纸料着网的位置、方向和速度可通过堰板进行调整，以满足上网成形的要求。流浆箱是纸机的关键部件，被誉为造纸机的"心脏"，其结构和性能对纸页成形和成纸质量具有决定性的作用，尤其是对宽幅、高速纸机，因此流浆箱是现代纸机发展最快的部件之一。

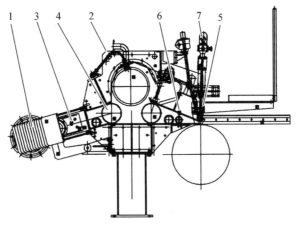

1—进浆总管；2—箱体；3—布浆器；4—匀浆器；5—下堰板；6—上堰板；7—调节装置。

图 5-44　流浆箱结构示意

在纸机发展过程中，尽管出现多种结构形式的流浆箱，但其主要功能基本不变，即布浆、匀浆和喷浆。具体说来，表现为 5 个方面：① 向纸机整个幅宽提供一种均匀稳定的喷出浆流，避免横向浆流，无定向支流或纵向条流；② 提供一种几何尺寸合乎要求的稳定的唇板，不受温度、压力和唇板开启度的影响；③ 形成一种絮聚最少而分散良好的纤维悬浮体；④ 提供一种能满足工艺要求的横幅定量分布、落浆点、喷浆角度和喷浆速度的控制；⑤ 流浆箱内应避免产生挂浆、附浆现象，提供保持流浆箱清洁，并易于操作和维护的便利措施。

随着纸机幅宽和车速提高，流浆箱的结构和类型也在不断更新，出现了各种各样的流浆箱。按其发展进程和基本结构特点，流浆箱可分为敞开式和封闭式两大类，如图 5-45 所示。敞开式流浆箱是依靠箱内纸料液位所产生的静压力提供上网所需的流速，适用于车速较低的纸机。随着纸机车速不断提高，出现了封闭式流浆箱，这样可通过冲浆泵提供纸料上网所需要压力。生产中多种因素会导致冲浆泵压力的波动，从而影响上网的流量和流速。为了消除流浆箱内纸料压力波动，可通过气垫、漂片等方式对压力脉冲进行消除，这样封闭式流浆箱就出现了敛流式、气垫式等类型。

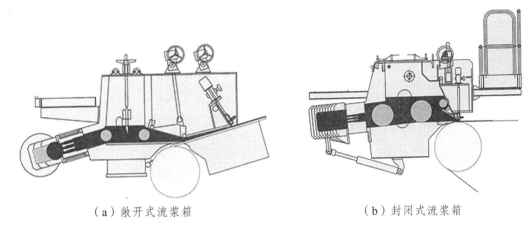

（a）敞开式流浆箱　　　　　　　　　　　　　（b）封闭式流浆箱

图 5-45　敞开式流浆箱及封闭式流浆箱

现代新型高速纸机流浆箱具有如下特征：① 采用高效水力布浆整流元件。通过对水力布浆整流元件进行不同结构和尺寸的设计调节，以及控制不同的浆流情况以适应不同工艺条件要求。② 重视稳浆室的作用。稳浆室能起到消除、衰减能量波动稳定浆流的作用；对于满流气垫结合式流浆箱稳浆室又是产生气垫和消除气泡的场所。③ 采用狭长流道产生可控的微细湍流。在流浆箱的出口段利用狭长的流道可以控制出口浆流的湍流程度以产生微细规模的湍流（这一点在飘片流浆箱中体现得比较突出）。④ 向一次布浆整流的趋势发展。大多数的新型流浆箱均为二次布浆整流但也有向一次布浆整流发展的尝试。如果能很好地分布浆流这可能会成为今后的一个发展趋势。⑤ 配置机外脉冲衰减装置。如满流式流浆箱的一个弱点是对压力脉动非常敏感因此除对流浆箱本身进行改进外有效的方法是在机外加设自动脉冲衰减器。目前一些新型的流浆箱如图 5-46 所示。

（a）Valmet 公司 OptiFlo Gap 流浆箱

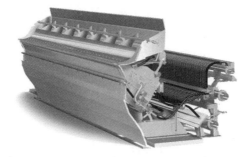

（b）Valmet 公司 OptiFlo Layering Gap 多层流浆箱

（c）Voith 公司 Roll Jet 流浆箱

图 5-46　现代新型流浆箱

2. 成形部

造纸机的成形部也叫作网部，其作用是使纸料滤水形成纸页。纸料在网部脱水的过程中，其中的纤维、填料等悬浮物逐步沉积在成形网上，形成纸页。纸页的成形条件与纸页质量有着极其密切的关系，如果网部成形不好产生了纸病，在纸机后续部位是很难改进的，因此网部是纸机的重要部分。纸料在网部形成纸页时，要求纤维适当扰动、均匀分散，形成的纸页才匀度良好、全幅一致，为形成一张质量良好的纸张打好基础。纸页在网部形成并进一步脱水后具有一定的强度，以便将其引入压榨部。纸料上网的浓度一般为 0.1% ~ 1.2%，形成的纸页离开成形部时干度一般为 15% ~ 20%，每生产 1 kg 纸张网部的脱水量为 77 ~ 930 kg。因此网部的脱水量很大，约占纸机脱水总量的 90% 以上。

脱水和纸页成形是一对矛盾的统一体，两者同时存在又不可分割，纸料在脱水过程中形成纸页，纸页在成形过程中不断脱水，脱水和成形之间又相互矛盾。如脱水太急、太快，纸页的成形均匀影响纸页的质量；而脱水太慢又会影响纸机产量，纸页质量也不一定好。生产上应根据纸种的不同要求和生产条件，控制好脱水的速度，使脱水和成形相辅相成、恰到好处。

从结构形式划分，造纸机的成形器有圆网成形器、长网成形器和夹网成形器三种形式，成形部是纸机的重要组成部分，也是纸机类型划分的重要依据。

1）圆网成形器

圆网成形器的基本构成如图 5-47 所示，主要由网槽、网笼和伏辊 3 个主要部分组成。纸页形成是靠网笼内外液位差所产生的静压力进行过滤脱水，纤维等悬浮物在滤水过程中沉积在网面上形成纸页。网笼内的白水经网槽边箱排出进入白水池，湿纸页在网笼上继续脱水并带入伏辊，经伏辊加压脱水后纸幅干度达到 8% ~ 12%。由于毛毯的比表面积比成形网大，湿纸页在受伏辊压力时，被毛毯吸附由成形网上转移到毛毯上，并由毛毯引入压榨部。网笼继续转动，用清水冲洗网面后，进入下一个循环连续成形。小型圆网纸机的网笼由毛毯拖动，大型圆网纸机的网笼应配置驱动装置，以减轻毛毯的拉力和对纸页的影响。

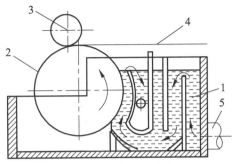

1—网槽；2—网笼；3—伏辊；4—毛毯；5—进浆管。

图 5-47　圆网成形器结构

对圆网成形器来说，影响纸页成形和脱水的因素很多，如纸种要求、纸料性质和生产操作控制因素等。除此之外纸页形成与脱水过程中，圆网笼内外压差和脱水弧长，纸料流速与圆网速度的关系，选分作用和冲刷作用，以及临界速度等因素对纸机生产能力和纸页质量等均有重要影响。

图 5-48 为一些新的圆网成形器，如喷浆式、压力式、真空式、超成形等，这些新型成形器解决了传统圆网成形器的这些问题，运行车速达到数百米每分钟，大大提高了纸机的生产能力。

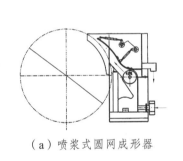

（a）喷浆式圆网成形器

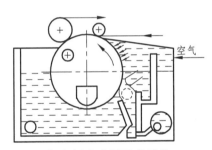

（b）压力式圆网成形器

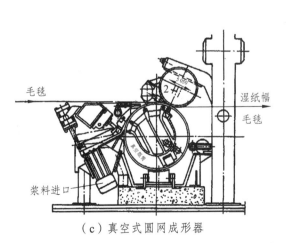

（c）真空式圆网成形器

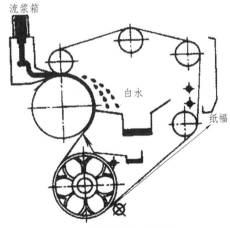

（d）埃斯圆网成形器

图 5-48　新型圆网成形器结构

2）长网成形器

长网成形器的结构如图 5-49 所示，无端的成形网套在网案上，在胸辊、伏辊及其他脱水元件的支撑下，由驱网辊拖动使其在网案上传动。

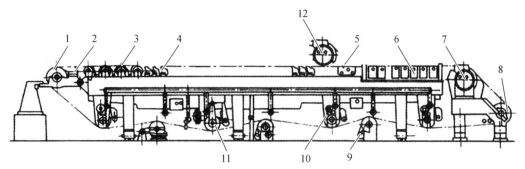

1—胸辊；2—成形板；3—案辊；4—案板；5—湿吸箱；6—真空吸水箱；7—伏辊；8—驱网辊；
9—导网辊；10—张紧辊；11—校正辊；12—整饰辊。

图 5-49　长网成形器的结构

纸料由流浆箱唇板以一定的速度和方向喷到胸辊处的网面上，被成形网拖动向伏辊方向移动，在成形网移动的过程中，纸料中水分在重力及脱水元件产生的抽吸力作用下透过成形网，纤维、填料等悬浮物在成形网上沉积而形成纸页，随着水分的不断减少，湿纸页中的纤维交织及氢键作用使其具有一定的强度。

长网成形器的网案水平安装，网案正面为工作面，除了前后两端的胸辊和伏辊，中间还安装了成形板、刮水板、案辊、湿真空箱和干真空箱等。网案上的这些元件，除了支撑成形网外，还能透过成形网将纸页中的水分脱除，因此这些元件也称为脱水元件。脱水元件的结构、形状不同，脱水强度不同，因而用于车速不同的纸机。在网案上水线消失之前的位置上，根据需要还可设置整饰辊。整饰辊是一空心网辊，其作用不在于脱水，而在梳理纤维、整饰纸面；另外，还可通过整饰辊在纸面上产生图案（即水印），起到防伪、美化作用。

在网案下面成形网的回程上，设置了导网辊、张紧辊、校正辊，以保证成形网平稳运行。另外，还设置了洗涤装置，通过喷淋水进行成形网的洗涤，去除网上残留的纸料和化学品。普通长网成形器还设置的摇摆装置，使网案沿横向摇摆，能够提高纸页的匀度。

顶网成形器是长网成形器的一种改进形式，通常是在原有长网成形器的网案上加装一组成形装置，所以也叫上网（Top Fomer）纸机，如图 5-50 所示。这种成形器在长网成形区形成一段双网复合成形区，其主要目的是减少纸页的两面差，可抄造出 Z 向对称的纸页。

3）叠网成形器

为满足大定量和多种浆料抄造纸板的需要，将多个长网成形器组合起来，这样就出现了叠网成形器。

如图 5-51 所示，根据长网成形器的数量，可分为双叠网纸机（Dual Fourdrinier Paper Machine）、三叠网纸机（Triple Fourdrinier Paper Machine）和四叠网纸机（Quadruple Fourdrinier Paper Machine）。

叠网纸机由多个长网成形器构成，不仅可以生产定量更高的纸板，而且不同成形器可用不同的纸料，以满足纸板性能和成本方面的要求。叠网成形器中的每个网案，与普通长网成形器相似，每组成形器都有各自的流浆箱、胸辊、伏辊、驱网辊和各种脱水元件。与多圆网成形相比，叠网成形器的车速更快，显著提高了纸机的生产效率，但其资金投入和操作要求更高。

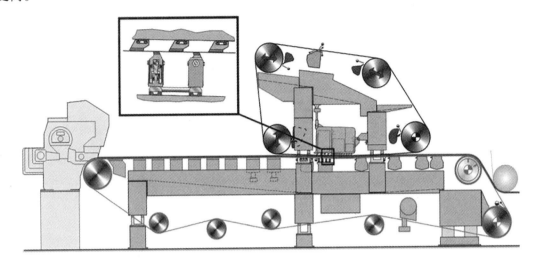

图 5-50　顶网成形器

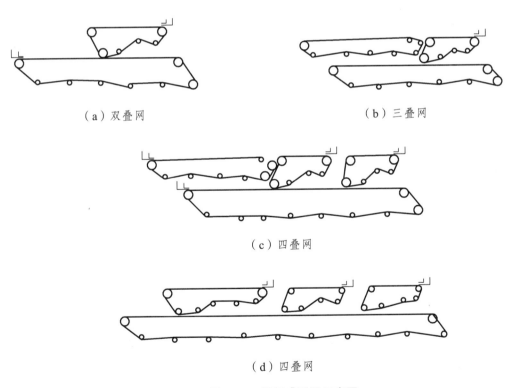

（a）双叠网　　　　　　　　　　　（b）三叠网

（c）四叠网

（d）四叠网

图 5-51　叠网成形器示意图

4）夹网成形器

夹网成形器的出现是为了解决普通圆网成形器和长网成形器存在的纸页两面差严重、微观匀度差和 Z 向结构分布不均匀等问题。同时，双网"夹持成形"克服了单网"自由成形"的不稳定性，使纸机车速进一步提高。

根据成形器的具体结构和脱水原理，可将夹网成形器分为辊式夹网成形器、刮板式夹网成形器和辊/板混合式夹网成形器，如图 5-52 所示。

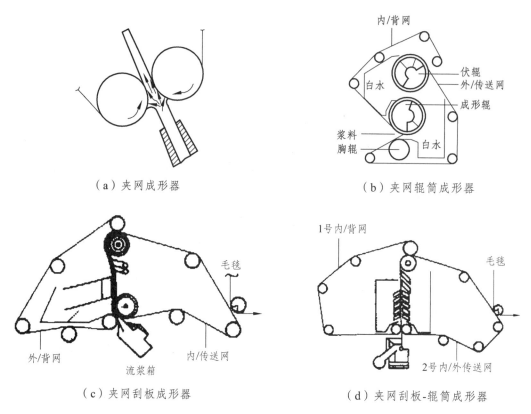

（a）夹网成形器

（b）夹网辊筒成形器

（c）夹网刮板成形器

（d）夹网刮板-辊筒成形器

图 5-52　夹网成形器的类型

辊式夹网成形器（Roll Former）中，纸幅的成形是在成形辊上进行的，成形过程中纤维留着率高，但成形质量不及其他类型的成形器。板式夹网成形器（Blade Former），有静止的刮水板脱水，也可根据需要设置真空脱水，成形过程中纤维留着率低，但成形质量好。辊/板结合式夹网成形器（Roll-Blade Former）综合了前面两种成形器的优点，兼顾了纸页成形质量和纸料留着率。

流浆箱堰板喷出的纸料射入两床成形网形成的楔形成形区中，其中的水分通过两床成形网双面脱除，纤维和填料等悬浮物留在双网间而形成纸页。随后，两成形网张力在逐渐缩小的楔形区产生了垂直于纸页的挤压力，可进一步脱除纸页中水分。在伏辊处，两成形网完全重叠，成形网张力作用在伏辊表面产生很大压力，使纸页的干度进一步提高。在伏辊真空抽吸力的作用下，挤出的水分被尽快脱除，使纸幅完全转移至一个成形网上，避免了两网分离时对纸页的伤害。

夹网成形器可以灵活地控制，使两张网或慢慢打开，或逐渐汇拢，以调整生产纸种的定量。夹网造纸机成纸的纵横向差和两面性都比较小，故质量较好；其另一个优点是封闭成形，悬浮体在成形器内不存在暴露于空气中的自由表面。由于夹网成形器脱水能力满足了高速造纸机的要求，而且其成纸性能优异，已渐渐在高速造纸机上占据了统治地位。

3. 压榨部

从纸机网部引出的纸幅，通常含有80%左右的水分，湿纸幅的强度还不够高。如果直接进行干燥很容易造成纸幅断裂，不仅要耗用更多的蒸汽，而且干燥后的纸页结构疏松、表面粗糙、强度较低。所以，网部形成的湿纸页需要经过压榨部的机械压榨处理，然后再送到干燥部进行干燥。

压榨是在压榨辊产生的机械作用下，对湿纸页产生碾压作用。湿纸页具有较好的塑性，在辊压作用下不仅将纸页中的水分挤出，还使纸页的其他性质得到改善。压辊产生的挤压力作用于纸幅和毛毯上，可产生如下作用：① 通过机械压力尽可能多地脱除纸幅中的水分，从而减少后续干燥环节蒸汽的消耗。② 通过机械挤压作用，增加湿纸幅中纤维的结合力，提高纸页的紧度和强度。③ 通过压辊的整饰作用，消除纸幅上的网痕，提高纸面的平滑度并减少纸页的两面差。④ 在压榨部毛毯的作用下，将湿纸幅从网部输送至压榨部。

纸机压榨部由若干对压榨辊构成，每对压榨辊组成一个（道）压榨装置，压榨次数和方式根据纸页性能要求和纸机车速确定。图5-53所示为防油纸机压榨部的结构，压榨部共设置了四道压榨，第一道为真空压榨，第二道和第三道为普通压榨，第四道为反压榨。

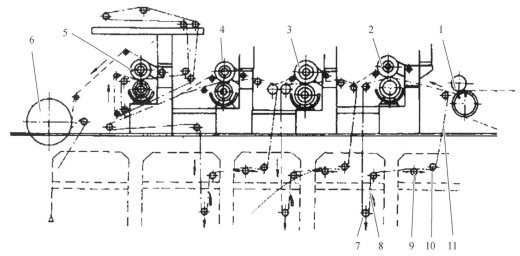

1—伏辊；2—真空压榨；3、4—普通压榨；5—反压榨；6—烘缸；7—毛毯张紧辊；
8—毛毯洗涤装置；9—毛毯矫正器；10—导毯辊；11—毛毯。

图5-53　防油纸机压榨部结构

压榨装置的形式很多，最早低速纸机使用的是普通平辊压榨。随着纸机车速不断提高，出现了真空压榨、沟纹压榨、盲孔压榨、衬网压榨、套网压榨、靴式压榨和复合压榨等技术，是根据压辊的结构特征来命名的。有些压榨是根据压榨的作用命名，如反压榨是用来提高纸页网面平滑度，光泽压榨是增加纸页的紧度，但其压榨辊与普通压榨辊相同。

图5-54所示为普通平辊压榨，其主要结构由上下压辊、加压调节机构及其他辅助元件组成，通常上压辊表面为石材，下压辊表面为橡胶，加压调节机构用来调整两压辊之间的线压力

满足压榨要求，或在停机时候将上压辊抬高离开下压辊，而消除压辊间的压力防止压辊变形。

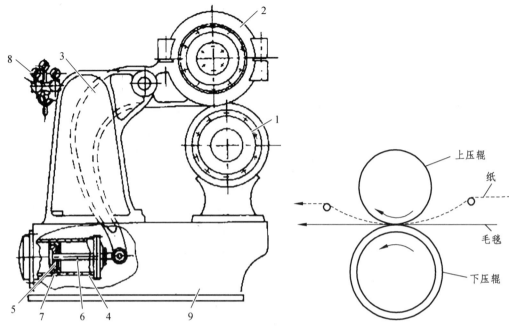

1—下压辊；2—上压辊；3—杠杆；4—气缸；5—活塞；6—活塞缸；7—密封；8—气动压力调节器；9—机架。

图 5-54　普通平辊压榨装置结构

纸页压榨是一个较为复杂的过程，压榨过程中发生作用的区域是纸页与压辊接触的区域，Wahlstorm 基于机械压力和水压力的相互作用，把压榨过程分为四个阶段，如图 5-55 所示。

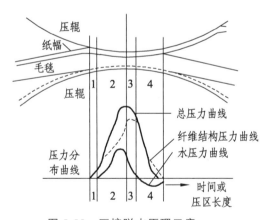

图 5-55　压榨脱水原理示意

图 5-55 中，第一阶段为预压阶段，毛毯、纸页与压辊接触进入压区，随着辊面间距的减小挤压力加大，毛毯和纸页受压收缩，纸页中的水分受压产生水压。第二阶段为水分转移阶段，随着辊面间距继续减小，纸页中的水压继续增大，此时毛毯中的水压较小且毛毯具有较高的空隙率，纸页中的水分朝毛毯中转移，使纸页中的含水量降低。第三阶段为水分挤出阶段，纸页上的机械压力达到最高时使纸页和毛毯中的水压达到极值，此时水分从纸页和毛毯中挤出，普通压榨中两压辊都为平辊，水分只能沿水平方向从进纸侧挤出，为水平反向脱水

（见图 5-56）。第四阶段为回湿阶段，随着辊面间距的增大，机械压力逐渐释放，纸页和毛毯即刻膨胀，部分水分重新进入纸页和毛毯中，毛毯回弹性强从而可以吸收更多水分。

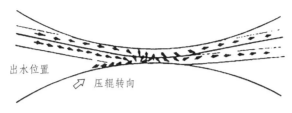

图 5-56 平辊压榨水平反向脱水示意

如图 5-56 所示，平辊压榨设有专门的脱水装置，压榨过程中脱出的水分逆着毛毯的运行方向穿过毛毯横向流出。由于水流速度低，流经毛毯的距离长，因此流动阻力较大，流动速度梯度较小。如果湿纸幅的强度不足以抵抗这种流动压力，则容易出现压花现象，又称作纸幅压溃。要想脱出湿纸幅更多的水分，则需更大的压榨压力。压榨时挤压力越大，水流压力越大，湿纸幅被压溃的可能性越大。因此，平辊压榨时脱水受极限压力的限制，超过极限压力纸页就被压溃，这个压力也叫作压溃压力。

随着纸机车速的不断提高和能源价格的不断攀升，高效压榨装置不断出现，以提高压榨后纸页干度，主要表现在如下几个方面：① 为了缩短水分流经路径，出现了一些垂直脱水的压榨装置，如真空压榨、沟纹压榨、盲孔压榨和衬网压榨等，压区中的水分可以垂直透过纸页和毛毯，使压榨脱水过程中的脱水距离大大缩短。② 为了减少压榨部所占空间，并避免湿纸幅与空气接触造成断纸，出现了复合压榨，将多个压辊组合在一个中心压辊周围，提高了压榨脱水效率并防止纸机高速运行所造成的断纸。③ 为了保证宽幅纸机压辊线压力的均匀性，出现了中高可控压榨辊，可根据实际需要调整压辊中高，提高压区压力的均匀分布从而提高纸页水分的均匀性。④ 为了延长纸页压榨时间，出现了宽压区压榨，提高了压榨效率并有效防止湿纸幅被压溃。

图 5-57 ~ 图 5-59 所示，分别为真空压榨、沟纹压榨和盲孔压榨的结构，这 3 种方式压榨实现了垂直脱水。压榨过程中，从纸页中挤出的水分可垂直穿透毛毯，进入真空吸辊、沟纹压辊或盲孔压辊中，大大缩短了水分移出的路径，还消除了水平方向上水压对纸页组织的破坏。垂直压榨的结构相对复杂设备造价较高，但脱水效率的提高可降低纸页含水量，从而降低干燥部蒸汽的消耗。

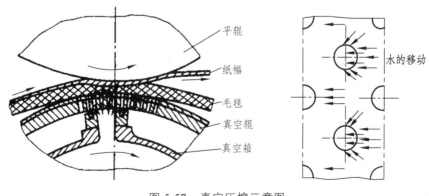

图 5-57 真空压榨示意图

217

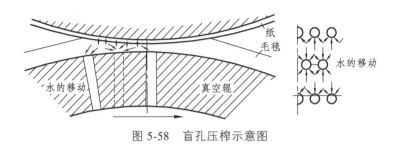

图 5-58　盲孔压榨示意图

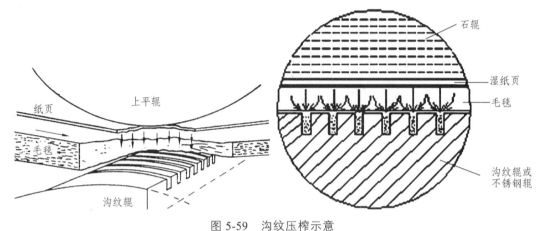

图 5-59　沟纹压榨示意

复合压榨是指由多个压辊构成的一套多压区压榨，实际上是一种多辊压榨的组合，又称多压区压榨、复式压榨或组合压榨，如图 5-60 所示。

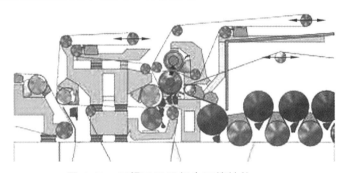

图 5-60　四辊三压区复合压榨结构

复合压榨的结构紧凑，不仅节省纸机所占空间，还具有以下几大优点：① 较高的压榨脱水效率使纸幅出压榨的干度提高；② 对称脱水，有利于减小纸页的两面差；③ 实现封闭引纸，减少断头次数，损纸处理容易，适合高速纸机。

靴式压榨（Shoe Press）是目前宽压区压榨最新的形式，已在现代纸机中得到广泛应用，其结构如图 5-61 所示。靴式压榨具有特殊的靴形压辊，主要由靴板、横梁、靴套等部件组成。靴辊内部的靴板和横梁是静止不动的；靴套安装在辊芯外面，是一种软性材料，通过压板安装在辊芯的特制轴承上，它是靴辊的旋转件。在液压系统的作用下，使上压辊和靴辊闭合，靴板将靴套紧紧压在上压辊表面。靴套与辊芯通过轴承相连，轴承、靴板和靴套之间有润滑油不间断润滑，之间的摩擦力几乎为零。靴板的内弧面与压辊外面相配合，在靴板的挤压作用下，使软性靴套与压辊形成一个"曲面"压区，使压区的宽带显著提高。

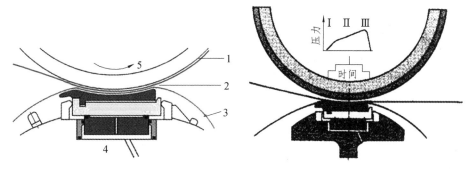

1—毛毯；2—纸幅；3—靴套；4—靴板；5—上压辊。

图 5-61　靴式压榨示意

靴式压榨是将辊式压榨的瞬时动态脱水，改为静压下的长时间宽压区脱水，从而大大提高脱水量，使纸幅干度提高。与传统压榨相比，靴式压榨压区是传统压区的数倍。在相同车速下，湿纸页在靴式压区的停留时间是传统压区的数倍；同时，靴式压榨还可应用比传统压榨更高的线压力，从而从纸页中脱除更多的水分，使纸页组织结构更好固化、强度提高，减少纸幅断头和蒸汽消耗。

4. 干燥部

湿纸页经压榨部机械挤压脱水后，干度一般为 30% ~ 40%，采用新型高效的压榨装置，其干度也不会超过 50%。此时，纸页中残余的水分，大部分为结合水，结合水只能通过加热蒸发的方式才能离开纸页，使纸页的干度达到 92% ~ 95%。

干燥纸页的装置为烘缸，烘缸是一空心圆柱体，沿水平安装的主轴进行旋转，内部通入饱和蒸汽使缸体加热。纸页包裹在烘缸表面，吸收缸体热量使其加热，纸页中的水分蒸发离开纸页，将纸页烘干，如图 5-62 所示。纸机干燥部烘缸的数量，通常根据纸张的性能要求和纸机运行时的速度来确定，除了特殊的纸张，如有光纸、卫生纸等，其他绝大多数纸机、纸板机，干燥部都是由多个烘缸组成的，有些高速纸机的烘缸数量甚至达到上百个。所以，干燥部是纸机占地最多、投资最大的部分。

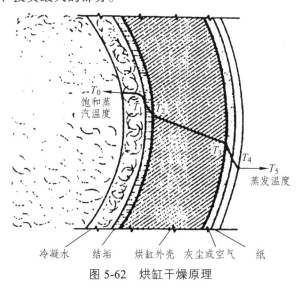

图 5-62　烘缸干燥原理

干燥部在蒸发去除纸页水分提高纸页干度的同时，还具有如下重要作用：① 随着湿纸页中水分子的蒸发，纤维之间的羟基结合产生氢键，使纸页的强度提高。② 平整的缸面对纸幅干燥时，能产生熨烫作用，使纸面平滑度、平整性增加。③ 随着纸页干度增加，纤维表面的微胶粒定向排列，疏水基一致朝外，完成纸页的最终施胶。④ 进行皱纹纸的起皱。

烘缸的基本结构如图 5-63 所示，主要由缸体、主轴、进气装置和冷凝水排出装置等元件构成。多缸纸机烘缸的直径一般为 1.25 m 或 1.5 m，大烘缸（扬克烘缸）的直径一般为 2.5 m 或 3.0 m，目前最大烘缸的直径可达 6.15 m，但数量较少。普通烘缸的缸体由铸铁铸造而成，扬克烘缸的缸体由铸钢铸造或钢板卷成。

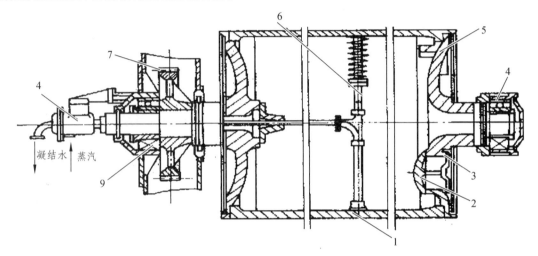

1—缸体；2—人孔盖；3—人孔盖压条；4—操作侧轴承；5—操作侧缸盖；6—冷凝水排出装置；
7—传动齿轮；8—蒸汽接头；9—传动侧轴承。

图 5-63　烘缸基本结构

传统干燥部的烘缸排列方式为双层排列，如图 5-64 所示。烘缸、导毯辊和纸幅围成一个较为封闭的"袋区"，在纸页干燥过程中会积聚大量的水蒸气，阻碍纸页中水蒸气的散失，降低了纸幅的干燥速度。

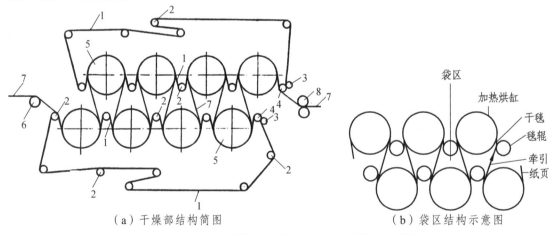

（a）干燥部结构简图　　　　　　　　（b）袋区结构示意图

1—干毯；2，3，4—导毯辊；5—烘缸；6、8—导纸辊；7—纸幅。

图 5-64　双排烘缸双毯干燥部结构

为了促进干燥部湿气的扩散，加快纸页中水蒸气的转移，可将传统双排烘缸布置的干燥部进行改进，将双干毯改为单干毯，如图 5-65 所示。这样，可消除封闭的袋区，改善湿气扩散条件。但是，下排烘缸干燥时，干毯紧贴在烘缸表面，纸幅在干毯外侧，也会对干燥速度和纸幅表面产生不利影响。

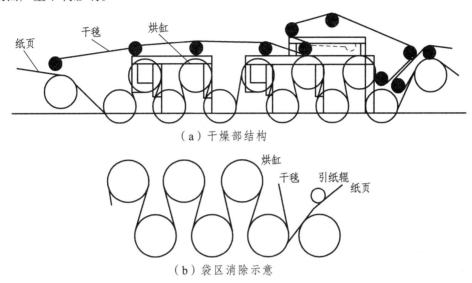

（a）干燥部结构

（b）袋区消除示意

图 5-65　双排烘缸单干毯干燥部结构

目前，新型高速纸机干燥部大多采用效率更高的单排烘缸布置，如图 5-66 所示。上排为烘缸，下排为真空辊，其排列方式与双排烘缸的排列方式相似，但每组干燥单元只有一条干毯。

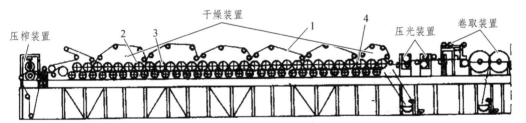

（a）单排烘缸干燥部简图

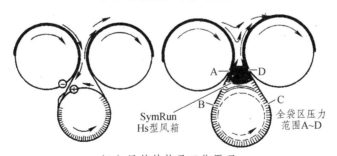

（b）风箱结构及工作原理

1—上干毯；2—烘缸；3—真空辊；4—吹风箱。

图 5-66　单排烘缸干燥部

如图 5-66（b）所示，纸幅转移至上排的烘缸处，在外侧干毯张力作用下纸幅贴在烘缸表面，纸幅吸收烘缸热量温度上升使其中的水分蒸发；当纸幅转移至下排的真空辊处，纸页中的水蒸气可透过干毯进入真空辊中被抽出，加快了纸页干度的提高；在真空作用下还能将袋区中的水蒸气抽出，降低干燥系统中的湿度，也有利于纸幅中水蒸气的扩散。

单排烘缸干燥系统，纸幅转移过程中一直有干毯相随，能有效降低纸幅断头频率，这一点对高速纸机特别重要。但是，单排烘缸干燥对降低纸页两面差不利，因此对于两面平滑度要求接近的纸种，相邻烘缸组中烘缸的位置应相互错开。如前组烘缸在上、真空辊在下的话，则后组烘缸在下、真空辊在上。

5. 压光部

压光是在纸幅比较干燥的状况下，用若干对压辊进行挤压处理纸幅。经过压光可以提高纸页的平滑度、光泽度及均匀性，纸幅经过压光处理后随着厚度减小、紧度随之增加，环压强度、边压强度也会提高。根据纸张的性能要求，大多数纸张需要进行压光处理。

对纸页进行压光处理的设备叫作压光机，压光机一般设置在干燥部之后，这种方式叫作机内压光。有些特殊纸种，如电容器纸，由于其要求特殊，纸卷下机后再进行压光，这种方式叫作机外压光。根据压光辊的结构和材质等，可将压光机分为普通压光机、超级压光机和软压光机等。

普通压光机的基本结构如图 5-67 所示，有 3～10 个压光辊，垂直重叠安装在机架上，最底下一个辊为主动辊，由电机和传动机构驱动；其余的压辊都为从动辊，由辊面摩擦作用而带动。普通压光辊是表面极为光滑的冷铸铁辊，其硬度在 80～85（肖氏），压光辊表面非常光滑，粗糙度容许偏差不超过 0.5 μm。

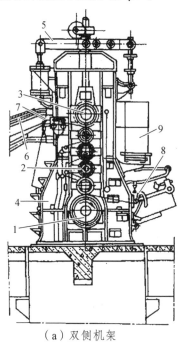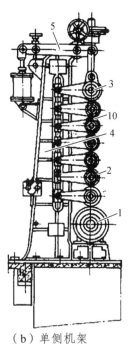

（a）双侧机架　　　　　　　（b）单侧机架

1—底辊；2—中间辊；3—顶辊；4—机架；5—加压及提升装置；6—压缩空气引纸装置；
7，8—弧形舒展杆；9—走台；10—中间辊轴承。

图 5-67　压光机结构

中低速纸机一般配置 3~6 辊压光机，高速纸机多配置 8~10 辊压光机。压光机的压辊数量有奇数和偶数两种，主要取决于引纸方式。人工引纸时将干燥部来的纸幅绕过最上面的压光辊，然后依次通过下面各个压辊之间，最后从下面两个压光辊中间引出，送到卷纸机卷成纸卷。如果用压缩空气引纸，则由上面第一、第二两个压辊之间进入压光机。

　　超级压光机的结构如图 5-68 所示，其主要特点是由弹性压辊和硬质压辊相间排列，使纸页的紧度、平滑度和光泽度显著提高。超级压光机自 1870 年在英国问世以来，作为纸张整饰加工装备发挥着重要作用，因此一般用于机外压光。像电容器纸、拷贝纸、仿羊皮纸等特殊纸张，其后续加工都离不开超级压光机。超级压光可以赋予纸表面不同的性质。传统的超级压光机的弹性压辊的辊面为纸粕材料，现在新型的超级压光机的弹性辊为中高可控并且可以加热的高分子材料辊面。

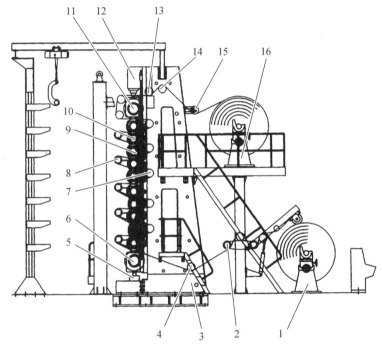

1—卷纸机；2，4—导纸辊；3—底座；5—底辊调节装置；6—底辊；7，9—纸粕辊；8—展纸辊；
　　10—钢质辊；11—顶辊；12—调压及提升装置；13，14，15—导纸辊；16—退纸机。

图 5-68　超级压光机结构

　　图 5-69 所示为超级压光机压辊的排列方式以及压光过程中纸幅的走向，压光机的顶辊和底辊为钢制硬辊，中间压辊由纸粕辊和钢质辊相间排列，纸幅从上至下依次穿过每个压区。

　　超级压光机优异的压光效果来源于其特殊结构和压光条件，软辊与硬辊所形成的压区如图 5-70 所示。① 软辊表面的变形，扩大了压区宽度，延长了压光时间；② 软辊表面变形产生的摩擦作用可产生热量，使压辊和纸页的温度升高，增强了纸页的可塑性；③ 软辊与硬辊间速度和摩擦系数的差异，使硬辊在纸页表面产生"滑动"，提高硬辊表面的整饰效果。因此，超级压光机对于改善纸页紧度、平滑度和光泽度有显著的效果，特别是光泽度的提高，普通压光机是无法达到的。

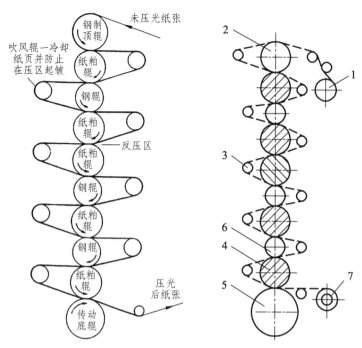

1—退纸卷；2—顶辊；3—引纸辊；4—纸粕辊；5，6—底辊；7—卷纸辊。

图 5-69 超级压光机压辊排列

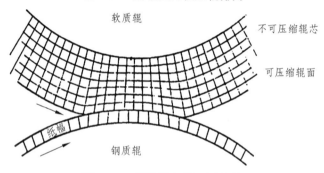

图 5-70 超级压光机压区结构

超级压光机虽然有超好的压光效果，但由于压辊数量多以及运行中对环境和原纸要求高，特别对于高速纸机来说很难适应在线压光的要求，主要用于机外压光。

软辊压光机借鉴了超级压光机的工作原理，以其独特的软辊结构，在保证压光效果的前提下，使压光辊的数量大大减少，满足了高速纸机的机内压光的要求。如图 5-71 所示为两组软辊压光机，其软硬辊位置互换，实现了纸页两面压光。

软辊压光机如图 5-72 所示，由一根可加热调温的冷硬铸铁辊（上辊）和一根可控中高、辊壳外包覆弹性材料的软辊（下辊）组成，两根压辊可以垂直（上下）、水平（前后）或倾斜设置。软辊一般为可控中高辊，辊壳外包覆厚度为 12 ~ 15 mm。包覆层分为底层和可磨层，可磨层厚度一般为 3 ~ 5 mm。生产涂布纸时约每 3 个月磨一次，生产印刷书写纸时约半年磨一次，每次磨去 0.12 ~ 0.2 mm，磨到不能再磨时就需要重新包覆。目前所有的包覆材料有聚氨酯和合成材料两种，聚氨酯橡胶硬度为 SHD95 ~ 100 甚至更高，耐温不超过 80 ℃；合成材料硬度为 SHD88 ~ 92，表面耐温可达 130 ℃，压光效果相对于使用聚氨酯橡胶有很明显的改善。

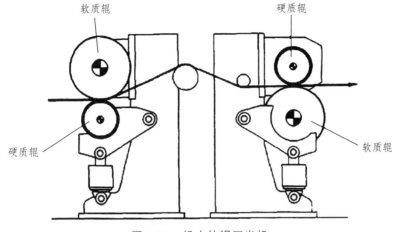

软质辊　　　　　　　　硬质辊

硬质辊　　　　　　　　软质辊

图 5-71　机内软辊压光机

图 5-72　软辊压光机

硬辊为加热辊，最常见的形式是多孔加热辊。在冷硬铸铁辊体内壁，沿轴向钻同心的若干个小径孔，每相邻两孔或三孔组成一个热介质的通路，又通过轴端盖上的直孔或辊体内壁的斜孔，与加热辊的中心孔相通，使热介质与加热辊端头旋转接头的进、出口相连通，成为热介质的加热循环回路。除此之外，还有内胆加热辊（即在中空形的冷铸辊体内，固定着用不锈钢制成的筒状内胆，与固定辊体两端的连轴颈端盖上的中心通孔相通，组成热介质的加热循环回路。这种形式国外早期用得比较多，现已少见）和电磁感应加热辊。不论是何种形式的加热辊，都必须满足加热辊面有最均匀的辊面横向温度分布，温差不超过 $1 \sim 2$ ℃；在车速较高时，有良好的动平衡性能等条件。热辊加热的热源通常有水、蒸汽、导热油。

软辊辊面在压力作用下变形，在压区形成面接触，单位面积的压强较低，使纸幅表面受到较温和的处理，纸幅整饰均匀，松厚度损失小。软辊压光机压区宽度可达 $5 \sim 10$ mm，是普通压光的 $5 \sim 8$ 倍。由于压区较宽，纸幅在压区停留时间长，增加的能耗转变后以热的形式传给纸幅，软化纸幅表面的纤维，使其容易压光。这样，不仅纸幅较薄区和热辊接触良好，对厚区而言，其厚度不会有大的减少，这样在厚薄区都可增加其细微平滑度，从而使整个纸幅都有非常均匀的细微平滑度，消除了色斑，印刷性能也能得到了较大改善。此外，在纸张压黑和色斑问题基本消除的前提下，允许纸幅在水分较高的情况下运行，不仅有利于纸幅的压光整饰作用，同时使纸卷的水分保持较高。纸幅的水分高、温度高，能使纤维组分得到软化，有利于压光。

6. 卷取部

纸机卷取部的主要装置是卷纸机，它是配置在造纸机最末端的一个联动设备，其功能是将抄成的纸或板纸卷成一定直径、一定紧度的纸卷。并把这些带有卷纸辊的纸卷吊放到纵切复卷机的退纸架上，以便进行纵切再复卷成一定幅宽、直径、紧度的没有断纸的成品纸卷；或者吊放到切纸机的搁纸架上用来切成平张。卷纸机不仅用于纸机上，还可用于机外涂布和机外压光等纸加工生产线上进行再卷取。

在纸张生产中，卷纸也是非常重要的技术之一。卷纸的质量好坏是影响后续生产操作、成品率和产品质量的重要因素，生产中卷纸要求纸卷松紧均匀，应当避免两端松紧不一和卷芯起皱等缺点。卷纸机的性能直接影响卷纸质量、纸卷结构、纸张损失、纸机和后加工工序的整体生产效率以及企业的经济效益；同时，还影响印刷用户的印刷质量、印刷效率和印刷过程的运行性能。

从基本结构来划分，可将卷纸机可分为轴式卷纸机和辊式卷纸机两大类，如图5-73所示。轴式卷纸机的卷纸轴为主动轴，在电机的驱动下旋转，使纸幅缠绕在卷纸周外的纸芯上。在转速保持的情况下，纸幅速度将随着纸卷直径的增加而加快，因此卷轴与纸芯连接处设有差速机构，使纸幅的速度保持一致。因此，轴式卷纸机的车速受到限制，这种卷纸机主要用在车速较低的纸机、涂布机和纸张分切中。辊式卷纸机的卷纸轴（卷）与卷纸缸（辊）紧贴，卷纸缸由电机驱动，在摩擦作用下带动卷纸轴旋转，将纸幅卷在卷纸轴的表面，因此也叫作表面卷纸机。卷纸过程中，随着纸卷直径的增大，其转速将自动变慢。纸卷紧贴在卷纸缸表面，其运行十分平稳，可在非常高的速度下运行，因此辊式卷纸机是目前最常用的卷纸机。

（a）轴式卷纸机外观

（b）辊式卷纸机外观

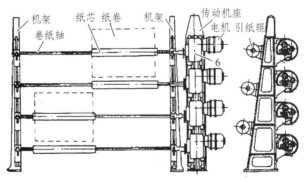

（c）轴式卷纸机结构

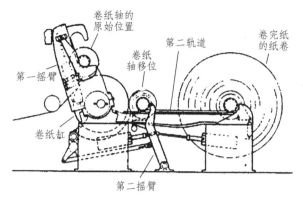

（d）辊式卷纸机结构

图 5-73 卷纸机的种类及结构

在 20 世纪 80 年代之前的 100 多年里，主要使用的是传统的老式卷纸机，为第一代卷纸机，其机构如图 5-73（d）所示。卷纸轴压贴在卷纸缸上部的表面上，卷纸缸为主动回转的辊筒，卷纸靠纸卷压向卷纸缸产生的摩擦力被动回转而卷纸。卷成纸卷的紧密度取决于纸卷与卷纸缸之间的线压力。第一代卷纸机没有精确灵敏的线压力调控装置，卷纸过程中不能维持恒定的压区线压力，导致纸卷紧密度不均匀，纸卷结构不佳。卷纸过程中不能调控纸张张力，张力变化大，卷纸质量低下。无辅助卷取的中心驱动，其不能进行主、辅两中心转矩的谐调控制。支撑纸轴的两个主臂移动不平行，导致横向卷纸不均匀，会产生诸如皱纹、褶子、压痕等纸病，纸张表面性能受到损伤，降低了纸张质量，尤其是对涂布纸和高级文化用纸表面性能的破坏更是不容忽视。其卷成纸卷的直径小，仅为 1.5 ~ 2.0 m，最大直径仅为 2.6 ~ 2.8 m。造成频繁操作，换卷次数多，损纸量增大，生产效率低。仅适合于窄幅低速纸机。

随着纸机工作车速和抄纸幅宽不断提高，对卷纸机的结构设计，功能的发挥提出了新的要求。要在适应造纸机车速的提高，幅宽的增大的同时，也要考虑保证运行的安全可靠。20世纪 80 年代末出现了新的卷纸机，称为第二代卷纸机，如维美德（Valmet）公司的 OptiReel™卷纸机（见图 5-74）。其采用中心驱动控制了转矩，压区线压力应用液压控制，主、辅卷取位置可平稳传递使卷纸连续进行并保持均匀一致的卷纸转矩和线压力，增设了纸卷紧密度的反馈回路，使卷纸机适合更高车速运行并减少了损纸产生。这样，可以使纸卷的直径达到 4 m，卷纸车速达到 1 500 m/min。

20 世纪末出现了崭新的现代卷纸机，也称第三代卷纸机，如维美德（Valmet）公司的 OptiReel Plus™ 卷纸机、福伊特（Voith Suzler）公司的 Sirius 卷纸机和贝洛伊特（Beloit）公司的 TNT 卷纸机等（见图 5-75）。第三代卷纸机对线压力、转矩和张力这些重要参数进行精确、有效调控，对卷纸中容易产生的纸病，如皱纹、褶子、压痕、纸面擦伤、气袋、气包、裂边、紧密度不均匀、松厚度的损失、平滑度和光泽度的损失、底层和面层纸幅碎裂和碎片混入等，采取有效的技术措施全力消除。现代化卷纸机必须适应现代造纸机和现代后加工设备的高车速要求，满足 2 500 ~ 3 000 m/min 的设计车速要求。能够最大限度地减少损纸量、提高生产效率、改善卷纸质量、优化纸卷结构、保护纸面性能、卷取大直径母卷等。

图 5-74　维美德 OptiReels™ 卷纸机

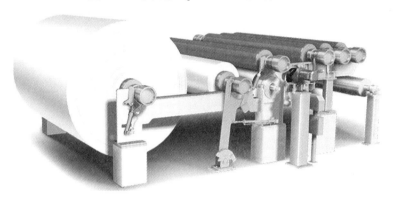

（a）维美德 OptiReels Plus™ 卷纸机

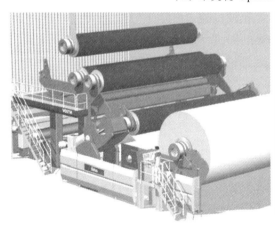

（b）福伊特 Sirius 卷纸机

（c）贝洛伊特 TNT 卷纸机

图 5-75　第三代卷纸机

7. 辅助装置

　　造纸机是一套由流浆箱、成形器、压榨装置、干燥装置、压光机和卷纸机构成的庞大系统，除了前面介绍的主机部件外，还有复杂的浆水系统、供热系统、真空系统、压缩气系统、传动系统、供电系统、控制系统等。由于篇幅受限，本书中不做介绍。

四、成品完成

纸机生产的原纸，还要进行后续的加工，才能最终成为成品纸。成品纸有平板、卷筒和圆盘三种形式，所以原纸要经过不同的方法加工成品，通常包括复卷、切纸和分盘。

（一）原纸分切

1. 复卷

卷纸机卷成的纸卷，两边不齐、纸幅太宽，中间还可能有断头，是不能直接使用的。复卷的主要任务是将纸机生产的原纸，加工成一定宽度的卷筒纸，以适应轮转印刷机和其他机械加工的需要。复卷时除了将原纸分切成一定的宽度外，还将原纸的毛边切除，并将断头黏结起来。复卷后的纸卷应紧度适合，不得过松、过紧。卷得过松，贮存、运输时容易变形；卷得过紧，纸幅伸长过度，易增加纸页断头。

图 5-76 所示为目前常用的复卷机。纸幅通过导纸辊进入纵切位置，在圆刀作用下将原纸两端的毛边切除，并将纸幅分切成一定宽度；分切后的纸幅通过后续导纸辊送至支持辊上的纸芯，支持辊通过表面摩擦力带动纸芯旋转，将纸幅缠绕在纸芯上；切除的毛边通过风管送至损纸系统处理后回用。这种复卷机可精确控制复卷过程中纸幅张力，使纸幅复卷的紧度大小均匀，并减少纸页断头，可复卷出直径较大的纸卷，提高复卷生产效率。

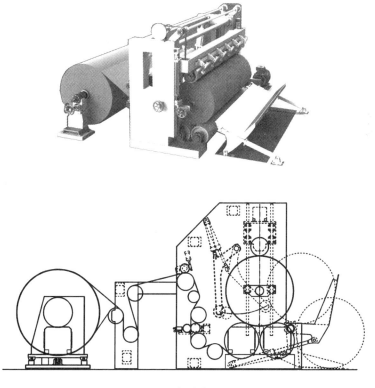

图 5-76　复卷机

2. 切　纸

书写纸和有些印刷纸、包装纸等，应用时要切成平板。平板纸为矩形纸张，切纸时不仅要严格控制纸张的长度、宽度，还要控制偏斜度，确保纸张为矩形。

图 5-77 所示为纸厂广泛使用的轮转式切纸机，这种切纸机可同时裁切 4~8 个纸卷。纸幅通过导纸辊进入纵切位置，用圆刀沿着纵向切成规定的宽度后，进入牵引辊，再利用横切刀沿横向切成规定的长度，最后用运输带送往堆放台。

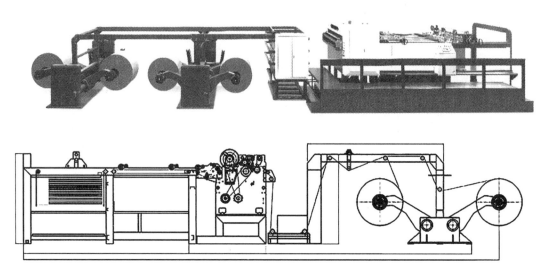

图 5-77　轮转式切纸机

3. 分　盘

一些特殊的纸种，如卷烟纸、胶带纸、电缆纸等产品，需要加工成盘状。盘状与卷筒相似，只不过宽度较小，通常为 2~5 cm。这种产品的完成加工，通常称之为分盘。从结构和工作原理来看，分盘机与复卷机相似，只不过安装了更多的纵切刀距；另外，设备的总体结构比较轻巧。

（二）成品包装

1. 卷筒纸包装

卷筒纸复卷后，进行称重，制作产品标签，然后进行包装。根据产品的性质、用途和客户要求，选择包装方式和包装材料。价值较高的产品，包装时还要进行两端封头，确保贮存、运输过程中密封严实。产品标签内容包括企业名称，和产品名称、编号、定量、宽度、等级、净重、毛重、接头等信息，标签通常贴在纸卷的端面。

2. 平板纸包装

经选纸和数纸后的平板纸张，可用定量 40 g/m² 左右的包装纸包成小包，通常每小包 500 张纸，即 1 令；定量较大的纸张，可 250 张或 125 张为一包，每包的质量不超过 25 kg，便于人员操作。为了避免产品在贮存、运输过程中被损坏，将若干包重叠在一起，用夹板夹住成为一件。为了便于搬运、贮存，每件质量不超过 250 kg。

五、常见竹浆纸的抄造

目前，常见的竹浆纸主要有书画纸、生活用纸、牛皮纸和文化纸等产品。

（一）竹浆书画纸

书画纸，顾名思义即用于书法、绘画的纸张，是指进行中国"字""画"练习和作品制作的专用纸张。书画用纸是中华民族传统文化与造纸技艺融合发展的产物，具有近两千年的历史。

1. 竹浆书画纸的种类

我国地域辽阔、物产丰富，历史悠久、文化多样，曾出现过许许多多的书画纸。这些书画纸通常以地名、原料或工艺等进行命名，目前以竹子为纤维原料生产的书画纸主要有大千纸、连史纸和玉扣纸等。

2. 书画纸的特性

书画纸主要用于字画练习和作品创作，其艺术效果不仅与纸张性能有关，还与墨水及个人用笔特点等有重要关系。因此，竹浆书画纸目前还没有统一的产品标准。一张上好的书画纸应具有纸质绵韧、手感润柔、纸面平整；宜书、宜画、宜裱，尺寸稳定性好，耐久性好；尤其应具有优良的润墨性能，既能以水导墨，又能以水抗墨，积墨时笔笔分清，浓淡笔墨不对流，呈现出浓墨乌而鲜艳，淡墨淡而不灰的微妙效果。

3. 竹浆书画纸的抄造

竹浆书画纸的抄造有手工和机器两种生产方式。手工造纸周期长、产量低，所以市面上绝大多数书画纸都是采用机器方式生产的。

1）竹纸手工制造

手工竹纸制作沿用古法竹子制纸技艺，不同时期、不同地方的制作技有一定差异。按照明朝《天工开物》所记载的竹纸制作工序，主要包括"斩竹漂塘、煮楻足火、荡料入帘、覆帘压平、透火焙干"，从原料竹子到一张完整的纸，要历时数月，如图 5-78 所示。在四川省夹江县古佛寺立于清代道光十九年的《蔡翁碑》中对夹江造纸技艺有更为精练的描述，上面镌刻的"砍其麻、去其青、渍以灰、煮以火、洗以头、舂以臼、抄以帘、刷以壁"二十四字，概括了手工造纸的"沤、蒸、捣、抄"4 个环节、72 道工序的全过程。经历槌打、浆灰、蒸煮、浸泡、发酵、捣料、加漂、下槽、抄纸、榨纸、刷纸、整理切割等繁复工序才能造出来。

图 5-78　古法竹子造纸现场

现代竹子手工造纸的传统工艺，主要包括泡料、煮料、洗料、晒白、打料、捞纸、榨干和焙纸 8 个工序，造纸工具包括纸槽、纸帘、纸臼、纸刷、撕纸标、竹麻刀、纸槽锄、竹麻锤、抓料耙、料刀、纸矛刀、切纸刀和割纸刀等。

泡料又称浸料，是把竹料扎成小捆，泡在水塘里。浸泡的目的是把原料中的可溶性杂质溶（除）去，为制造良好的纸浆打下基础，浸泡时间在半个月左右。

煮料是用烧碱或石灰的水溶液在高温下处理原料，其作用是将黏结在纤维之间的部分木素、色素等除掉，使纤维分散开来而成为纸浆。用石灰法制浆时，先用石灰水泡 10 min，再放进煌锅里与石灰水处理 5 天，取出后还堆置发酵数日。

洗料是把蒸煮后的浆料放入布袋内，经过水的冲洗和来回摆动，把纸浆中夹杂的石灰渣及煮料溶解物等洗出。

晒白是把本色纸浆（灰白、浅黄到棕色不等）变为白色纸浆。传统的晒白法是把洗净的浆料放在向阳处，利用日光照射约达 2～3 个月的时间，直到纸浆颜色变白为止。现在一些手工纸生产时也有利用漂白粉进行漂白的，只不过漂白粉用量较少，漂白的时间也较长。

打料即打浆，是用人力、水碓或石碾等把浆料捣打成泥膏状，使浆料中的纤维分丝和帚化，能够交织成具有一定强度的纸页，打料是人工造纸操作中最繁重的一道工序。

捞纸又叫入帘或抄纸。先把纸浆和水放入抄纸槽内，使纸浆纤维游离地悬浮在水中，然后把竹帘投入抄纸槽中抬起，让纤维均匀地平摊在竹帘上，形成薄薄的一层湿纸页，最后把抄成的湿纸移置在抄纸槽旁的湿纸堆上。

榨干是把湿纸页内多余的水分挤压出去，使湿纸具有一定的强度，以利于刷纸干燥。抄造的湿纸页累积到数千张时，利用压榨设施施加适当的压力，使纸内的水缓慢地流出。压榨时不可加压过猛，否则会影响湿纸页的质量；压榨后湿纸所含水分也不宜过多或过少，以防分纸时揭破或焙纸时发生脱落。

焙纸也称烘纸或晒纸，是把湿纸页变成可以使用的干燥纸张。焙纸方法是把经过榨干的湿纸一张一张地分开，再将其刷贴在烘壁外面，利用壁内烧火的热量，传递到外壁蒸发纸内的水分，使纸页变干。焙纸时烘壁表面温度不可过高，不然纸易起皱和发脆。

手工抄造为传统方法，由于纤维分布无定向，吸墨性和固墨性更好，更适合书画要求。手工书画纸具有很高的市场价格，但生产周期长、效率低、干燥过程能耗高。

2）机器抄纸

随着市场需求量的不断增加，大部分书画纸的生产都已采用机器生产。

机制竹浆书画纸生产，通常以商品化学竹浆为主，配加一定量的化学木浆或化机浆，以改善纸张的强度、匀度和吸墨性等。为了进一步改变书画纸的吸墨性和均匀性，还可在浆料中加入填料。书画纸也要进行施胶，随着 AKD 中性施胶剂的普及，书画纸适合使用 AKD 进行施胶。书画纸浆料的打浆，应采用游离打浆工艺，使纤维相互分散，以提高纸张的均匀性和疏松度。书画纸的抄造，一般采用双网双缸圆网纸机。为了保证纸页纸量，在网部会用到分散剂 PEO（改善纸页匀度）和淀粉等增强剂（提高纸张强度）。

（二）竹浆生活用纸

生活用纸是指居家或外出使用的各类卫生擦拭用纸，包括卷筒卫生纸、抽取式卫生纸、纸手帕、厨房纸巾、餐巾纸和湿巾等。在生活用纸类别中，厕用卫生纸大约占总生活类用纸的 40%，其次是面巾纸约占 20%，手帕纸和餐巾纸等占据份额较小。随着经济发展和消费水平提升，国内生活用纸人均消费量由 2012 年的 4.3 kg/人上升至 2022 年的 8.4 kg/人，年均增长近 7.5%，但与全球人均生活用纸消费量较高的地区北美 24 kg/人和欧洲 12.36 kg/人相比仍有差距。随着人均 GDP 的提高，我国人均生活用纸量有望逐步向发达国家靠近，生活用纸行业还有较大提升空间。

目前，我国竹子制浆总产能已达 262 万吨，四川为竹浆生产和消费最多的省份，重庆、贵州、云南、广西和福建等省市也有少量生产。2022 年，四川省有规模以上竹子制浆企业 14 家，竹浆产量 134.91 万吨，同比增长 5.97%，占全国原生竹浆产量的 72.93%，其中约 80% 用于生产生活用纸；竹木浆生活用纸原纸企业 56 家，产量 101.69 万吨；生活用纸加工企业 226 家，年产量 113 万吨。生产的本色竹浆生活用纸，40% 在省内销售，60% 通过电商销售平台和国家"一带一路"倡议的带动销售到了省外及国外。世界竹浆看中国，中国竹浆看四川，四川"竹浆纸"品牌已经走向世界。

1. 生活用纸的质量要求

生活用纸的种类繁多，各类纸的使用方式和环境不同，在性能方面也有一定的差异，但其共同的质量要求包括细菌含量、定量、机械强度、柔软性和吸收性等。

2. 浆料配比

竹浆纤维的长宽比高、壁腔比大，纤维细长硬挺，杂细胞和半纤维素的含量较高，所生产的纸张纤维结合紧密，从而对生活用纸的厚度、匀度会产生一定的负面影响；同时，纤维的壁腔比大，纤维硬挺而影响纤维柔软度，成纸手感柔软性表现较差，不利于生产高档超柔生活用纸产品。因此，生产上可根据产品质量要求、纸机运行性能等因素，配比一定量的木浆，以改善成纸的性质，通常的配比量为 5%～25%。

3. 打　浆

竹浆中细小纤维组分含量较多，打浆过程中打浆度的上升较快，利用双盘磨磨浆时功率消耗控制在 50～60 kW·h/t 为宜，打浆度可从 18°SR 提高到 38°SR 度左右，湿重则降低到 8 g 左右。结合生产实际经验，生产纸巾原纸时，竹浆打的浆度应控制在 30～33°SR，避免因打浆度过高造成纸张厚度偏低，柔软度差的问题；如果过分磨浆，会造成浆料纤维切断多，进而加重成品掉纸粉问题。

4. 化学品使用

为了加快竹浆板的碎解，生产中可添加少量烧碱，将其 pH 调整到 7.5 左右，这样有利于竹纤维的润胀，缩短碎解时间并改善打浆效果。打浆酶可降解纤维细胞壁的纤维素，有助于细胞壁的剥离，从而促进纤维分丝帚化或细纤维化，有效降低磨浆能耗；纤维初生壁和次生壁外层的破坏，还可促进纤维内部细纤维化和纤维的吸水润胀，进而增加纤维间结合力，提高成纸强度和挺度。柔软剂是一种水溶性阳离子纤维改性剂，可以在纸机湿部使用，也可以与烘缸干部药品一道喷在烘缸表面，或在后加工通过单独的喷淋管或者涂布器施用，以提高生活用纸的柔软性和表面手感。打浆后在纸浆中添加树脂控制剂，可以防止树脂积累给纸机系统带来危害。树脂控制剂从打浆机出浆管直接加入，浆料在管道中可与树脂控制剂充分混合而发生作用。

5. 卫生纸机

近年来，我国生活用纸市场对产品品质要求不断提升，不但需要产品具有更高的柔软度、松厚度、吸水性，还需要更高的纸机车速和更低的运行成本，推动了行业对新型卫生纸机技术需求的不断发展。目前，传统的圆网卫生纸机已基本被淘汰，生产上普遍采用的是真空圆网型纸机和新月型纸机，这些新型卫生纸机最初依赖进口，随着对新技术的不断消化和吸收，已逐步实现了国产化。

真空圆网纸机的代表是 BF 纸机（见图 5-79），最早来自日本川之江公司（Kawanoe Zoki），有 BF-10、BF-12、BF-15 和 BF-20 等多种型号，车速为 300～1 500 m/min。现在运行的大部分 BF 纸机为单毛毯结构，单毛毯由于没有从毛布到毛布间纸的转移，即使毛布有些污垢，引起操作故障的可能性也很小。流浆箱采用内置分散剂加入与导流板相结合的成形方式，使得浆料与分散剂充分混合保证了纸页较好的匀度。

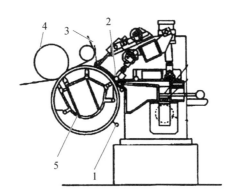

1—网笼；2—弧形板；3—毛毯；4—伏辊；5—真空箱。

图 5-79　BF 成形器

新月型纸机 20 世纪 60 年代由美国金佰利公司（Kimberly Clark）发明的，目前多家造纸设备企业都可以提供。新月型成形器（见图 5-80）实际上是一种 C 型夹网成形器，最突出优点是车速高，目前可达 2 000 m/min 以上。从产品的柔软度、松厚度等质量指标来看，新月型成形器卫生纸机，特别是双层流浆箱结构的机型，要比 BF 型纸机具有优势，更适合生产高档的纸巾纸。

6. 生活原纸抄造

生活用纸的产品繁多，但基本上都是以不同定量的皱纹纸加工而成。表 5-1 为国内某企业以本色硫酸盐竹浆为主要原料，配加 15% 阔叶浆，使用日本川之江公司真空圆网生活用纸机生产，按照 15 g/m² 的定量要求抄造细微皱纹纸的情况。该纸机型号 BF10-EX，幅宽 2 680 mm，设计车速为 700 m/min。

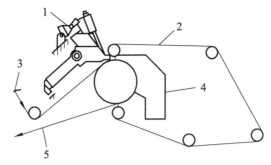

1—流浆箱；2—成形网；3—毛毯；4—白水槽；5—纸幅。

图 5-80　新月型纸机成形部

表 5-1　生活用纸运行条件

项　目	数　据
上网打浆度/（°SR）	20
纤维湿重/g	3.7
纸机速度（网速）/（m/min）	740
浆料速度/（m/min）	750
浆网速比	1∶1.013
伏辊压力/MPa	0.28
一压压力/MPa	0.34
二压压力/MPa	0.36
烘缸汽压/MPa	0.70
气罩温度/℃	125
起皱率/%	21.6
分散剂添加量/（L/min）	4.6
粘缸剂用量/（mL/min）	20
剥离剂用量/（mL/min）	15
改良剂用量/（mL/min）	2
湿强剂用量/（mL/min）	1 600

在高速卫生纸机的运行中，化学品发挥着非常重要的作用。除了前面介绍的化学品外，纸机部分使用的化学品主要有湿强剂、分散剂和起皱剂。湿强剂为 12.5%浓度 PAE 溶液，用计量泵将其送至冲浆泵入口，通过冲浆泵叶轮与纸浆快速混合。分散剂为 PEO 高分子聚合物，使用时充分溶解，先制成 0.1%的溶液，然后通过计量泵在纸机流浆箱进浆总管处加入。起皱

剂包括黏缸剂、剥离剂和改良剂,分别通过计量泵送到混合器中,用55~65℃温度的热水稀释后喷在烘缸下部。起皱剂喷到烘缸表面后很快形成涂层,可避免刮刀与烘缸直接接触,避免磨损,延长刮刀使用寿命并保护烘缸表面;涂层与纸页产生适当的黏结力,在刮刀将纸页从烘缸上刮落时,可产生优良的起皱效果。

所生产的生活原纸的相关性能指标见表5-2,可根据需要用来加工多种产品。

表5-2　生活原纸的性质

纸卷编号	1	2	3	4	5	6
定量/(g/m²)	15.3	15.5	15.3	15.7	15.6	15.5
白度/%	85.7	85.8	85.6	85.6	85.6	85.7
伸长率/%	20.2	18.2	19.1	17.6	19.1	17.5
纵向拉力/(N/m)	1 502	1 726	1 596	1 801	1 636	1 500
横向拉力/(N/m)	810	1 037	1 133	1 013	970	1 025
湿抗张强度/(N/m)	45	41	47	50	42	52
柔软度(3层)/mn	108	114	114	120	115	116

(三)竹浆牛皮纸

牛皮纸(Kraft Paper),由于机械强度坚韧而取名"牛皮纸",常用作各类包装材料。牛皮纸的定量一般为80~120 g/m²,裂断长要求在6 000 m以上,其撕裂强度、破裂强度和动态强度都很高,因此牛皮纸通常用硫酸盐化学纸浆抄造。根据颜色需要,牛皮纸可用本色浆、半漂浆和全漂浆生产,产品的颜色为黄褐色、奶油色和白色。牛皮纸具有很广泛的用途,可用来制作信封、卷宗、纸袋、书本封面等,用作食品、医药、水泥及其他工业品包装材料,还可经过加工用作特殊材料。

随着可持续发展的观念深入人心,环保型绿色材料将是未来造纸行业的发展趋势。牛皮纸作为绿色环保材料,已受到消费者广泛关注,已渗透到人们生活工作的方方面面。牛皮纸包装在回收再利用上展现了其他包装材料不具备的优势,其韧性好、强度高、可降解、用途广泛。"限塑令""禁塑令"等政策的实施,进一步推动了牛皮纸产业的发展。

1. 浆料配比

普通牛皮纸的生产以本色硫酸盐竹浆为主,白牛皮纸的生产以漂白硫酸盐竹浆为主。竹浆属于中等长度的纤维,成纸强度比草浆纤维高,但与木浆相比仍有一定的差距。因此,生产中根据具体产品的强度要求,添加适量的木浆以提高成纸强度,通常木浆的添加量为5%~30%。

2. 打　浆

打浆是牛皮纸生产的重要环节,合理的打浆不仅使纸页获得良好的机械强度,还可保证纸机能够稳定运行。研究及生产实践表明,生产牛皮纸时竹浆打浆度控制在35~45°SR为宜,浆料的纤维湿重为 8.5~10.0 g。打浆度过低时,成纸的匀度和强度偏低;打浆度过高时,成纸强度增加缓慢，还会造成网部脱水难度增加。打浆普遍采用双盘磨，可根据产量选取合适的型号，型号越大产量越高。

3. 配 料

阳离子淀粉是一种优良的湿部添加剂，不仅能够提高填料和细小纤维留着率，还可以改善纸张强度。添加阳离子淀粉，纸张的耐破度和耐折度有明显改善，抗张指数和撕裂指数变化不明显。对于施胶度要求高的牛皮纸产品，应采用松香胶进行施胶；施胶要求不高的产品，使用 AKD 进行中性施胶效果更好。不管是本色纸还是白色纸，可通过染色或调色，使产品获得更好的色泽效果。

4. 纸张抄造

1）纸机配置

生产牛皮纸的浆料滤水快、成纸强度高，抄造比较容易，圆网纸机和长网纸机都可用来生产。圆网纸机产量低，两面差较大；长网纸机产量高，两面差较小。采用多道压榨，特别是光泽压榨，对于牛皮纸紧度、平滑度和光泽度的改善有重要作用。另外，设置大烘缸，也有利于这些指标的改善。

2）湿部化学

流送系统除了对纸料进行稀释、筛选、净化和计量外，还可进行化学助剂的添加。白牛皮纸生产中在湿部添加的化学品主要有 AKD 中性施胶剂、助留淀粉、PAE 湿强剂和聚丙烯酰胺类助留剂等，这些化学品都采用在线连续添加的方式，用计量泵精确控制其用量。AKD 施胶剂在旋翼筛的入口加入，助留淀粉在旋翼筛的出口加入；PAE 湿强剂在高位箱的入口加入，聚丙烯酰胺助留剂在高位箱的出口处加入。

3）表面施胶

表面施胶是提高纸张表面性能和机械强度的重要手段，表面施胶剂由酶化淀粉、聚乙烯醇和合成胶乳组成，按照工艺配方将其制成浓度为 12% 左右的分散液并保持 65 ℃ 的温度，用离心泵送入表面施胶机。纸张的两面同时施胶，每面施胶量一般控制在 3 ~ 5 g/m^2。

5. 成品完成

成品牛皮纸通常有卷筒和平板两种形式。原纸生产出来后，可根据成品的形式和尺寸要求进行复卷和分切，最后进行包装。

（四）竹浆文化纸

目前，可用竹浆生产的文化类用纸主要有双胶纸、静电复印纸和铜版原纸等，这几种文化纸具有相近的定量和相似的特性。其定量一般为 70 ~ 90 g/m^2，纸张除了具有足够的机械强度外，还应该具有良好的书写和印刷性能等。

1. 浆料选用

竹子属于禾本科植物，竹浆中细小纤维和非纤维组分的含量较多，再加上竹纤维中半纤维素含量较高，因此竹浆成纸比较紧密，纸张紧度高、纸质发脆、吸收性差，这在一定程度上影响文化纸的书写和印刷性能。为此，可根据需要添加 5%～20% 的木浆，不仅能提高纸张的书写和印刷性能，还能提高纸张的裂断长、耐折度等机械强度。

2. 打　浆

抄造 70～90 g/m² 的纸张，纸浆的打浆度可控制在 40～42°SR，此时竹浆的纤维湿重为 7～9 g。如果配加的是阔叶木，可在打浆前与竹浆混合，然后进行打浆。如果配加的是针叶浆，最好分别打浆，然后进行配浆。针叶木浆先打半浆，采用低浓重刀切断纤维再打成浆，打浆度 40～42°SR，湿重控制在 7～8 g。竹浆可采用中浓轻刀打浆，以分丝帚化为主，控制适当的打浆度，改善纸页匀度和提高纤维间的结合力。

3. 加　填

为了提高文化用纸的白度、均匀性和吸墨性，往往需要进行加填。通常使用的填料有滑石粉和轻质碳酸钙。酸性施胶工艺选用滑石粉，中碱性施胶则选用碳酸钙。填料的加入量为 15%～25%，加入量增加成纸强度下降，所以应根据纸张的用途和强度确定合理的填料用量。

4. 纸张抄造

1）上　网

首先要控制适应的上网浓度，调节好浆、网速比，使用好网案摇振器，选择好适宜的振幅和振次来控制纤维的定向排列，这样能提高纸页的匀度和挺度。具体工艺是：上网浓度 0.7%～0.8%，浆料着网点控制在成形板附近，车速 150 m/min，振幅 8～10 mm，振次 100～120 次/min。

2）水印辊的使用

为了进一步提高成纸匀度，网部增设水印辊。调整水印辊前湿吸箱、低真空吸水箱的真空度，以控制纸页进水印辊干度为 25% 左右；调整水印辊后吸水箱真空度，由小到大，保证纸页第二次成形时间，提高纸页匀度。

3）压　榨

合理使用压榨部各道压榨，做到逐步增加线压力，使用好一压、二压沟纹辊，提高压榨脱水能力；使用好反压、光压，减少纸页两面差；控制好各压辊中高，能保证纸页全幅水分均匀，提高纸页平整度。

4）表面施胶

表面施胶胶料配比以氧化淀粉和聚乙烯醇为主，配比一般为 5∶1，胶液浓度 2%～3%，温度 60～65 ℃，控制纸页进表面施胶机的水分在 8%～10%，有利于提高纸页吸胶量。

5）干　燥

必须保持烘缸洁净，选择好烘缸刮刀材质，保持刮刀平整，刀口锋利，控制好整套烘缸干燥温度曲线，尤其是前面几个烘缸温度不宜过高，减少纸页卷曲。

6）压　光

控制纸页进压光机的水分，提高纸页平滑度，在保证纸页平滑度的前提下，尽量降低压光机线压力和减少纸页通过压光辊次数，保证成纸有较好的挺度。为提高压光效果，可配备软辊压光机。

5. 成品加工

成品文化类用纸通常有卷筒和平板两种形式。原纸生产出来后，可根据成品的形式和尺寸要求进行复卷和分切，最后进行包装。

参考文献

[1] 刘一山，朱友胜，张俊苗，等. 我国竹子造纸的起源、发展与现状[J]. 中国造纸，2022，41（8）：97-104.

[2] 刘一山，张俊苗，朱友胜，等. 竹子造纸的起源与发展[J]. 黑龙江造纸，2022，50（2）：25-30.

[3] 刘一山，万雍毅，伍安国. 竹子与纸[J]. 纸和造纸，2019，38（3）：41-44.

[4] 刘一山，王修朋. 关于竹浆产业发展的思考[J]. 中国造纸，2013，32（6）：60-63.

[5] 智研资讯. 2021 年全国竹产业产值、种植面积及发展趋势分析：到 2035 年，全国竹产业总产值超 1 万亿元[EP/OL].（2022-06-09）. https://www.weihengag.com.

[6] 竹聆科技. 竹浆纸产业发展现状及存在问题和应对建议[J]. 纸和造纸，2020，39（4）：59-60.

[7] 光明网. 生长速度快固碳能力强 "以竹代塑"迎来发展新机遇[EB/OL].（2022-11-09）. https://m.gmw.cn.

[8] 环洋市场咨询. 2022 年全球竹浆市场规模及未来趋势发展分析报告[EB/OL].（2022-08-26）. https://caifuhao.eastmoney.com/news.

[9] 辉朝茂，杨宇明. 中国竹子培育和利用手册[M]. 北京：中国林业出版社.

[10] 裴继诚. 植物纤维化学[M]. 北京：中国轻工业出版社，2019.

[11] 李法营，宋琴，董文渊. 云南民族竹文化特征及其生态价值刍议[J]. 竹子学报，2020，39（4）：90-94.

[12] 林藤筠. 国际竹藤组织举办联合国森林论坛"竹子有效助力生态系统恢复"边会[J]. 世界竹藤通讯，2022，20（3）：103-104.

[13] 林藤筠. 防治荒漠化，竹子促进生态系统恢复和绿色增长[J]. 世界竹藤通讯，2022，20（3）：104.

[14] 吕衡，张健，杨阳阳，等. 竹林生态系统碳汇的组分、固定机制及研究方向[J]. 竹子学报，2021，40（03）：90-94.

[15] 李秀英. 基于影响因素相关性分析的中国竹产业发展对策与布局[J]. 世界竹藤通讯，2022，20（3）：56-60，84.

[16] 窦营，余学军，岩松文代. 中国竹子资源的开发利用现状与发展对策[J]. 中国农业资源与区划，2011，32（5）：65-70.

[17] 朱金宜，刘发为. 小竹子做出绿色大文章[N]. 人民日报海外版，2022-08-02（008）.

[18] 蔡薇，胡丹婷. 竹炭在竹子产业链中的重要性[J]. 林业经济问题，2006（3）：253-256.

[19] 中国绿色时报：竹子刻入中国人灵魂深处的精神图腾-竹工程研究中心 http://symb.swfu.edu.cn/2019/11/08/4141/.

[20] 中国竹文化概览：神话传说的竹子-竹工程研究中心 http://symb.swfu.edu.cn/2019/11/07/4178/.

[21] 中林集团竹缠绕复合材料带动绿色发展新热潮-国务院国有资产监督管理委员会，http://www.sasac.gov.cn/n2588025/n2588124/c26778258/content.html.

[22] 刘一山，何廷龙，伍安国，等. 竹纤维的种类及其应用[J]. 纸和造纸，2023，42（1）：1-7.

[23] 薛崇昀，贺文明，聂怡. 八种竹子材质性能的研究[J].中华纸业，2009，30（17）：83-84，87-88.

[24] 徐翠声. 竹子原料与制浆造纸[J]. 造纸科学与技术，2006，25（4）：1-7.

[25] 张娟，赵燕，杨益琴.4种竹子化学成分与纤维形态[J]. 纸和造纸，2011，30（10）：33-35.

[26] 杨仁党，陈克复. 竹子作为造纸原料的性能和潜力[J]. 林产工业，2002（3）：8-11，14.

[27] 李红娥，任敬军. 宋代竹纸及其应用[J]. 竹子学报，2017，36（4）：82-87.

[28] 赵琳. 我国竹浆产业概况及泸州永丰20万t/a竹浆项目[J]. 造纸信息，2018（11）：16-20.

[29] 中国造纸协会. 中国造纸工业2021年度报告[J]. 造纸信息，2022（5）：6-17.

[30] 魏可. 银鸽纸业公司五万吨竹溶解浆技改项目竣工[J]. 人造纤维，2014（1）：36.

[31] 何涛，姜宁川，吴定华，等. 基于竹资源价值链的四川生物基纺织产业发展研究[J]. 毛纺科技，2016，44（6）：65-70.

[32] 万杰. 发展浆用竹林助推竹纸结合[J]. 林业经济，2008（3）：25-27.

[33] 吴英. 四川大力推进竹产业发展竹浆纸发展将更有保障[J]. 纸和造纸，2018，37（3）：69.

[34] 孙正军，费本华. 中国竹产业的变革[J]. 国土绿化，2019（12）：18-19.

[35] 陈国符，邬义明. 植物纤维化学[M]. 北京：中国轻工业出版社，1991.

[36] 赵希鹄. 洞天清录集[M]. 上海：商务印书馆，1927：33.

[37] 张子高. 中国化学史稿（古代之部）[M]. 北京：科学出版社，1964：143-144.

[38] 李约瑟，钱存训. 中国科学技术史（第5卷）[M]. 北京：科学出版社，1990：54.

[39] 李诺，李志健. 中国古代竹纸的历史和发展[J]. 湖北造纸，2013（3）：49-51.

[40] 关传友. 中国竹纸史考探[J]. 竹子研究汇刊，2002，21（2）：71-78.

[41] 潘吉星. 中国科学技术史：造纸与印刷卷[M]. 北京：科学出版社，1998：184-185.

[42] 司空小月. 竹纸昔日的繁华[J]. 国学，2010（3）：68-69.

[43] 〔明〕宋应星. 天工开物译注[M]. 潘吉星，译. 上海：上海古籍出版社，2013：169-171.

[44] 戴家章. 中国造纸技术简史[M]. 北京：中国轻工业出版社，1994，255-268.

[45] MICHEL BENOIST. Art de faire le papier à la Chine[M]. New Delhi：Facsimile Publisher，2015：2-28.

[46] 〔清〕杨钟羲. 雪桥诗话续集[M]. 北京：北京古籍出版社，1991：315.

[47] 何晋. 竹纸制作技艺[J]. 中国教师，2018（76）：58-59.

[48] 左美容. 江西传统手工造纸调查研究[D]. 南昌：江西师范大学，2012.

[49] 葛卫钦. 我国最早的机器造纸厂[J]. 上海造纸，1991，22（1）：61-62.

[50] 洪岸. 富阳竹纸制作工艺[J]. 浙江档案，2009（1）：29.

[51] 刘仁庆. 夹江书画纸与张大千[J]. 纸和造纸，2003，24（6）：97-98.

[52] 赵怀忠，张宏武. 大千纸摭谈[J]. 兰台世界，2011（26）：19-20.

[53] 百度百科. 夹江书画纸[EP/OL].（2018-09-20）. https://baike.baidu.com/item.

[54] 国际竹藤中心.竹材制浆造纸[EP/OL].（2005-10-18）. http://ztzx.forestry.gov.cn.

[55] 宜纸全化竹浆配抄新闻纸项目通过鉴定[EP/OL].（2004-06-24）. http://news.chinapaper.net/html/78/n-26278.

[56] 两面针欲做大柳州竹浆纸一体化产[EP/OL].（2009-03-02）. http://guide.ppsj.com.cn/art/1491/lmzyzdlzzjzythcy.

[57] 李云川. 用全竹浆生产 B 级牛皮纸[J]. 纸和造纸，1993（4）：43-46.

[58] 邱有龙. 国内外溶解浆的原料、技术及市场发展[J]. 纺织导报，2011（7）：60-62.

[59] 黄知清，杨春波. 竹及其纤维的研究开发状况和发展前景[J]. 广西化纤通讯，2003（2）：32-37.

[60] 雷以超，刘站，刘道恒，等. 楠竹纤维特性及预水解工艺的研究[J]. 造纸科学与技术，2007，26（6）：29-32.

[61] 周仕强. 竹子溶解浆[J]. 西南造纸，2003，32（4）：12-14.

[62] 四川农网. 激活四川竹产业发展潜能[EP/OL].（2018-07-11）. http://scnongye.scol.com.cn/web/detail.aspx?id=45353.

[63] 行业频道. 2017 年我国竹材产量达到 27.2 亿根，福建省竹材产量约占全国总量的三成[EP/OL].（2018-09-20）. http://www.chyxx.com.

[64] 竹聆科技. 如何促进竹浆纸产业发展[J]. 造纸装备及材料，2020，49（3）：3.

[65] 搜狐网. 竹浆纸企业产能现状[EP/OL]. 2021-04-21）.https://www.sohu.com/a/462097752_359745.

[66] 詹怀宇，刘秋娟，陈嘉川，等. 制浆原理与工程[M]. 3 版. 北京：中国轻工业出版社，2009.

[67] 张红杰，李宗全，倪永浩，等. 制浆化工过程与原理 [M]. 北京：化学工业出版社，2012.

[68] 陈燕闽. 几种木片洗涤设备的比较[J]. 中国造纸，1997，17（5）：64-67.

[69] GEORG BOUVIER. High Performance and Cost Efficient Chip-Washing Concepts for Pulp and Paper Industries[D]. Graz：University of Technology Graz，2012.

[70] 董元锋，刘温霞，蒋秀梅. 蒸煮助剂在化学浆制浆中的应用及其发展[J]. 造纸化学品，2009，21（3）：11-14.

[71] 欧阳晓嘉，任西茜，赵云. 竹子制浆工艺技术及污染控制[J]. 西南造纸，2002（6）：4-6.

[72] 黄俊梅，汤伟，许保华，等. 置换蒸煮系统（DDS）的发展及应用[J]. 化工自动化及仪表，2010，37（8）：1-6.

[73] 时圣涛，江庆生，姜艳丽.DDS 置换蒸煮与节能减排[J]. 中华纸业，2011，32（18）：6-9.

[74] 耿秀娟，夏新兴. 竹材化学机械制浆的研究进展[J]. 黑龙江造纸，2011（4）：31-33.

[75] 王强, 陈嘉川. 高得率制浆技术的发展及装备[J]. 天津造纸, 2009 (1): 5-8.

[76] 谢林. 浅谈 P-RC A PMP 制浆工艺及设备[J]. 广西轻工业, 2010 (10): 75-77.

[77] 陈安江, 王月洁, 王昱生, 等. P-RC APMP 制浆工艺影响因素及生产控制的探讨[J]. 中国造纸, 2008, 27 (3): 57-61.

[78] 张晓琴, 张维勇, 王文军, 等. P-RC APMP 系统挤压撕裂机的应用与性能[J]. 中华纸业, 2012, 33 (2): 63-64.

[79] 谢德永, 徐国华, 刘向红, 等. 高得率化机浆木片预处理及关键设备—螺旋挤压撕裂机的研究[J]. 轻工机械, 2010, 28 (3): 20-22.

[80] 王平, 沈晓阳, 薛强. 双螺杆磨浆机的研究与应用[J]. 中国造纸, 2004, 23 (1): 45-48.

[81] 姚同业, 陈永林. 鼓式真空洗浆机的研发与应用[J]. 中华纸业, 2014, 35 (4): 57-60.

[82] 陈安江, 吕传山. SP 单螺旋挤浆机的结构及生产应用[J]. 纸和造纸, 2009, 28 (6): 17-19.

[83] 李瑞瑞, 冯阿团. 新型双辊挤浆机的结构、选型及应用[J]. 中华纸业, 2020, 41 (2): 47-50.

[84] 杨桂花, 张凯, 陈洪国, 等. 纸浆臭氧漂白技术的研究进展与应用[J]. 中国造纸, 2019, 38 (12): 58-64.

[85] 黄运贤. 中浓纸浆混合器的改进[J]. 造纸科学与技术, 2013, 36 (6): 132-134.

[86] 赵德清, 陈克复, 李军, 等. 纸浆臭氧漂白技术的研究进展与应用[J]. 中华纸业, 2008, 38 (4): 74-77.

[87] 李智, 李军, 徐峻, 等. 中浓浆泵湍流发生器结构设计[J]. 中华纸业, 2016, 37 (16): 14-20.

[88] 刘一山, 王修朋. 溶解浆的蒸煮及后处理技术[J]. 纸和造纸, 2015, 34 (12): 1-4.

[89] 刘一山, 陈春霞, 李建国, 等. 溶解浆的质量要求及其生产技术[J]. 中国造纸, 2016, 35 (2): 56-61.

[90] 刘一山, 李桂芳, 刘连丽, 等. 提高竹纤维化学纯度的研究[J]. 纸和造纸, 2020, 39 (6): 6-9.

[91] 刘一山, 李桂芳, 朱友胜, 等. 竹浆冷碱精制的研究[J]. 纸和造纸, 2021, 40 (2): 20-23.

[92] 李盛世, 刘梦茹, 秦晓, 等. 溶解浆的质量要求及其生产技术[J]. 中国造纸, 2022, 41 (6): 28-34.

[93] 隆言泉, 聂勋载, 卢谦和, 等. 造纸原理与工程[M]. 北京: 中国轻工业出版社, 1994.

[94] 何北海, 张美云, 高玉杰, 等. 造纸原理与工程[M]. 3 版. 北京: 中国轻工业出版社, 2010.

[95] 杨淑蕙. 植物纤维化学[M]. 北京: 中国轻工业出版社, 2001.

[96] 邵贤林. 盘磨机的磨盘间隙调整机构的研究与应用[D]. 天津: 天津科技大学, 2012.

[97] 苏昭友, 王平. 盘磨机磨片的设计理论与方法[J]. 纸和造纸, 2011, 30 (8): 10-16.

[98] 向红亮, 罗吉荣. 纸浆盘磨机磨片制造方法及材料分析[J]. 现代铸铁, 2002 (4): 25-27.

[99] 胡耀波, 向红亮, 熊惟皓. 纤维板磨机磨片材质的研制[J]. 轻工机械, 2003 (3): 13-15.

[100] 朱友胜, 魏成武, 欧阳先凯, 等. 聚苯硫醚磨盘磨浆生产卫生纸[J]. 纸和造纸, 2013, 32 (11): 12-16.

[101] 王成昆, 王平. 锥形磨浆机的发展与应用[J]. 纸和造纸, 2015, 34 (2): 12-16.

[102] 董继先, 谷建功. 新型圆柱磨浆机的结构及其性能试验分析[J]. 中华纸业, 2006, 27 (6): 51-53.

[103] DONG WHEE CHOI, KEON YEONG YOON, PETTERI HALME. Paper machine rebuilds and solutions for process improvement[J]. Journal of Korea TAPPI, 2008, 40 (5): 1-11.

[104] 刘建安, 陈克复. 高速纸机流浆箱的设计与发展[J]. 华南理工大学学报 (自然科学版), 2002, 30 (6): 76-80.

[105] 张艳玲. 纸机流浆箱的发展综述[J]. 湖北造纸, 2010 (2): 1-4.

[106] JOE ZHAO, RICHARD KEREKES. A historical perspective of scientific advances in paper forming hydrodynamics: 1950-2000[J]. Bioresources, 2017, 12 (1): 2125-2142.

[107] 张灵敏. 浅谈造纸机压榨部的结构及发展现状[J]. 中国造纸, 2014, 33 (5): 50-52.

[108] 杨福成, 杨娟. 卷纸机的发展与现代化[J]. 国际造纸, 2002, 21 (4): 32-38.

[109] 魏正园, 赵树雷. 造纸用软压光机的发展[J]. 天津造纸, 2012 (2): 30-33.

[110] 徐苏明, 何永, 薛国新. 高速纸机配浆工段的控制方案与程序设计[J]. 纸和造纸, 2017, 36 (1): 6-9.

[111] 耿悦凯, 周楫, 景宜. 本色牛皮纸生产现状及其发展趋势[J]. 中华纸业, 2022, 43 (10): 49-55.

[112] 陈云, 王修朋, 刘一山. 竹浆配抄阔叶木浆生产白牛皮纸[J]. 纸和造纸, 2014, 33 (7): 1-2.

[113] 刘一山, 李桂芳, 刘连丽, 等. 竹浆的筛分及各组分分析[J]. 纸和造纸, 2020, 39 (3): 15-19.

[114] XUN GAO, DEJU ZHU, SHUTONG FAN, et al. Structural and mechanical properties of bamboo fiber bundle and fiber/bundle reinforced composites: a review[J]. Journal of Materials Research and Technology, 2022, 19: 1162-1190.

[115] 吴乾斌. 漂白硫酸盐竹浆打浆特性的研究[D]. 西安: 陕西科技大学, 2012.

[116] 吴乾斌, 张美云, 夏新兴, 等. 竹浆、阔叶木浆和麦草浆打浆性能的研究[J]. 中华纸业, 2012, 33 (24): 33-39.

[117] 朱宗伟, 李兵云, 李海龙. 硫酸盐竹浆与木浆的打浆特性和纸张性能对比研究[J]. 中国造纸, 2022, 41 (6): 43-50.

[118] 陈灵晨, 申惠莹, 李兵云, 等. 硫酸盐竹浆杂细胞含量对打浆性能的影响[J]. 中国造纸, 2022, 41 (8): 29-36.

[119] 王菊华, 郭小平, 薛崇昀, 等. 竹浆纤维壁微细结构与打浆特性的研究[J]. 中国造纸, 1993, 12 (4): 10-17.

[120] 何廷龙, 雷明勇, 宋庆元, 等. 竹浆试制本色可湿水生活用纸[J]. 纸和造纸, 2022, 41 (6): 6-8.

[121] 何廷龙, 雷明勇, 宋庆元, 等. 保湿纸的试制[J]. 纸和造纸, 2023, 42 (1): 8-11.

[122] 范磊乐. 竹浆造纸性能及本色生活用纸生产实践[J]. 中华纸业, 2019, 40 (10): 24-27.

[123] 李海明. 生活用纸纸机效率最大化的化学品使用策略[J]. 造纸化学品, 2011, 23 (3): 60-64.

[124] 夏吉瑞，张凤玉. 高速新月型卫生纸机与 BF 真空圆网卫生纸机的性能对比[J]. 中华纸业，2014，35（10）：53-54.

[125] 周杨. 我国生活用纸行业先进卫生纸机应用情况及前景分析[J]. 中国造纸学报，2022（S）：216-221.